西太平洋副热带高压
异常活动特征诊断与智能预测

洪梅 刘科峰 史剑 著

南京大学出版社

图书在版编目(CIP)数据

西太平洋副热带高压异常活动特征诊断与智能预测 /
洪梅等著. —南京：南京大学出版社，2023.9
ISBN 978-7-305-27159-5

Ⅰ.①西… Ⅱ.①洪… Ⅲ.①西太平洋-副热带高压
-研究 Ⅳ.①P424.4

中国国家版本馆 CIP 数据核字(2023)第 126629 号

出版发行 南京大学出版社
社　　址　南京市汉口路 22 号　　　邮　编　210093
出 版 人　王文军
书　　名　**西太平洋副热带高压异常活动特征诊断与智能预测**
著　　者　洪　梅　等
责任编辑　王南雁　　　　　　　编辑热线　025-83595840
照　　排　南京开卷文化传媒有限公司
印　　刷　苏州工业园区美柯乐制版印务有限责任公司
开　　本　787 mm×1092 mm　1/16　印张 15.75　字数 345 千
版　　次　2023 年 9 月第 1 版　2023 年 9 月第 1 次印刷
ISBN　978-7-305-27159-5
定　　价　158.00 元

网　　址：http://www.njupco.com
官方微博：http://weibo.com/njupco
销售咨询热线：(025)83594756

编写组成员

目　　录

第二篇　副高变异案例库建立及其对长江中下游夏季天气影响

第三篇   基于人工智能的副高中长期预测研究

引　言

　　西太平洋副热带高压(简称副高,后同)是中低纬重要的大型环流系统,其位置、强度的变化直接影响我国夏季的天气系统,西太平洋副热带高压三次北跳与我国雨带位置关系密切,而副高的异常活动常常导致我国江淮流域出现洪涝和干旱灾害。例如 1998 年 8 月长江流域特大洪涝灾害就是由于副高的异常南落所致;2017 年汛期我国暴雨洪涝灾害突出,全国共出现 36 次暴雨过程,正是因为西太平洋副热带高压系统异常偏强造成。2020 年副热带高压异常直接导致长江中下游一带降雨过多,引起江西洪灾,而闽南则遭遇旱灾,给新冠疫情防控和人民生活造成了重大影响;2022 年夏季我国大范围、异常高温热浪极端天气(国内多个省份,如四川、上海、浙江、江苏、河南、河北等多地最高气温超过 40 ℃),也与副高稳定维系和长时间控制中国大陆密切关联,因为西太平洋副热带高压被东亚大槽压制而无法北抬,长江中下游梅雨季没有如期到来。特别是 2022 年的副热带高压出现异常偏西偏北情况,由于副热带高压会引发大量下沉气流,气流在下沉的过程中会增温增压,由此导致我国北方地区也出现了罕见的高温天气。而受副高影响最持久的地区还要数四川盆地。研究表明,副热带高压对东亚降水和热带气旋活动也有着重要影响,是东亚夏季天气气候决定性的控制因子之一,对西太副高的准确预测有利于对东亚夏季天气气候和洪涝灾害更合理预测。此外,西太副高与 ENSO、印度洋海温 IOD(Indian Ocean Dipole) 和 PDO(Pacific Decadal Oscillation)等遥相关现象也有重要的相互关联。因此,西太副高研究是全球大气系统研究中不可或缺的重要一环。近年来的异常或极端天气事件既为副高异常活动研究提供了很好的典型案例,同时也为副高研究提出了新问题,带来了新挑战,迫切需要针对这些副高异常活动案例的新形态、新特征开展深入细致的诊断分析、机理揭示和预报建模研究。副高研究的主要目的是准确预报副高的形态变化和进退活动,这也一直是气象科学研究和防灾减灾的难点问题以及努力方向。由于副高对热带和中高纬大气环流及我国天气气候具有极为重要的影响,因此,副高预测一直受到气象学家和业务部门的高度重视。副高既受中、高纬环流系统,又受热带天气系统的影响制约,不仅有规则渐变,更有异常突变,强度变化和进退活动表现出明显的非周期性和非确定性,使得副高预报非常复杂,特别是季节内副高异常活动和中、长期趋势预测已成为制约夏季我国长江流域天气预报和汛期趋势预测的核心内容和难点问题。

　　副热带高压预报一直是大气科学的难题,中国气象局官网发文称:由于西太副高既受中高纬度大气活动的影响,同时也受热带大气活动的影响和制约,因此副高不仅有规则的渐进式变化,也有异常的突然变化,这就造成副高强度的变化和位置的移动表现出明显的非周期性和不确定性,使得副高预报变得非常复杂和困难。著作人主持完成的西太平洋副热带高压相关的国家基金和省基金的研究过程中,更深刻感受到副高季节内异常活动和中长期趋势预报的重要性以及艰难性。目前副高预报手段(如数值预报、统计预报、集合预报和动力统计预报等)对副高的中、长期(≥10天)趋势预测以及对副高季节内异常活动(如异常西伸,北跳等)预测仍然存在较大偏差,副高预测理论和方法技术仍有待改进、发展和创新。在人工智能技术日渐完善的今天,如何利用人工智能的新方法,基于学科交叉和优势互补,创新发展副高预测的新途径、新思路,科学构建副高季节内形态变异和中长期活动的人工智能预测新模型,对传统的数值预报技术和统计预报方法进行有益的丰富和补充,提升副高预报精度、拓展副高预报时效,有着重要的科学意义和广阔的应用前景。

从国内外研究现状及进展来看,西太平洋副热带高压异常活动的中长期预测研究还存在很大不足,主要表现在:(1)副高异常活动小样本案例特征诊断分析研究工作很少,无法为智能预报提供充足的案例库;(2)副高异常活动的物理演变规律和物理机制的深入探索较少,无法为智能预报提供必要约束条件;(3)人工智能预报方法用于副高异常活动研究工作很少,很多副高异常预报还停留在传统的统计预报方法上。

针对以上这三个问题,作者在湖南省杰出青年基金项目(No.2023JJ10054)、自然科学基金面上项目(No.41875061;No.41005025)、湖南省自然科学基金面上项目(No.2020JJ4661)和军队相关科研项目资助下研究讨论东亚季风区的热力强迫、环流背景及其配置对副高进退活动和异常变化的影响和制约,建立了副高变异案例库,并研究了其对长江中下游夏季的天气影响,深化了对副高本质的认识,拓宽了预报思路,为副高预报提供了理论支持;在此基础上,开展基于人工智能的副高中长期预测研究。本专著主要包括如下三方面的研究内容和核心问题:

(1)副高及其影响因子的诊断分析

西太平洋副高季节内活动与亚洲夏季风系统的时延相关特征(第一章)

东亚夏季风环流系统涉及南北半球、中低纬度和高低层诸多环流和天气因素。各因素之间彼此相互关联、互为影响制约,共处于一个复杂的非线性系统之中。异常年份的副高强度增大和减弱以及脊线的北跳和南落,其主要影响因素是亚洲夏季风系统中一个印度季风子系统的五个重要成员,分别是马斯克林高压(MH),索马里低空急流指标(D),印度季风(潜热通量)FLH,印度季风(OLR)FULW和孟加拉湾经向季风环流J1V。异常年份的副高的西伸和东退的主要影响因素是亚洲夏季风系统中,另外一个子系统东亚季风子系统中的五个重要成员,分别是澳大利亚高压(AH),中南半岛感热(C1),南海低空急流指标E1,青藏高压XZ(东部型)和热带ITCZ。

西太副高及其影响因子的年际变率和年代际变率分析研究(第二章)

作连续小波变换后发现其振荡周期和西太副高相似,计算其相关系数并做显著性检验,显示出了显著的相关性。将三个关键海区以及赤道纬向西风区的特征指数,分别与西太副高的两种指数作交叉小波变换,得到其相应的时滞位相关系。最后,利用 SVD 场相关分析法分析关键海区海温及赤道纬向西风区大气环流与西太副高年际变率的关系,发现西太副高的年际变率与热带海温及大气环流的异常变化确实存在明显的一致相关性。利用信息流方法,分别计算各因子与西太平洋副热带高压各类相关指数年代际变率的因果关系。结果表明,信息流方法可以在定量的基础上解释西太平洋副热带高压运动与所选因子年代际变率的因果关系。

西太副高中短期活动的影响因子诊断检测(第三章)

基于 1995—2005 年共 11 年的 NCEP/NCAR 夏季(5—8 月)逐日再分析资料,在相关普查的基础上初步筛选出影响副高 1 天、3 天、5 天活动的影响因子,然后用逐步回归方法剔除影响不显著的因子,最后利用最优子集回归方法做进一步的剔除和筛选,来确定副高预测模型的输入矩阵。西太副高南北移动的变化相对于东西进退和强度的变化比较简单,所以影响因子也比较明显。但其东西进退特别复杂,影响因子也相对比较模糊。

(2)副高变异案例库建立及其对长江中下游夏季的天气影响

西太副高季节内异常活动"案例库"的建立(第四章)

通过计算副高活动指数及相关影响因子,找到西太副高季节内异常活动的案例,建立西太副高季节内异常活动"案例库"。

基于 CCA 和 BP 神经网络的副高活动异常与长江中下游地区夏季强降水的相关性研究(第五章)

雨带标志着夏季风所到达的位置,是季风的前缘,西太平洋副高位置的进退与我国东部地区季风雨带的进退有相应关系,对各地区雨季的起止时间有一定程度的影响。西太副高对东亚夏季风的影响较为复杂,西太副高偏北偏强时,东亚夏季风较强,可以北推到长江流域以北,在长江流域辐合上升的气流偏少,长江流域易旱,反之,西太副高偏南偏弱时,东亚夏季风较弱,无法北推到长江流域以北,在长江流域辐合上升的气流偏多,长江流域易涝。

基于 NLCCA 方法的西太平洋副热带高压异常对长江中下游地区夏季降雨异常的影响研究(第六章)

运用 EOF 分析和基于人工神经网络的非线性典型相关分析法(NLCCA)对之间的关系进行探讨研究,通过对长江中下游地区夏季降水与西太副高 500 hPa 的位势场进行 EOF 分析,可以认识到影响这两个场的一些因素和其中存在的规律。两个场之间的关系存在较强的非线性特征,在一些条件下,恢复场与原始场较为接近,符合一定的规律,可以起到一定的预报效果。

基于 ANFIS 方法的西太副高活动异常与长江中下游地区降水之间的关系(第七章)

西太副高对于降水有较大影响。西太副高的强弱与我国降水特别是长江中下游地区降水有着密切联系,西太副高较强的年份,我国降水有明显的增多,甚至出现洪涝灾害。西太副高减弱的年份,我国降水会有明显地减少,并很大程度上伴有干旱的出现。

基于 WPSH 指数相关分析的长江三角洲夏季极端高温回归预报(第八章)

为解决引入两个当年参量无法实现当年高温天气预报的问题,我们利用多元线性回归方法,考虑海-气相互作用的滞后性,选择当年春季 ENSO(Nino3.4)指数、去年秋季热带印度洋海温偶极子(TIOD)指数和当年春季热带印度洋全区一致海温模态(IOBW)三个预报因子,建立当年夏季西伸脊点指数和 8 月份 WPSH 面积指数的趋势预测模型,同时利用方差分析法,对两个量的周期项进行预报,将趋势预测和周期预报相加,获得了上述两个预报量的预防方程,将此带入高温日预报方程,从而建立了对长江中下游极端高温的综合预报方程。

(3) 基于人工智能的副高中长期预测研究

引入遗传算法、模糊 C 均值聚类和模糊减法聚类等方法及其优势互补的思想,通过对季风影响因子的特征空间聚类及映射落区判别,实现副高强度的聚类判别和诊断预测(第九章)。

用混合递阶遗传-径向基网络进行副高预报优化;LS-SVM 与 Kalman 滤波结合的副高预报模型;EOF 分解和 Kalman 滤波结合的副高位势场数值预报误差修正与预报优化(第十、十一和十二章)。

副热带高压与东亚夏季风特征指数的动力模型反演,并且利用改进自忆性原理对副高进行中长期预测研究(第十三和十四章)。

书中参考引用了大量国内外相关论著的研究方法和成果,在此表示感谢。

本书第 1 章由洪梅、余丹丹、郑贞撰写;第 2 章由洪梅、张栋、王彦磊撰写;第 3 章由洪梅撰写;第 4 章由董兆俊、钱龙霞、黎鑫撰写;第 5 章由杨竞帆、曾璨、张泽洋、丁科、洪梅、汪杨骏撰写;第 6 章由尹天航、王伍捷、郑淳月、杨颖、洪梅撰写;第 7 章由曹广晗、卢嘉庆、谢子龙、逯心一撰写;第 8 章由周禹良、关曾昕、潘彤、陈立豪撰写;第 9 章由洪梅、史剑、郭海龙、葛晶晶撰写;第 10~12 章由刘科峰、闫恒乾、胡王江、王宁撰写;第 13~14 章由洪梅、张永垂、王大卫、邵晨撰写。全书由洪梅统一校对和定稿。

由于作者从事本领域的研究时间不长、工作积累不足、知识水平和认识能力有限,书中定有不当和谬误之处,敬请读者批评指正。

洪　梅
2023 年 5 月

第一篇

副高及其影响因子的诊断分析

第一章　西太平洋副高季节内活动与亚洲夏季风系统的时延相关特征

1.1　研究资料与特征指数

1.1.1　研究资料

利用美国国家环境预报中心(National Centers for Environmental Prediction，NCEP)和国家大气研究中心(National Center for Atmospheric Research，NCAR)提供的 1982—2011 年共 30 年 5—10 月逐日的再分析资料。包括：(1) 850 hPa、200 hPa 水平风场和位势高度场，500 hPa 位势高度场，海平面气压场资料，分辨率为 2.5°×2.5°；(2) 地表感热和对流降水率的高斯网格资料；(3) NOAA 卫星观测的外逸长波辐射(OLR)资料。

1.1.2　相关分析及其检验

相关系数 r_{xy} 是衡量任意两个时间序列之间关系密切程度的量。假设两个时间序列 x、y，其样本长度均为 n，那么计算相关系数的公式为：

$$r_{xy} = \frac{\sum_{t=1}^{n} (x_t - \bar{x})(y_t - \bar{y})}{\sqrt{\sum_{t=1}^{n} (x_t - \bar{x})^2} \sqrt{\sum_{t=1}^{n} (y_t - \bar{y})^2}} \tag{1.1}$$

这个量的大小是否显著还需要做统计检验。采用 t 检验法来检验，构造统计量：

$$t = \sqrt{n-2} \frac{r}{\sqrt{1-r^2}} \tag{1.2}$$

遵从自由度为 $n-2$ 的 t 分布。给定显著水平 α，查 t 分布表，若 $t>t_\alpha$，表明这两个时间序列存在显著的相关关系。实际上，在样本容量固定的情况下，可以实现计算统一的判别标准相关系数，即相关系数的临界值 r_c。

$$r_c = \sqrt{\frac{t_\alpha^2}{n-2+t_\alpha^2}} \tag{1.3}$$

若 $r>r_c$，则通过显著性的 t 检验。

1.1.3　特征指数

为了进一步揭示亚洲夏季风系统成员和副高的相关特征,研究对象采用中央气象台定义的:

1. 表征副高范围和强度形态的副高面积指数(SI):即在 2.5°×2.5° 网格的 500 hPa 位势高度图上,10°N 以北,110°E~180°E 范围内,平均位势高度大于 588 dagpm 的网格点数。其值越大,代表副高的范围越广或者强度越大。

2. 表征副高南北位置的副高脊线指数(RI):在 2.5°×2.5° 网格的 500 hPa 位势高度图上,取 110°E~150°E 范围内 17 条经线(间隔 2.5°),对每条经线上的位势高度最大值点所在的纬度求平均,所得的值定义为副高脊线指数。其值越大,代表副高脊线位置越偏北。

为了讨论副高的东西位置,首先要定义一个描述其东西位置的合理指标,通常所用的描述副高西脊点的指标是 500 hPa 上某一条等高线(如 586 dagpm 等高线)最西端点所在的经度,但用这种方法定义的指标受人为因素的影响。为此本章首先绘制 1981—2010 年 30 年 6 月和 7 月平均 500 hPa 位势高度场(图略),发现多年平均的副高脊线 6 月位于 20°N,7 月北移至 25°N,而 588 特征线最西端点均位于 125°E 附近,这表明平均而言,6、7 月份副高脊线位置南北差别较大,东西差别较小。故选取(120°E~130°E,15°N~25°N)和(120°E~130°E,20°N~30°N)分别为 6、7 月份的关键区,并且根据该关键区 500 hPa 位势高度的变化来定义副高的西伸东撤过程。当该区域位势高度值增大时,说明副高西伸;当该区域位势高度值减小时,说明副高东撤。也有学者尝试用副高西部变动频繁地区的涡度距平来界定副高是否偏东或偏西,本章选位势高度的距平来界定,主要是考虑到这样定义比较直观,计算也相对简单。经比较,两种定义所确定的副高东西位置异常年也十分接近。

3. 表征副高西伸脊点位置的副高西伸指数(WI):在 2.5°×2.5° 网格的 500 hPa 位势高度图上,取 90°E~180°E 范围内 588 dagpm 等值线最西位置所在的经度定义为副高的西脊点。其值越大,代表副高的西伸活动越显著。

夏季风系统成员较多,与副高关系密切的因子也较多。考虑到复杂性,首先将这些因子与副高三个指数求其相关性,筛选出其中相关性最好的 10 个因子进一步研究。

(1)马斯克林冷高强度指数(MH):[40°~60°E,25°~35°S]区域范围内的海平面气压格点平均值;

(2)澳大利亚冷高强度指数(AH):[120°~140°E,15°~25°S]区域范围内的海平面气压格点平均值;

(3)中南半岛感热通量(C1):[95°~110°E,10°~20°N]区域范围内的感热通量格点平均值;

(4)索马里低空急流(D):[40°~50°E,5°S~5°N]区域范围内的 850 hPa 经向风格点平均值;

(5)南海低空急流(E1):[105°~118°E,4°~21°N]区域范围内的 850 hPa 经向风格点平均值;

(6)印度季风潜热通量(FLH):[70°~85°E,10°~20°N]区域范围内的潜热通量;

(7)印度季风 OLR 指标(FULW):[70°~85°E,10°~20°N]区域范围内的外逸长波辐射

OLR 格点平均值;

（8）热带 ITCZ：[120°~150°E,10°~20°N] 区域范围内的 OLR 的平均值;

（9）青藏高压活动指数(XZ)：200 hPa 位势高度[95°~104°E,28°~38°N]—[75°~95°E,28°~33°N] 范围的格点平均值;

（10）孟加拉湾经向风环流指数(J1V)：[80°~100°E,0°~20°N] 区域范围内的 J1V = V850—V200 格点平均值;

1.2　副高面积指数与夏季风系统成员关联特征

1.2.1　2010 年夏季副高活动的基本事实

不同年份的副高季节内变化与平均状况相比会有很大出入,特别是一些年份出现的副高"异常"活动,往往造成东亚地区副热带环流异常和我国的极端天气事件。基于此,本章先对典型副高活动个例进行筛选和分析。2010 年是副高活动异常较为突出的年份,该年从 5 月开始到 9 月,副高面积指数均在均值以上,且在 7 至 8 月达到近 10 年来的最大峰值。正是由于副高强度的这种异常,造成了 2010 年我国气候非常异常,全年气温偏高,降水偏多,极端高温和强降水事件发生之频繁、强度之强、范围之广历史罕见。特别是 6 月至 8 月间出现的有气象记录以来最为强大的西太平洋副热带高压,直接造成了华南、江南、江淮、东北和西北东部出现罕见的暴雨洪涝灾害;同时 5 月至 7 月华南、江南遭受 14 轮暴雨袭击,7 月中旬至 9 月上旬北方和西部地区遭受 10 轮暴雨袭击。故选择 2010 年夏季副高异常变化过程作为副高强度异常的研究案例。

1.2.2　时滞相关分析

将 2010 年 5—10 月的副高面积指数和前面选取的相应时间段夏季风系统成员中的 10 个因子进行时滞相关分析,分析的结果如表 1.1 所示。

表 1.1　各影响因子与副高面积指数的时滞相关分析表

序号	夏季风系统主要成员	最大相关系数(时间)
1	马斯克林高压(MH)	0.85(提前 8 天)
2	澳大利亚高压(AH)	0.61(提前 4 天)
3	中南半岛感热(C1)	0.50(提前 5 天)
4	索马里低空急流指标(D)	0.90(提前 6 天)
5	南海低空急流指标(E1)	0.51(提前 2 天)
6	印度季风潜热通量(FLH)	0.87(提前 4 天)

序号	夏季风系统主要成员	最大相关系数(时间)
7	印度季风 OLR 指标(FULW)	−0.83(提前 3 天)
8	青藏高压 XZ(东部型)	−0.76(滞后 2 天)
9	热带 ITCZ	0.60(同步)
10	孟加拉湾经向季风环流(J1V)	0.91(提前 2 天)

从表中可以看出,相关性较好的五个因子分别是马斯克林高压(MH),索马里低空急流指标(D),印度季风潜热通量(FLH),印度季风 OLR 指标(FULW)和孟加拉湾经向季风环流(J1V),相关系数均达到 0.8 以上。从表中分析可以看出,南半球马斯克林高压在早期就对副高增强产生影响,两者关系十分密切,而且是正相关,相比较而言,澳大利亚高压与副高增强的相关程度远不如它,这与前人所做的研究基本一致。索马里低空急流指标(D),印度季风潜热通量(FLH),印度季风 OLR 指标(FULW)和孟加拉湾经向季风环流(J1V)与副高强度关系密切,也与前人做的研究基本相符。这里印度季风 OLR 指标(FULW)与其他几个因子不同的是其相关系数为负相关,这是因为感热的变化虽然受太阳辐射的季节变化影响较大,但受降水凝结潜热季节变化的影响也相当明显,降水的增多会使得地表降温,从而导致地表感热减弱,即地表感热和降水凝结潜热的变化对副高的影响是相反的,地表感热强,则副高弱;凝结潜热强,则副高强。

通过上面的时滞相关分析,在筛选出与副高相关密切因子的同时,可以按照各因子超前、滞后副高的时延天数排序,抽取出 2010 年西太副高强度与季风系统基本的关联结构和相互影响与时延变化的天气学框架,如图 1.1 所示。

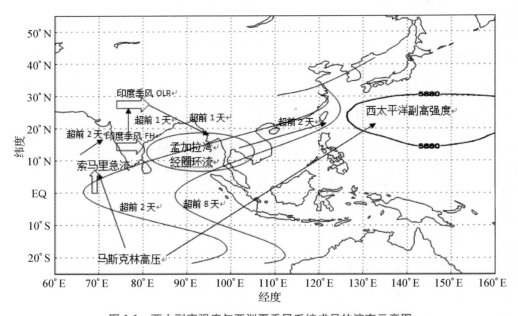

图 1.1　西太副高强度与亚洲夏季风系统成员的演变示意图

图中可以看出,影响 2010 年西太副高强度的主要是亚洲夏季风系统中的印度季风子系统中的五个重要成员;其另一个子系统东亚季风系统则对 2010 年西太副高强度的影响不大。

从副高与印度季风系统五个主要成员的响应时间差来看,马斯克林高压主体要先于索马里低空急流 2 天,索马里低空急流又先于印度季风潜热通量(FLH)2 天,印度季风潜热通量(FLH)又先于印度季风 OLR 指标(FVLW)1 天,印度季风 OLR 指标(FVLW)又超前孟加拉湾经圈环流 1 天,最后孟加拉湾经圈环流超前副高强度增强 2 天。结合前面的分析,可以发现它们之间存在着密切关联:首先是马斯克林地区的高压爆发,有较强烈的反气旋生成,使东南信风增强,约 2 天后,越过赤道到达东非高地后加速并转为一支强劲的西南低空急流,沿索马里海岸进入阿拉伯海,索马里急流加强。而马斯克林高压的低频振荡也会引起越赤道气流(即索马里低空急流)的振荡,并通过平流过程进一步影响副高的强度。再约 2 天后,索马里低空急流继续加强,经过印度半岛,促使印度季风潜热通量(FLH)增强爆发。再过 1 天后,潜热通量影响地表感热,造成印度季风(OLR)指标(FVLW)的增强。印度夏季风爆发晚,故印度半岛的非绝热加热变化与副高在中后期的相关性更为突出。该地区对流活动强烈,降水增多,地表感热减弱,进而副高增强。再约 2 天后,赤道印度洋地区西风明显加强并向东扩展,从印度次大陆南端穿过孟加拉湾,从而使孟加拉湾地区的经向环流爆发。最后经过 2 天,孟加拉湾经向环流通过平流过程进一步影响副高的强度,副高增强爆发。孟加拉湾地区经向环流与副高超前相关性很显著,因此它可能是影响副高增强一个重要的前期信号。

进一步选择了 1998,2003,1988,1983 四个西太副高强度异常增强的年份和 1984,2000,1986,1985,1982 五个西太副高强度异常减弱的年份,同样进行时滞相关分析,得出结论与 2010 年基本一致,虽然超前时间各个年份不太一样,但影响西太副高强度的仍然主要是印度季风系统中的五个重要成员。

1.3　副高脊线指数与夏季风系统的关联分析

同样,研究副高异常北跳或南落的年份,这里选择 1998 年,关于 1998 年西太平洋副高异常的特征与原因,前人已经做了大量探索,取得许多研究成果。该年从 4 月 1 日到 10 月 31 日间,副高共有 3 次明显的北跳,6 月初,副高脊线第 1 次北跳,跳过 20°N,此时江淮梅雨开始;7 月初,副高第 2 次北跳,跳过 25°N,这时长江流域梅雨期结束;7 月 10 日左右,副高脊线突然南撤至 25°N 以南,其后一直稳定在 20°N 附近,长江中下游开始"二度梅";8 月初,副高脊线第 3 次北跳,脊线越过 25°N,华北雨季开始。特别是该年从 5 月开始到 9 月,副高脊线指数均在均值以下,且在 7 至 8 月达到近 30 年来的最小峰谷,表现为副高的异常南落,对应的天气现象在长江流域出现了百年未遇的洪涝灾害,造成了巨大的经济损失。故选择 1998 年夏季副高异常变化过程作为副高脊线异常的研究案例。

与第 2 节的方法一样,将 2010 年 5—10 月的副高脊线指数和前面选取的相应时间段夏季风系统成员中的 10 个因子进行时滞相关分析,分析的结果如表 1.2 所示。

表 1.2　各影响因子与副高脊线指数的时滞相关分析表

序号	夏季风系统主要成员	最大相关系数（时间）
1	马斯克林高压（MH）	0.91（提前 16 d）
2	澳大利亚高压（AH）	0.51（提前 12 d）
3	中南半岛感热（C1）	0.47（提前 14 d）
4	索马里低空急流指标（D）	0.90（提前 13 d）
5	南海低空急流指标（E1）	0.49（提前 8 d）
6	印度季风潜热通量（FLH）	0.94（提前 9 d）
7	印度季风 OLR 指标（FULW）	−0.85（提前 7 d）
8	青藏高压 XZ（东部型）	−0.62（滞后 2 d）
9	热带 ITCZ	0.68（提前 1 d）
10	孟加拉湾经向季风环流（J1V）	0.92（提前 4 d）

　　从表中可以看出，相关性较好的五个因子分别是马斯克林高压（MH），索马里低空急流指标（D），印度季风潜热通量（FLH），印度季风 OLR 指标（FULW）和孟加拉湾经向季风环流（J1V），相关系数均达 0.85 以上。说明副高脊线指数与这五个因子之间的相关性显著。以马斯克林高压为例，从 6 月下旬到 8 月下旬，马斯克林高压（简称马高）有 5~6 次加强和减弱过程，即呈现显著的准双周期振荡现象，与副高中期活动周期一致。特别是 6 月中下旬有次极为明显的加强过程，这与副高最强的一次北跳存在密切关联。其他 4 个因子与副高南北位置变化的关系密切与前人做的研究也基本相符。在此基础上，也可以抽取出 1998 年西太副高脊线与季风系统基本的关联结构相互影响与时延变化的天气学框架，如图 1.2 所示。

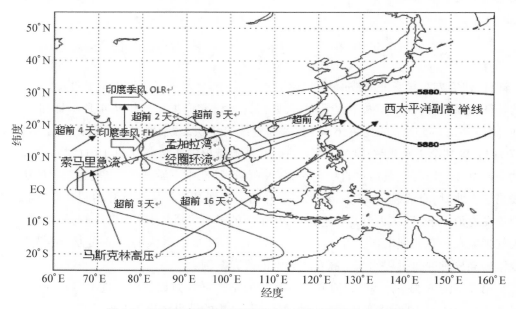

图 1.2　西太副高脊线与亚洲夏季风系统成员的演变示意图

图中可以看出,影响 1998 年西太副高脊线异常南落的主要是亚洲夏季风系统中的印度季风子系统的五个重要成员;其另一个子系统东亚季风系统则对 1998 年西太副高脊线异常的影响不大。

这与前面第 2 节影响 2010 年副高强度的因子一致,不同的是五个因子超前副高脊线异常南落的时间较长,比如马斯克林高压爆发要超前副高脊线异常南落 16 天,在 2010 年时其超前副高强度异常增强只有 8 天。说明相较副高强度,印度季风系统对副高脊线的影响要更超前一些。这可能是因为副高与印度季风系统成员之间的关系是互为作用的,也就是副高忽然爆发(强度忽然增大)后,也会反馈去影响印度季风系统成员,使他们的强度更大,对流活动更显著,然后印度季风系统成员又会通过平流运动继续影响副高,使其出现北跳等异常活动。

进一步选择了 1993,1999,1987,2001 四个西太副高脊线异常南落的年份和 2010,1994,1985,1995,1984 五个西太副高脊线异常北跳的年份,同样进行时滞相关分析,得出结论与 1998 年基本一致,虽然超前时间各个年份不太一样,但影响西太副高脊线(北跳或者南落)的仍然是印度季风系统中的五个重要成员。

1.4　副高西脊点指数与夏季风系统成员关联分析

研究副高异常西伸或东退的年份,这里选择 2006 年,该年从 5 月开始到 9 月,副高西脊点指数均在均值以下,从 6 月中旬至 8 月下旬,副高显著向西伸展至 110°E 以西,其中 7 月下旬到 8 月下旬的 3 次西伸均达到 90°E 以西。5 月份的副高第一次西伸到 120°E,直接造成 5 月 5 日—12 日长江中下游的早梅雨。6 月第 4 候,随着副高第二次西伸到 110°E,长江中下游地区出现继 2005 年连续第二个空梅,雨带出现在淮河流域。此时副高很不稳定,脊线在 30°N 附近振荡,在 7 月初完成第三次西伸北跳后,很快回落到 25°N 以南,降水带重新在华南至江南地区出现,在此期间,6 月 29 日 0602 号热带风暴"杰拉华"登陆我国广州,造成南北走向的一条雨带。7 月份以后,特别是 7 月到 8 月西脊点指数更是远小于平均值,说明在 7—8 月份期间,由于副高稳定少动,位置偏西,使得华南北部和江淮流域的降水明显偏少,川渝地区由于长时间处于副高控制之下,空气下沉增温和晴空条件下的辐射加热,使得气温持续异常偏高,这也是 2006 年夏季川渝地区持续高温伏旱的直接原因。故选择 2006 年夏季副高异常变化过程作为副高西脊点指数异常的研究案例。

与第 3 节的方法一样,将 2006 年 5—10 月的副高西脊点指数和前面选取的相应时间段夏季风系统成员中的 10 个因子进行时滞相关分析,分析的结果如表 1.3 所示。

表 1.3　各影响因子与副高西脊点指数的时滞相关分析表

序号	夏季风系统主要成员	最大相关系数(时间)
1	马斯克林高压(MH)	0.5(提前 13 d)
2	澳大利亚高压(AH)	0.88(提前 12 d)

序号	夏季风系统主要成员	最大相关系数(时间)
3	中南半岛感热(C1)	0.82(提前 10 d)
4	索马里低空急流指标(D)	0.66(提前 10 d)
5	南海低空急流指标(E1)	0.82(提前 9 d)
6	印度季风潜热通量(FLH)	0.59(提前 5 d)
7	印度季风 OLR 指标(FULW)	−0.53(提前 4 d)
8	青藏高压 XZ(东部型)	−0.87(滞后 2 d)
9	热带 ITCZ	0.87(同步)
10	孟加拉湾经向季风环流(J1V)	0.57(提前 2 d)

从表中可以看出,相关性较好的五个因子分别是澳大利亚高压(AH),中南半岛感热(C1),南海低空急流指标(E1),青藏高压 XZ(东部型)和热带 ITCZ,相关系数均达 0.8 以上。以热带 ITCZ 为例,2006 年夏季的低纬西风明显偏强,5 月初在 5°N 以南就有赤道西风发展,6 月中旬东西风切变增强,热带 ITCZ 开始活跃,并逐步北抬,较常年平均偏北 5 个纬度左右。因此,2006 年热带 ITCZ 明显偏强、偏北、偏早,由于热带 ITCZ 的加强,致使 2006 年夏季热带气旋明显偏多,并促使副高位置发生显著西伸,而登陆台风又阻挡了副高的东退,因此 2006 年夏季热带 ITCZ 偏强偏北可能是副高西伸异常的原因之一。其他 4 个因子与副高西伸脊点位置变化的关系密切与前人做的研究也基本相符[1]。在此基础上,也可以抽取出 2006 年副高西脊点与季风系统基本的关联结构和相互影响与时延变化的天气学框架,如图 1.3 所示。

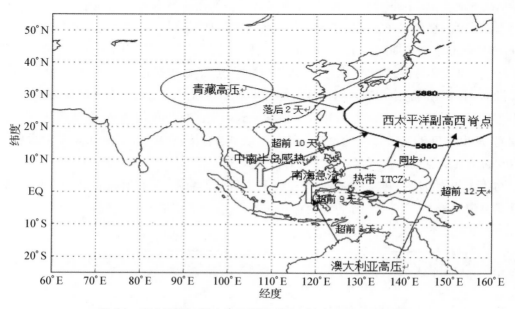

图 1.3　西太副高西脊点与亚洲夏季风系统成员的演变示意图

图中可以看出,从副高与东亚季风系统五个主要成员的响应时间差来看,澳大利亚高压主体要先于中南半岛感热 2 天,中南半岛感热又先于南海低空急流指标 1 天,南海低空急流指标又先于热带 ITCZ 9 天,而热带 ITCZ 与副高西脊点的西伸增强同步,青藏高压 XZ(东部型)则滞后副高西脊点西伸增强 2 天。结合前面的分析,可以发现它们之间存在着密切关联:首先是 2006 年的澳大利亚高压(以下简称澳高)较常年偏强,随着澳高爆发,此时有较强烈的反气旋生成,其低频振荡促使越赤道气流的振荡加强,约 2 天后,越赤道气流进入南海地区和中南半岛,造成中南半岛感热增加。再约 1 天后,南海季风爆发,南海低空急流指标迅速增强。源自大洋洲北侧南太平洋信风,在南海、印尼附近越过赤道也汇集到这支西南气流中。强对流中心(OLR ≤ 180 W·m^{-2}的阴影区)从南海地区不断移动增强,特别是低纬西风明显偏强造成了热带 ITCZ 的爆发,几乎是同时,副高出现了显著的西伸运动。滞后 2 天后,在北半球副热带地区,伊朗高原上空负距平,青藏高原上空正距平,表明 2006 年南亚高压呈现青藏高压模态,高压东伸明显。由上面的分析可知,热带异常活跃的对流可能与副高的西伸密切相关。

由此可见,影响 2006 年西太副高异常西伸的主要是亚洲夏季风系统东亚季风子系统中的五个重要成员。而另外一个子系统印度季风系统则对 2006 年西太副高异常西伸的影响不大。这与前面第 1.2、1.3 节影响 2010 年副高增强和 1998 年副高南落的因子不一致,说明影响副高西脊点的系统与影响副高强度还有副高脊线的系统是不同的。

进一步选择了 2010,2003,2002,1998 四个西太副高异常西伸的年份和 1984,1985,2008,1994,1995 五个西太副高异常东退的年份,同样进行时滞相关和交叉小波关联分析,得出结论与 2006 年基本一致,虽然超前时间各个年份不太一样,但影响西太副高西脊点(西伸或者东退)的仍然是东亚季风系统中的五个重要成员。

1.5　本章小结

东亚夏季风环流系统涉及南北半球、中低纬度和高低层诸多环流和天气因素。各因素之间彼此相互关联、互为影响制约,共处于一个复杂的非线性系统之中。副高的形态与活动,特别是副高的异常无疑与夏季风系统其他成员存在密切的联系,是夏季风系统共同调制作用的结果。

由于夏季风系统成员较多,所以首先将这些因子与副高三个指数求其相关性,筛选出其中相关性最好的 10 个因子进一步研究。结合异常年份的天气形势分析,通过时滞相关分析得出如下结论:

(1)影响异常年份的副高强度增大和减弱,以及脊线的北跳和南落的主要是亚洲夏季风系统中一个印度季风子系统的五个重要成员,分别是马斯克林高压(MH),索马里低空急流指标(D),印度季风潜热通量(FLH),印度季风 OLR 指标(FULW)和孟加拉湾经向季风环流(J1V),其相关系数均达到 0.8 以上。从副高与印度季风系统五个重要成员的响应时间差,可以画出其演变示意图,发现它们之间存在着密切关联:首先是马斯克林地区的高压爆发,有较强烈的反气旋生成,使东南信风增强,越过赤道到达东非高地后加速并转为一支强劲的西南低空急流,沿索马里海岸进入阿拉伯海,索马里急流加强。经过印度半岛,促使印度季风潜热通量(FLH)增强爆发和印度季风 OLR 指标(FVLW)的增强。赤道印度洋地区西风明显加强并向东扩展,从印度次大陆南端穿过孟加拉湾,从而使孟加拉湾地区的经向环流爆发。最后孟加拉湾经向环流通过平流过程进一步影响副高的强度,副高增强爆发。

(2)影响异常年份的副高西伸和东退的主要是亚洲夏季风系统中的另外一个子系统,东亚季风子系统中的五个重要成员,分别是澳大利亚高压(AH),中南半岛感热(C1),南海低空急流指标(E1),青藏高压 XZ(东部型)和热带 ITCZ,相关系数均达到 0.8 以上。它们之间存在着密切联系:随着澳大利亚高压爆发,生成较强烈的反气旋,其低频振荡促使越赤道气流的振荡加强,越赤道气流进入南海地区和中南半岛,造成中南半岛感热增加和南海季风的爆发,南海低空急流指标迅速增强。强对流中心从南海地区不断移动增强,特别是低纬西风明显偏强造成了热带 ITCZ 的爆发,几乎是同时,副高出现了显著的西伸运动。副高西伸运动之后,在北半球副热带地区,青藏高原上空出现正距平,表明南亚高压呈现青藏高压模态,高压东伸明显。

以上研究将副高和夏季风系统作为一个有机整体而开展综合分析研究,初步分析了异常年份副高的强度、脊线和西脊点三个主要特征与东亚夏季风系统主要成员的响应关系,得出了有益的结论。对副高影响因子的诊断分析和预报研究有一定的改进完善和参考意义。

参考文献

[1] GUAN Z Y, YAMAGATA T. The unusual summer of 1994 in East Asia: IOD teleconnections[J]. Geophysical research letters, 2003, 30(10):1-4.

第二章 西太副高及其影响因子的年际变率和年代际变率分析研究

2.1 引　　言

太平洋副热带高压年际变率最大的地区不在副高中心附近,而在副高西边缘的西北太平洋地区,同时副高西边缘也是北半球夏季副热带低层大气环流年际变率最大的区域,称为西太平洋副高。由于副高中心只能够较为客观地反映副高的位置,而副高西边缘能够更清楚地反映副高的年际变率,因此,在研究副高的年际变率时,主要着眼于西太平洋副高。对于西太副高的年际变率特征已有许多的分析研究,其中准两年和准三到五年振荡是主流周期。在 500 hPa 上,西太副高常年都有闭合中心,且中心基本在 $110° \sim 180°E$,$10° \sim 45°N$ 区域内。所以其位置基本不动,因此可以重建表征西太副高强度和位置的特征指数,即副高强度指数和脊线指数。通过对副高特征指数进行功率谱分析并研究其年际变率。

研究表明,西太副高的年际变率受热带多个海区海-气相互作用过程的调控。并且归纳出了影响西太副高年际变率的三个关键海区,即赤道东太平洋、赤道中太平洋、暖池区,同时选定大气环流异常的地区:赤道纬向西风区。定义影响因子的特征指数,通过连续小波变换对影响因子的特征指数进行时频特征分析,能更清楚地揭示其年际变化周期,计算其与西太副高的年际变率之间的相关性,做显著性检验,探讨西太副高与其因子之间的相关性大小,对可能存在的机理做简单的阐述。

2.1.1 资料与方法

（1）资料说明

利用美国国家环境预报中心（NCEP）提供的 1948—2019 年 1 月的月平均资料,包括 500 hPa 位势高度场,500 hPa 和 850 hPa 纬向风场以及海表温度场。其中位势高度场和纬向风场的分辨率为 $2.5° \times 2.5°$,海表温度场的分辨率为 $2° \times 2°$,资料长度都为 854 个月。

（2）连续小波变换（CWT）

本节选用的 Morlet 小波是一个复数形式小波,相比于实数形式的小波,Morlet 小波能够轻易地将小波变换的系数和模分离开来,其中模代表某一振荡周期所占成分的多少,位相可以用来研究时间序列的位相关系,取 Morlet 小波的无量纲频率等于 6.0,此时该小波的 Fourier 周期近似等于伸缩尺度,这样便可以保证在使用 Morlet 小波进行连续小波变换时,时域和频域分辨能力达到最佳平衡。

（3）研究对象和具体方法

为了揭示西太副高的年际变率与热带海温及大气环流异常的相关性,通过对 1948—2019 年 1 月的 NCEP 月平均资料的分析,利用 500 hPa 的纬向风场和位势高度重建西太副高指数,即强度指数和脊线指数,并通过海表温度场和 850 hPa 的纬向风场定义热带关键海区和赤道纬向西风的特征指数。

首先利用 Matlab 中的 dmey 小波对所定义的各指数以及各要素场进行小波滤波,保留 2—8 年尺度的振荡频率。再用 Morlet 小波对已滤波的西太副高及其影响因子的特征指数进行功率谱分析,给出 95%的置信度曲线,得到西太副高及其影响因子的年际变率。其次对滤波后的因子的特征指数进行连续小波变换,得到影响因子的小波能量谱图并看出其年际变率。

$$r_{xy} = \frac{\sum_{t=1}^{n}(x_t - \bar{x})(y_t - \bar{y})}{\sqrt{\sum_{t=1}^{n}(x_t - \bar{x})^2}\sqrt{\sum_{t=1}^{n}(y_t - \bar{y})^2}} \tag{2.1}$$

最后利用 matlab 中的 corrcoef 函数（其中 x、y 是两个 n 维向量）对滤波后同时间尺度、同样本数的不同特征指数进行相关性分析,对所定义的各特征指数进行小波变换后,所得时间序列的样本数为 $n=854$。这个量的大小是否显著还需要做统计检验。采用 t 检验法来检验,在样本容量固定的情况下,可以实现计算统一的判别标准相关系数,即相关系数的临界值 r_c。

$$r_c = \sqrt{\frac{t_\alpha^2}{n - 2 + t_\alpha^2}} \tag{2.2}$$

若 $r>r_c$,则通过显著性的 t 检验,表明这两个时间序列存在显著的相关关系。

2.1.2 西太副高年际变率的研究

（1）副高特征指数的定义

在 500 hPa 上西太副高常年都有闭合中心且中心基本在 110°~180°E,10°~45°N 区域内。在此范围内,分别对 NCEP 资料 500 hPa 的高度场和纬向风场的月平均值以及气候值进行分析,得到描述西太副高的强度指数（Ⅱ）、脊线指数（RI）。

在 500 hPa 高度场 110°~180°E,10°~45°N 范围内,对位势高度 $H>5840$ gpm 点的位势高度进行求和再取平均,并求其距平,定义这组距平值为副高强度指数（Ⅱ）（1974 年 1 月在上述区域内副高中心最大值为 5838.2 gpm,小于 5840 gpm,将这个月的副高强度定为 5838.2 gpm）。

在 500 hPa 纬向风场 110°~180°E,10°~45°N 范围内,对纬向风 $U=0$ 的点所在纬度进行求和再取平均,并求其距平,定义这组距平值为副高脊线指数（RI）。

（2）副高特征指数的频谱分析

为了描述和刻画西太副高的年际变率,首先画出重建的西太副高的强度指数和脊线指数的时间序列图,如图 2.1 和 2.2 所示,由于此图中不但包含了西太副高的年际变率,同时还有短期季节内的异常变化,导致图中西太副高特征指数的变化杂乱无章,不能很好地看出西太副高的年际变化特征。因此,再次对这两个时间序列进行低通滤波,滤去季节内的变化,只保留西太副高 2—8 年内的年际变化,如图2.3和2.4所示。在 1948—2019 年这 71 年间,西

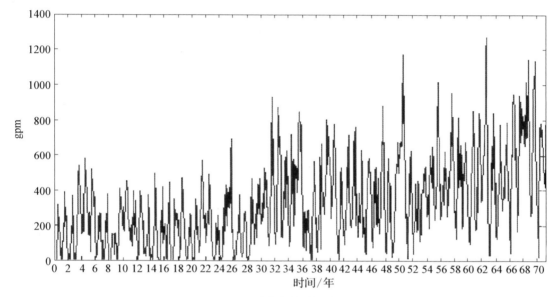

图 2.1　强度指数的时间序列图

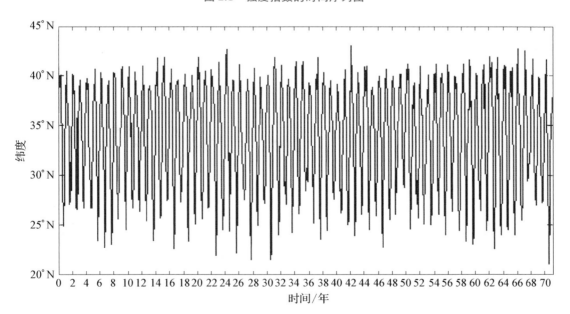

图 2.2　脊线指数的时间序列图

太副高的强度指数和脊线指数在年际尺度上有 35 个峰值,对应了西太副高的 35 次异常活动。由此可看出西太副高大致存在两年左右的异常变化周期。最后,对滤波后特征指数的时间序列进行功率谱分析,得到如图 2.5 和 2.6 所示的强度指数以及脊线指数的功率谱值,结合图 2.3 和 2.5 的特征可得出,西太副高的强度指数存在明显的准 2—3 年和准 5 年两个年际振荡周期;同理,结合图 2.4 和 2.6 的特征得到西太副高的脊线指数也存在明显的准 2—3 年和准 5 年两个年际振荡周期,并且都通过了显著性水平的红色噪声检验。通过对西太副高强度指数和脊线指数的小波功率谱分析,综合其变化特征,可以得出西太副高存在着准 2—3 年和准 5 年的年际变率。

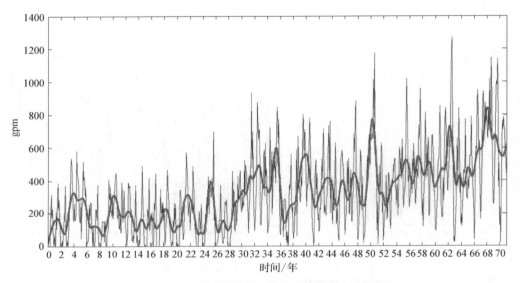

图 2.3 红线表示滤波后强度指数的时间序列图

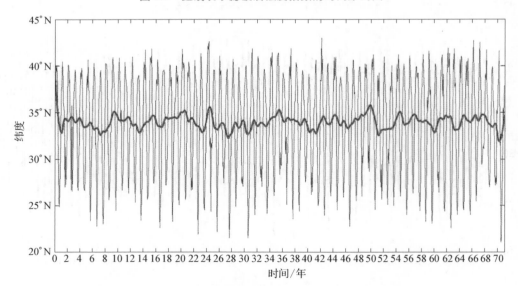

图 2.4 红线表示滤波后脊线指数的时间序列图

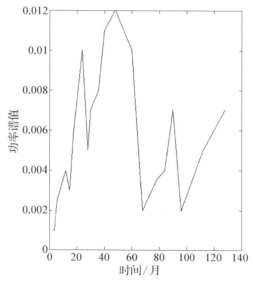

图 2.5　副高强度指数的功率谱图

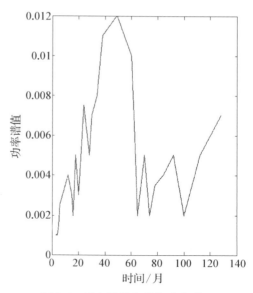

图 2.6　副高脊线指数的功率谱图

2.1.3　西太副高影响因子的年际变率研究

（1）相关影响因子特征参数的定义

近年来,随着对西太副高年际变率与海洋大气相互作用关系研究的加深,发现其年际变率与某些关键海区海温以及大气环流的异常变化相关。本章在此选定三个关键海区,分别为赤道东太平洋、赤道中太平洋、暖池区。同时选定大气环流异常变化的区域:赤道纬向西风区。在此范围内,分别运用 NCEP 月平均资料中的海表温度场和 850 hPa 的纬向风场,定义了相关影响因子的特征指数,包括:

在赤道东太平洋 Nino 3 区（5°S~5°N,150°~90°W）范围内,定义海表温度距平的区域平均值为 Nino 3 指数。

把 170°E~150°W,7.5°S~5°N 区域的海表温度距平值的平均值,定义为赤道中太平洋海温指数（MPSST）。

把 140°E~160°E,0°~5°N 区域的海表温度距平值的平均值,定义为暖池区海温指数（WP）。

把赤道中、西太平洋（120°E~160°W,5°S~5°N）上空 850 hPa 纬向风距平的区域平均值,定义为赤道纬向西风指数（WWI）。

（2）西太副高影响因子的年际变率分析

为了研究西太副高影响因子的年际变化特征,对各影响因子的特征指数做小波滤波处理,同时画出各个影响因子滤波后特征指数的时间序列变化图,如图 2.7 至 2.10 所示,发现 Nino 3 指数、赤道中太平洋海温指数在年际尺度上存在 35 个峰值,代表了在这 71 年中出现的 35 次 ENSO(El Nino/La Nina-Southern Oscillation,后文简称 ENSO)现象,同时暖池区海温指数以及赤道纬向西风指数也有类似的周期变化,说明各影响因子之间存在一定的相关性且与西太副高的年际变率有关。但是仅从时间序列变化图看,所得到结论的准确度和精确度都不够有说服力,因此需要对滤波后的各个特征指数进行连续小波变换,得到相应的小波功率谱图,通过任意时刻的最显著以及各尺度变化贡献的大小,能更精确地得到西太副高各影响因子在时间序列范围内各个时间段的周期变化特征。如图 2.11 至 2.14 所示,分别表示 Nino 3 指数、赤道中太平洋海温指数、暖池区海温指数以及赤道纬向西风指数的小波能量谱图,从图中可以看出,这些影响因子也存在着明显的年际变化特征,主要表现为 16—32 个月左右的准 2—3 年振荡周期、32—64 个月左右的准 5 年振荡周期以及比较少见的 100 个月左右的准 8 年振荡周期,并且三种振荡周期相互交杂,彼此叠加共存。

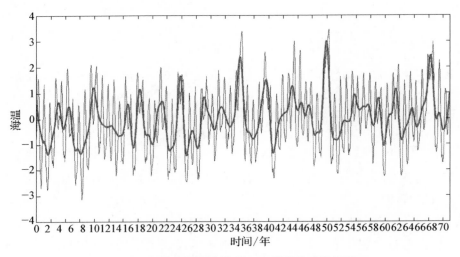

图 2.7　红线表示滤波后 Nino 3 指数的时间序列

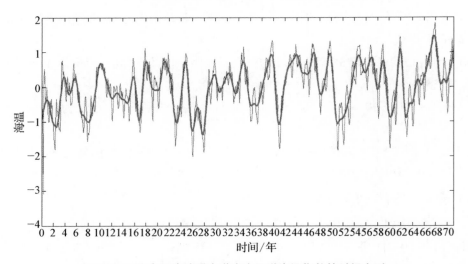

图 2.8　红线表示滤波后赤道中太平洋海温指数的时间序列

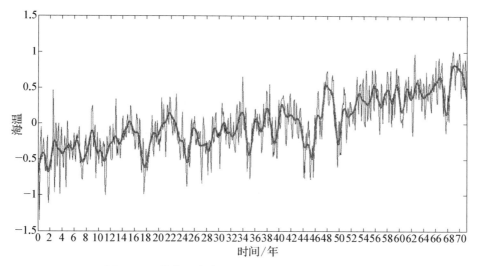

图 2.9　红线表示滤波后暖池区海温指数的时间序列

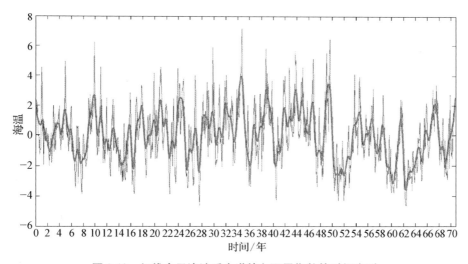

图 2.10　红线表示滤波后赤道纬向西风指数的时间序列

具体来看,Nino 3 指数在 16—64 个月的周期范围内出现连续的高值能量区,其中 16—32 个月的周期在这 71 年中有间隔,而 32—64 个月左右周期中的高值能量区连续存在且分布基本均匀,说明赤道东太平洋海温具有比较明显的振荡周期,间隔存在的 16—32 个月左右的准两年振荡以及连续存在的 32—64 个月左右的准 4—5 年振荡,两种周期的高值能量区都比较强,表明两种周期的贡献率基本相同,都显著存在,并且振荡周期基本固定,没有出现太大偏差。赤道中太平洋海温指数在 16—100 个月不等的周期范围内出现不规则的高值能量区,和 Nino 3 指数相同的是,16—32 个月左右的准两年振荡周期间隔出现,32—64 个月左右的振荡周期连续存在。不同的是在第 200—600 个月的时间内出现了 100 个月左右的振荡周期,且与前两种周期共存,说明赤道中太平洋海温存在准 2—3 年和准 4—5 年以及准 8 年左右的振荡周期,并且在这三种周期中,由于后两种周期高值能量区的值更高,因此准 4—5 年以及准 8 年的贡献率较高,则其存在性更为显著。暖池区海温指数在 16—100 个月左右的范围内出现不规则的高值能量区,和前两种指数存在较大差异的是准两年振荡周期更弱且不规则变化更明显,同时在 32—64 个月的周期范围内出现了更多相对低值的能量区。三种周期的存在性更为复杂,其中 16—32 个月左右的振荡周期能量较小,32—64 个月左右的振荡周期能量较高,100 个月左右的振荡周期能量最高,即暖池区海温准 8 年的振荡周期更为显著。赤道纬向西风指数连续小波变换后的能量谱图与 Nino 3 指数能量谱图类似,都存在 16—32 个月的准 2—3 年变化周期和 32—64 个月的准 4—5 年变化周期,并且两种周期高值能量区的能量占比很高,因此两种周期的存在性都很显著。同时在第 450—650 个月时,出现了能量较高且显著存在的准 8 年变化周期,说明赤道纬向西风指数和 Nino 3 指数的相关性比较高,且都与西太副高的年际变化存在相关性。

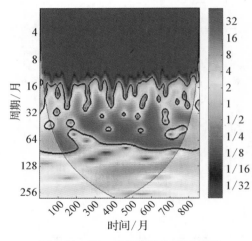

图 2.11　Nino 3 指数的小波能量谱

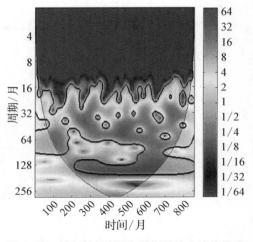

图 2.12　赤道中太平洋海温指数的小波能量谱

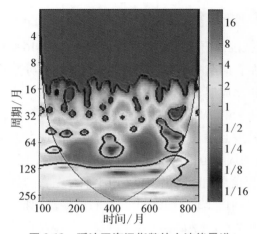

图 2.13　暖池区海温指数的小波能量谱

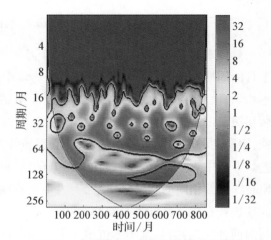

图 2.14　赤道纬向西风指数的小波能量谱

2.1.4　西太副高及其影响因子年际变率的相关性分析

通过对西太副高及其影响因子特征指数时间序列的分析,大致可以看出其中存在一定的相关性,然后对所有特征指数进行连续小波变换,通过对每一个指数小波能量谱图的分析,得出各个指数任意时刻的显著周期并与西太副高的年际变率作对比,分析其中的相关性。本节将使用 matlab 中的 corrcoef 函数,分别将西太副高的强度指数、脊线指数与各个影响因子的特征指数带入,求其相关系数,并做显著性检验,此处使用 t 检验法来检验显著性。由于样本容量都是 854 个月,所以只需算出相关系数的临界值 r_c,当 $r>r_c$ 时,则说明两个时间序列存在相关性,且 r 越大,相关性越强。采用相关系数临界值公式:

$$r_c = \sqrt{\frac{t_\alpha^2}{n - 2 + t_\alpha^2}} \qquad (2.3)$$

当 $\alpha = 0.01$ 时,$t_\alpha = 2.576$,$r_c = 0.0881$。

即置信度为 0.01 时的显著相关系数临界值为 0.0881,当 $r>0.0881$ 时,为显著相关。

表 2.1 为西太副高强度指数、脊线指数和各个影响因子之间的相关系数表。

表 2.1　西太副高强度指数、脊线指数和各个影响因子之间的相关系数表

	Nino 3 指数	赤道中太平洋海温指数	暖池区海温指数	赤道纬向西风指数
强度指数	0.5327	0.5603	0.6974	0.4060
脊线指数	0.5420	0.4433	0.4279	0.4553

从表中可以看出,四个影响因子和西太副高强度以及脊线指数的相关系数均大于相关系数临界值,说明这四个影响因子和西太副高强度、脊线位置显著相关,则可以用这三个关键海区海温以及赤道纬向西风的年际异常变化来研究西太副高的年际变率。

2.2　基于信息流方法副高与因子的相关性分析

2.2.1　信息流

首先来看信息流理论[1],信息流理论由梁湘三教授在 2014 年首先提出,并在 2015 年提出了标准化条件下的信息流理论作为补充修正。在讨论两个时间序列资料时,缺少一种严谨而定量的方法去分析它们之间的因果关系,以往的讨论只注重相关性,但相关性并不能说明因果关系,因果关系却包含了相关性。而信息流方法恰好能解决这个难题。

在信息流理论中[1],认为因果关系是通过信息从一个序列流向另一个序列的时间速率来衡量的,基于这一观点产生的公式形式紧凑,仅涉及常用统计量,换句话说,也就是样本协方差。该理论已经通过线性级数和非线性级数的验证,并成功应用于现实问题的研究。在

只给出一对时间序列的情况下,可以通过计算信息流来分析因子间的因果关系和相关性。特别在假定具有加性噪声的线性模型的情况下,信息流的最大似然估计在形式上非常紧密。举一个简单的例子,我们设定两个时间序列的变量和,显示从流向信息速率的最大似然估计是

$$T_{1\to 2} = \frac{C_{11}C_{12}C_{2,d1} - C_{12}^2 C_{1,d1}}{C_{11}^2 C_{22} - C_{11}C_{12}^2} \tag{2.4}$$

其中 C_{ij} 是 X_i 和 X_j 之间的样本协方差,$C_{i,dj}$ 是 X_i 和 X_j 之间的协方差。相反方向的流动 $T_{1\to 2}$,可以通过切换指标 1 和 2 直接写出。在理想情况下,当 $T_{2\to 1} = 0$ 时,X_2 对 X_1 无任何作用,反之亦然。容易看出如果 $C_{12} = 0$,则 $T_{2\to 1} = 0$,但是当 $T_{2\to 1} = 0$ 时,C_{12} 未必为 0。综合来说,两个时间序列之间存在着因果关系表示二者存在着相关性,但是两个时间序列之间存在相关性,并不能说明他们之间存在着因果联系,正如上面所述。梁湘三教授的信息流公式以明确的量化方式,解决了长期以来关于因果关系和相关关系的争论。

为了说明公式(2.4)的作用,我们可以通过一个简单的例子来理解。

考虑一个二维随机微分方程组

$$dX_1 = (-X_1 + 0.5X_2)dt + 0.1dW_1 \tag{2.5}$$
$$dX_2 = -X_2 dt + 0.1dW_2 \tag{2.6}$$

显然,X_2 对 X_1 有决定作用,反之不成立。这类问题在因果分析中非常典型:一个因素导致另一个因素,但后者对前者没有任何反馈。现在生成一个示例路径 $(X_{1,n}, X_{2,n})$,并期望使用公式(2.6)从唯一的映射中实现这个单向因果关系。使用时间步长为 $\Delta t = 0.001$,生成 100000 步,对应于一个时间跨度 $t = 0$—100。为了便于以后使用,我们在远离平衡的情况下初始化级数,以允许一段自旋向下的时间。结果表明,级数在大约 $t = 4$ 之后达到平稳状态。

正如这里给出的动力学系统,X_1 和 X_2 之间真正的信息流可以通过公式(2.4)来评估。计算结果是 $T_{1\to 2} \equiv 0$,因为 X_2 的增长并不取决于 X_1。也就是说,对于 X_2,X_1 没有因果关系。另一方面,X_2 促进 X_1,因此对 X_1 有因果关系,相应地 $T_{2\to 1} \neq 0$。在这个例子中,无论如何初始化协方差,$T_{2\to 1}$ 趋于一个常数 0.1103,说明在自旋向上期间($t < 4$)结果可能不同。

如果数据量足够大,估计可以做得相当准确。

2.2.2 副高指数及影响因子的选择

本节主要运用信息流计算的程序,导入一定时间序列的副高指数数据和海温数据,进行相关性分析,并研究二者的时滞性,然后根据图像进行分析,得出相应的结论。

首先进行数据的选取,先采用位势高度数据,选用的是 NCER 从 1948 年 1 月到 2018 年 12 月共 71 年 852 个月的月平均位势高度数据指数。

对于海温场的数据,根据张韧,洪梅等人的研究[2],选取了 3 块具有代表性的海区区域:

分别是赤道北印度洋海区($50°N\sim90°N,0°\sim15°N$),赤道东太平洋海区($180°\sim90°W$,$10°S\sim0°$)和赤道西太平洋海区($105°E\sim150°E,0°\sim15°N$)。

根据严密等人的研究[3],地热通量数据选择青藏高原东部地区地热通量($25°N\sim50°N$,$100°E\sim120°E$),青藏高原主体地区地热通量($30°N\sim40°N,80°E\sim100°E$),青藏高原南部地区地热通量($25°N\sim30°N,80°E\sim100°E$),青藏高原西部地区地热通量($30°N\sim45°N,70°E\sim75°E$)。

给出因子列表 2.2 如下。

表 2.2　因子表

赤道东太平洋海温距平	$180°\sim90°W,10°S\sim0°$
赤道北印度洋海温距平	$50°N\sim90°N,0°\sim15°N$
赤道西太平洋海温距平	$105°E\sim150°E,0°\sim15°N$
青藏高原东部地区地热通量距平	$25°N\sim50°N,100°E\sim120°E$
青藏高原西部地区地热通量距平	$30°N\sim45°N,70°E\sim75°E$
青藏高原南部地区地热通量距平	$25°N\sim30°N,80°E\sim100°E$
青藏高原主体地区地热通量距平	$30°N\sim40°N,80°E\sim100°E$

在此参照余丹丹(2008)的研究[4]给出副高相关指数的定义。

副高脊线指数:500 hPa 位势高度图上,取 $110°E\sim150°E$ 范围内 17 条经线,对每条经线上的位势高度最大值点所在的纬度求平均,所得的值定义为副高脊线指数。

副高强度指数:500 hPa 位势高度图上,$10°N$ 和 $110°E\sim180°E$ 范围内,平均位势高度大于 588 dagpm 的网格点数。

西脊点位置:500 hPa 位势高度图上,取 $90°E\sim180°E$ 范围内 588 dagpm 等值线最西位置所在的经度定义为副高的西脊点。

2.2.3　副高脊线指数与所选因子之间的关系

本节将探讨所选的七个因子与副高脊线指数的因果关系。副高脊线指数就是用来定量衡量副热带高压位置变化的一个量,表示副高范围的一个指数。显然副热带高压北进,副高脊线指数会增大,反之,副高南移,副高脊线指数会减小。本节通过将副高脊线指数与各个因子时间序列资料进行比较研究,分析其隐藏的因果关系,并将其分别代入到信息流计算公式中来得出二者之间的因果关系。

(1)副高脊线指数与赤道东太平洋海温距平的关系

首先选取赤道东太平洋的海温场数据,与同时段的副高脊线指数进行比较,如图 2.15 所示。

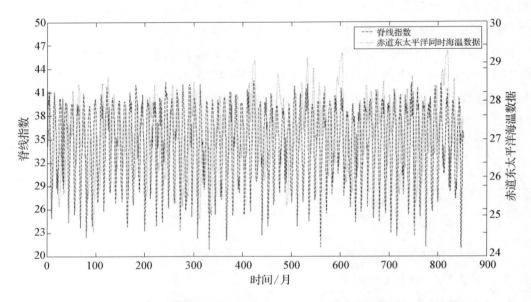

图 2.15　赤道东太平洋海温距平与副高脊线指数(同时)

从图 2.15 中可以发现,两者周期交错,并不同步,为了进行更好的时滞相关分析,对数据进行了再处理,通过画出超前 1 个月,2 个月,3 个月的海温场与副高脊线指数的图像,分别给出它们与副高脊线指数的相关系数(图 2.16 至图 2.18)。

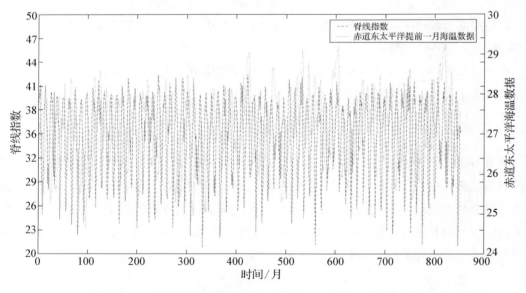

图 2.16　赤道东太平洋海温距平与副高脊线指数(提前 1 个月)

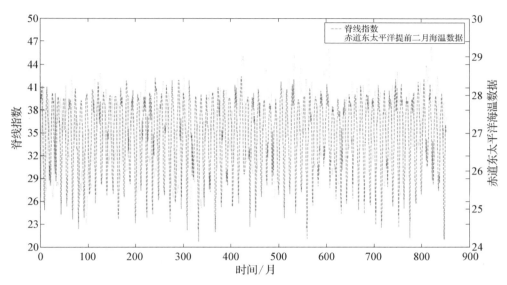

图 2.17 赤道东太平洋海温距平与副高脊线指数(提前 2 个月)

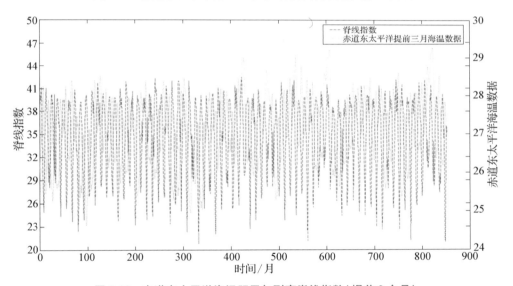

图 2.18 赤道东太平洋海温距平与副高脊线指数(提前 3 个月)

对比超前 1—3 个月的赤道东太平洋海温距平场与副高脊线指数的图,可以看出,通过同时段的提前 1 个月,提前 2 个月和提前 3 个月的海温距平场与副高脊线指数的比较,两条曲线在同一时刻拟合的程度很低,周期上相互交错,导致相位差异大。

下面为它们与副高脊线指数的相关系数表。

表 2.3 赤道东太平洋海温距平与副高脊线指数的相关系数

月	-3	-2	-1	0	+1	+2	+3
相关系数	-0.4301	-0.2293	0.0447	0.3034	0.4705	-0.2274	-0.4277

可以看出，即使在不同月份，赤道东太平洋海温距平与副高脊线指数的相关系数绝对值都小于 0.5，即赤道东太平洋海温距平与副高脊线指数的相关性并不好。

由此可以得出初步结论，赤道东太平洋海温距平场对副高脊线指数的影响很小，即赤道东太平洋海温对副高的位置变化作用可以忽略。

接下来，我们利用标准化的信息流方法来计算它们之间的因果关系。由于 1980 年前后副高强度有一次强的突变，为了捕捉这一变化的原因，计算因子间因果关系时将分为 1980 前 20 年和后 20 年计算。即一部分为 1960 年 1 月至 1979 年 12 月时间段的因果关系和一部分为 1980 年 1 月至 1999 年 12 月时间段的因果关系，此后的因子因果关系计算亦是如此。

表 2.4　1980 年前赤道东太平洋海温距平与副高脊线指数标准化信息流系数

月	−4	−3	−2	−1	0	+1	+2	+3
T21	0.0012	0.1062	0.0761	−0.0047	−0.0651	−0.0406	0.0685	0.1248
T12	0.0017	−0.0913	−0.0747	0.0048	0.0724	0.0697	−0.0077	−0.0666

表 2.5　1980 年后赤道东太平洋海温距平与副高脊线指数标准化信息流系数

月	−4	−3	−2	−1	0	+1	+2	+3
T21	0.0135	0.0739	0.0454	−0.0249	−0.0632	−0.0159	0.0667	0.0975
T12	−0.0166	−0.0816	−0.0462	0.0255	0.0663	0.0419	−0.0211	−0.0655

T21，意味着赤道东太平洋海温距平场对副高脊线指数因果关系的大小；T12，意味着副高脊线指数对赤道东太平洋海温距平场因果关系的大小，此后的信息流系数与此类似。

梁湘三教授指出，标准化信息流系数为正，说明因变量对自变量有驱动力，迫使它改变原来的状态；标准化信息流系数为负，则因变量对自变量有稳定作用，使自变量趋向于维持原有的状态。当标准化信息流系数的绝对值大于 0.1 时，该因子的作用不可忽略。

由表 2.4 和 2.5 可以看出，赤道东太平洋海温距平在同时提前一个月和提前两个月的情况下，对副高脊线指数的影响很小，属于可以忽略的范围，即赤道东太平洋海温的变化对西太平洋副热带高压的运动位置变化的影响可以忽略不计，这基本符合前面从直观的图像中分析得出的结论。而且，通过 1980 年前后标准化信息流系数的对比，可以看出在 1980 年前后，赤道东太平洋海温的变化对于副高位置的移动一直属于不活跃的因子，影响很小。

（2）副高脊线指数与赤道北印度洋海温距平的关系

和分析上一个海区一样，首先也选取超前 3 个月，超前 2 个月，超前 1 个月和同时的赤道北印度洋的海温场数据，与同时段的副高脊线指数进行比较，关系如图 2.19 至图 2.22 所示。

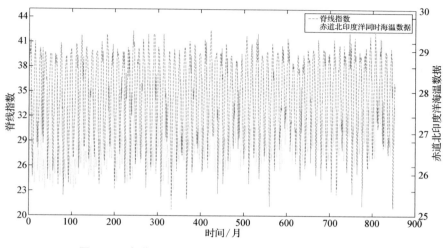

图 2.19　赤道北印度洋海温距平与副高脊线指数（同时）

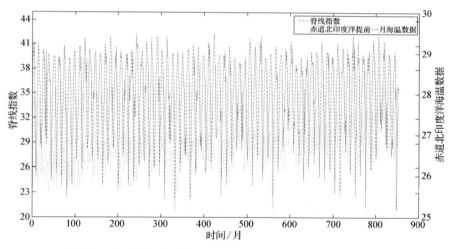

图 2.20　赤道北印度洋海温距平与副高脊线指数（提前 1 个月）

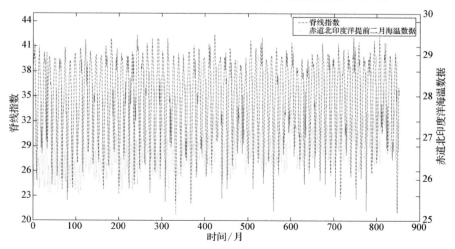

图 2.21　赤道北印度洋海温距平与副高脊线指数（提前 2 个月）

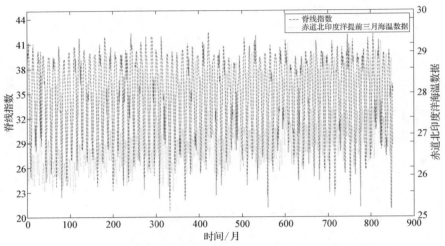

图 2.22 赤道北印度洋海温距平与副高脊线指数（提前 3 个月）

从以上四幅图中可以看出，赤道北印度洋海温场的变化曲线与副高脊线指数的变化曲线有着较为明显的贴合，且周期也是相近的，这意味着如果把握好一定的时滞时间，它们的曲线能够有一个较高的正相关性。从直观上分辨，提前 2 个月的赤道北印度洋海温场与副高脊线指数的相似度最高。

下面是不同月份下赤道北印度洋海温距平与副高脊线指数的相关系数表。

表 2.6 赤道北印度洋海温距平与副高脊线指数的相关系数表

月	−3	−2	−1	0	+1	+2	+3
相关系数	−0.6217	−0.3657	−0.0139	0.26	−0.0127	−0.3641	−0.6204

由表 2.6 可以看出，提前三月的赤道北印度洋海温距平与副高脊线指数的相关系数是大于 0.5 的，说明提前三月的赤道北印度洋海温距平与副高脊线指数的相关性较好。

接着，来看它们具体的标准化信息流系数。

表 2.7 1980 年前赤道北印度洋海温距平与副高脊线指数标准化信息流系数

月	−4	−3	−2	−1	0	+1	+2	+3
T21	−0.00029302	0.2193	0.1926	0.0187	−0.0689	−0.0237	0.0503	0.0753
T12	−0.00050931	−0.0593	−0.123	−0.0144	0.0708	0.0969	0.0939	0.0661

表 2.8 1980 年后赤道北印度洋海温距平与副高脊线指数标准化信息流系数

月	−6	−5	−4	−3	−2	−1	0	+1	+2	+3
T21	−0.0155	−0.1148	−0.1076	0.1872	0.1701	0.0066	−0.0708	−0.0199	0.0549	0.0698
T12	0.0198	0.1791	0.2419	−0.061	−0.1184	−0.0052	0.0761	0.094	0.0946	0.0618

由表 2.7 和 2.8 可以看出，相对于赤道东太平洋，赤道北印度洋对于副高脊线指数的信息流系数是较大的，即赤道北印度洋的海温变化对副高的位置变化有着不可忽视的作用，而且

是驱动作用,使副高的位置发生改变,其中提前三月的赤道北印度洋海温变化对副高位置的影响最大。同时观察上表可知,在1980年前和1980年后,赤道北印度洋海温对于副高位置的影响时间跨度上发生了改变,1980年前仅是提前两月和提前三月的海温影响着副高的位置变化,1980年后提前五月,提前四月和提前三月的海温也都对副高的位置变化起作用,说明1980年后赤道北印度洋海温变化对于副高位置的影响更加微妙,1980年后赤道北印度洋海温变化先使得副高保持在其原来位置,而后再使副高位置发生改变。

（3）副高脊线指数与赤道西太平洋海温距平的关系

西太平洋相较于东太平洋和北印度洋,由于其临近我国大部分海岸线,在气候上对我国的影响更为直接和重要,对西太平洋副热带高压的影响也尤为重要。首先看它们的变化曲线(图2.23至图2.26)。

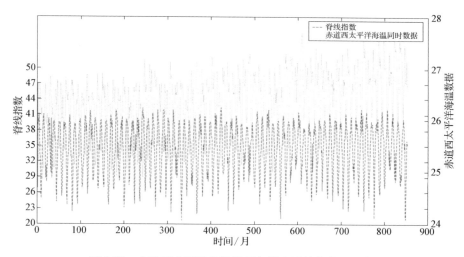

图2.23　赤道西太平洋海温距平与副高脊线指数(同时)

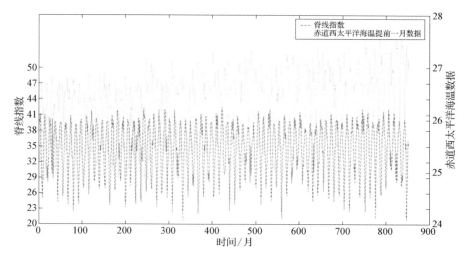

图2.24　赤道西太平洋海温距平与副高脊线指数(提前1个月)

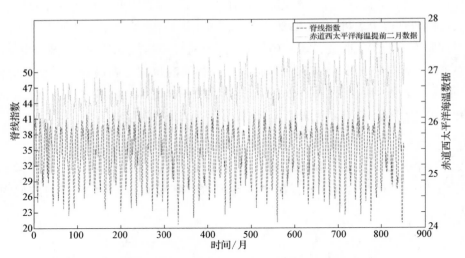

图 2.25　赤道西太平洋海温距平与副高脊线指数(提前 2 个月)

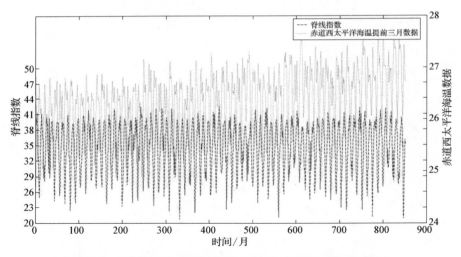

图 2.26　赤道西太平洋海温距平与副高脊线指数(提前 3 个月)

从这四幅图可以看出赤道西太平洋海温的周期和副高脊线指数周期是相近的,同时赤道西太平洋海温距平变化与副高脊线指数变化最为同步。

表 2.9　赤道西太平洋海温距平与副高脊线指数的相关系数表

月	−3	−2	−1	0	+1	+2	+3
相关系数	−0.3283	−0.5409	−0.5794	−0.5153	−0.5790	−0.5402	−0.3276

从表 2.9 可以看出赤道西太平洋海温距平与副高脊线指数的相关性比较强,同时,提前一月和提前两月情况下的相关性都较好。

接下来用信息流方法计算它们的因果关系。

表 2.10　1980 年前赤道西太平洋海温距平与副高脊线指数标准化信息流系数

月	−4	−3	−2	−1	0	+1	+2	+3
T21	0.0029	−0.1204	−0.0963	0.1149	0.2045	0.1590	0.0703	−0.0354
T12	0.0016	0.1225	0.1969	0.1336	0.0055	−0.0745	−0.0666	0.0446

表 2.11　1980 年后赤道西太平洋海温距平与副高脊线指数标准化信息流系数

月	−4	−3	−2	−1	0	+1	+2	+3
T21	0.0132	−0.1264	−0.0807	0.1285	0.188	0.1312	0.0439	−0.0548
T12	−0.0121	0.1349	0.177	0.0834	−0.0344	−0.079	−0.0454	0.0779

由表 2.10 和 2.11 可以看出,赤道西太平洋海温距平对于副高脊线指数变化影响相对于北印度洋更连续,延后一月、同时和提前一月的情况下对副高脊线指数都存在较为明显的因果关系。

（4）副高脊线指数与青藏高原东部地区地热通量距平的关系

相似地,先观察青藏高原东部地区地热通量与副高脊线指数在同时和时滞情况下的曲线变化情况（图 2.27 至图 2.30）。

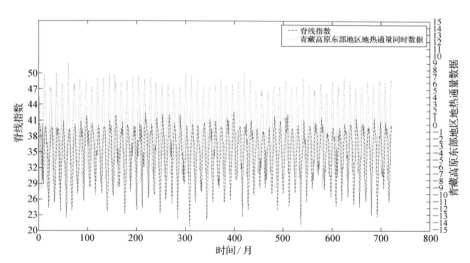

图 2.27　青藏高原东部地区地热通量距平与副高脊线指数（同时）

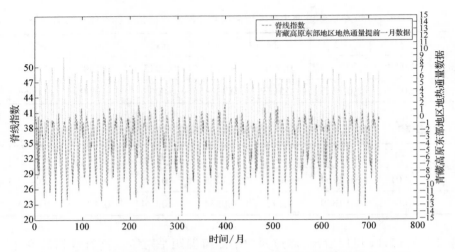

图 2.28　青藏高原东部地区地热通量距平与副高脊线指数（提前 1 个月）

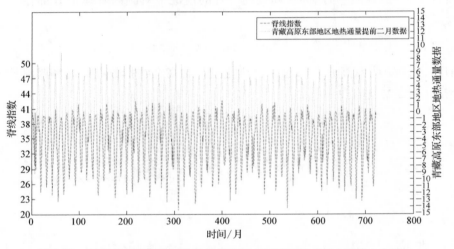

图 2.29　青藏高原东部地区地热通量距平与副高脊线指数（提前 2 个月）

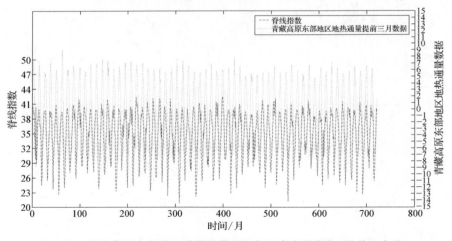

图 2.30　青藏高原东部地区地热通量距平与副高脊线指数（提前 3 个月）

由上图可以发现青藏高原东部地区地热通量距平的变化周期与副高脊线指数的变化周期是极为接近的,且提前 2 个月的青藏高原东部地区地热通量距平变化曲线与副高脊线指数的变化曲线最为吻合,位相接近。

再计算它们的相关系数。

表 2.12 青藏高原东部地区地热通量距平与副高脊线指数的相关系数表

月	−4	−3	−2	−1	0	+1	+2	+3
相关系数	0.5442	0.8023	0.8532	0.6972	0.3603	−0.0858	−0.5170	−0.8147

由表 2.12 可以看出,青藏高原东部地区地热通量距平与副高脊线指数的相关系数相比,三个海区海温距平与副高脊线指数的相关系数要大很多,说明青藏高原东部地区在影响副高脊线指数的变化中占有相当大的比重。由表 2.12 可以看出,提前 2 个月的青藏高原东部地区地热通量对副高脊线指数有最大的正相关,延后 3 个月的青藏高原东部地区地热通量对副高脊线指数有最大的负相关,但具体的因果关系讨论还需要计算它们的信息流系数。

给出二者信息流计算如下。

表 2.13 1980 年前青藏高原东部地区地热通量距平与副高脊线指数标准化信息流系数

月	−4	−3	−2	−1	0	+1	+2	+3
T21	−0.2008	−0.1348	0.4927	0.4883	0.2005	−0.02	−0.1859	−0.2363
T12	0.2471	0.4128	0.0045	−0.2992	−0.1785	0.0204	0.2424	0.4794

表 2.14 1980 年后青藏高原东部地区地热通量距平与副高脊线指数标准化信息流系数

月	−4	−3	−2	−1	0	+1	+2	+3
T21	−0.2394	−0.105	0.5937	0.4592	0.1708	−0.0457	−0.2361	−0.202
T12	0.2926	0.4482	−0.075	−0.3089	−0.1558	0.0499	0.2961	0.5648

从表 2.13 和表 2.14 可以看出,青藏高原东部地区地热通量距平对副高脊线指数的影响非常重要而且连续,并在 1980 后相互影响加强,这也表示青藏高原东部地区地热通量距平与副高脊线指数之间的关系更加密切复杂。由表可知,青藏高原东部地区地热通量距平对于副高脊线指数先是稳定作用,后是驱动作用,即青藏高原东部地区的地热变化对未来的 3 至 4 月的副高位置是一种稳定作用的影响,而对未来的 1 至 2 月以及同时段的副高位置则是一种驱动作用的影响,且对于未来 2 月的副高位置驱动影响更为强烈。另外,副高的位置变化也会反过来对青藏高原地热变化造成影响,其变化对未来 2 至 3 月的青藏高原东部地区地热变化有驱动作用,即让未来 2 至 3 月青藏高原东部地区地表面总热量改变。

(5)副高脊线指数与青藏高原西部地区地热通量距平的关系

接着,我们来看副高脊线指数与青藏高原西部地区地热通量的变化曲线图(图 2.31 至图 2.34)。

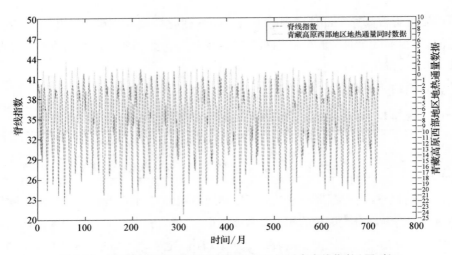

图 2.31　青藏高原西部地区地热通量距平与副高脊线指数（同时）

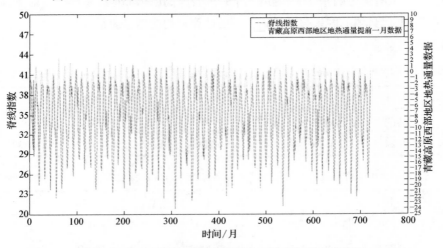

图 2.32　青藏高原西部地区地热通量距平与副高脊线指数（提前 1 个月）

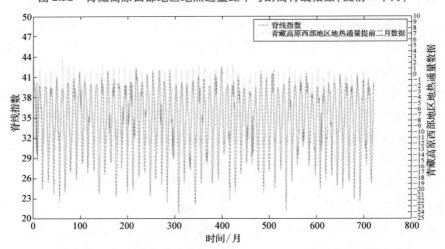

图 2.33　青藏高原西部地区地热通量距平与副高脊线指数（提前 2 个月）

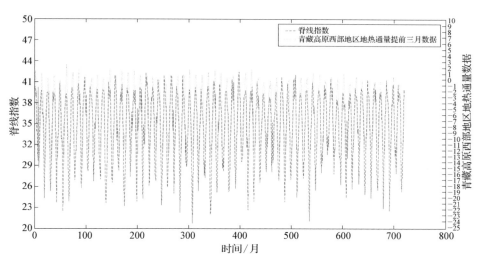

图 2.34　青藏高原西部地区地热通量距平与副高脊线指数（提前 3 个月）

由上面的四幅图可以看出,青藏高原西部地区地热通量距平的变化周期与副高脊线指数的变化周期相近,其中以提前 1 个月的青藏高原西部地区地热通量距平的位相与副高脊线指数变化的位相最为相近。

再来看它们的相关系数。

表 2.15　青藏高原西部地区地热通量距平与副高脊线指数的相关系数表

月	−4	−3	−2	−1	0	+1	+2	+3
相关系数	0.5376	0.7866	0.8474	0.7073	0.3686	−0.0835	−0.5259	−0.8227

由表 2.15 可以看出,青藏高原西部地区地热通量距平与副高脊线指数的相关性也比较强,提前 2 个月的青藏高原西部地区地热通量距平与副高脊线指数有最大的正相关,延后 3 个月的青藏高原西部地区地热通量距平有最大的负相关。

接下来利用信息流系数分析它们的因果关系。

表 2.16　1980 年前青藏高原西部地区地热通量距平与副高脊线指数标准化信息流系数

月	−4	−3	−2	−1	0	+1	+2	+3
T21	−0.1979	−0.1023	0.4413	0.4543	0.1951	−0.0234	−0.1965	−0.2424
T12	0.2417	0.376	0.0267	−0.2826	−0.1777	0.0241	0.2542	0.4885

表 2.17　1980 年后青藏高原西部地区地热通量距平与副高脊线指数标准化信息流系数

月	−4	−3	−2	−1	0	+1	+2	+3
T21	−0.2508	−0.089	0.6333	0.4527	0.1613	−0.0532	−0.2545	−0.1986
T12	0.3051	0.4499	−0.134	−0.3075	−0.1493	0.0586	0.3083	0.5407

由表 2.16 和 2.17 可以看出青藏高原西部地区地热通量距平变化与副高脊线指数变化之间有较强的因果关系,而且这种关系在 1980 年后得到了加强。1980 年前,青藏高原西部地区地热通量距平变化对副高脊线指数变化的影响是连续的,一直起着驱动其发生变化的作用,但 1980 年后这种影响在对未来第 3 个月的副高脊线指数变化时就突然变得极小,而对于未来的第 4 个月,第 2 个月,却有了更强的影响,使其在这期间更容易发生变化,但对于同时段副高脊线指数变化的影响还是较为稳定。同时还可以看出,副高脊线指数变化对于未来 2 至 3 月的青藏高原西部地区地热通量距平的影响,在 1980 年前后也发生了大的变化,在 1980 年后这种影响增强了,即副高脊线指数对青藏高原西部地区地热通量距平变化的驱动作用增强。

(6) 副高脊线指数与青藏高原南部地区地热通量距平的关系

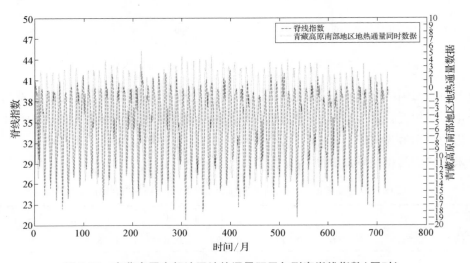

图 2.35　青藏高原南部地区地热通量距平与副高脊线指数(同时)

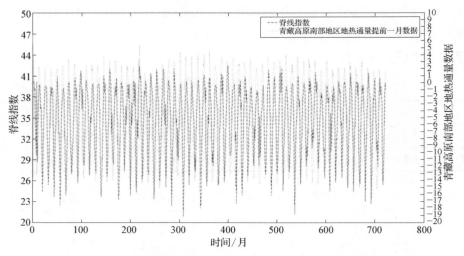

图 2.36　青藏高原南部地区地热通量距平与副高脊线指数(提前 1 个月)

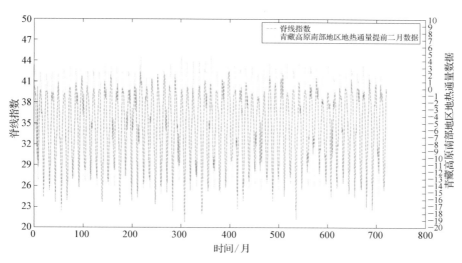

图 2.37 青藏高原南部地区地热通量距平与副高脊线指数(提前 2 个月)

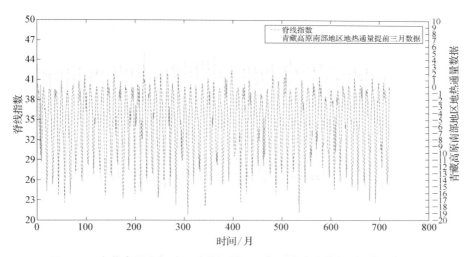

图 2.38 青藏高原南部地区地热通量距平与副高脊线指数(提前 3 个月)

由图 2.35 至图 2.38 可以看出,青藏高原南部地区地热通量距平的变化周期与副高脊线指数变化的周期也相近,并且在提前 2 个月时其位相与副高脊线指数变化的位相最为接近。

先来看它们的相关系数。

表 2.18 青藏高原南部地区地热通量距平与副高脊线指数的相关系数表

月	−4	−3	−2	−1	0	+1	+2	+3
相关系数	0.2832	0.6397	0.8430	0.8327	0.5919	0.1571	−0.3326	−0.7055

由表 2.18 可以看出,青藏高原南部地区地热通量距平与副高脊线指数的相关性很大。在提前 2 个月的情况下,青藏高原南部地区地热通量距平与副高脊线指数有最大的正相关,

在延后 3 个月的情况下有最大的负相关。

接着来看它们的标准化信息流系数。

表 2.19　1980 年前青藏高原南部地区地热通量距平与副高脊线指数标准化信息流系数

月	−4	−3	−2	−1	0	+1	+2	+3
T21	−0.1114	−0.2018	0.0666	0.6087	0.3521	0.0758	−0.148	−0.2732
T12	0.1295	0.3401	0.3713	−0.2442	−0.2957	−0.0745	0.1612	0.3909

表 2.20　1980 年后青藏高原南部地区地热通量距平与副高脊线指数标准化信息流系数

月	−4	−3	−2	−1	0	+1	+2	+3
T21	−0.153	−0.2503	0.2212	0.6817	0.3227	0.05	−0.1767	−0.2955
T12	0.1749	0.4188	0.3447	−0.3334	−0.2798	−0.0505	0.1941	0.4424

由表 2.19 和 2.20 可以看出青藏高原南部地区地热通量距平对副高脊线指数的影响是连续而且重要的，青藏高原南部地区地热通量距平变化对于现时段以及未来第 1 至 2 月，甚至未来第 3 至 4 月的副高脊线指数变化起着稳定作用，使其保持原位置。同时副高脊线指数又反过来影响青藏高原南部地区地热通量，可以看出，副高位置的变化使得青藏高原南部地区未来第 2 至 3 月的地热通量发生改变。1980 年后，可以看出青藏高原南部地区的地热通量变化对于未来第 3 至 4 月的影响是加强的，而对现时段以及未来第 1 至 2 月的影响稍有减弱；副高位置变化对于未来第 2 至 3 月的青藏高原南部地区地热通量变化影响也有增强。

（7）副高脊线指数与青藏高原主体地区地热通量距平的关系

最后来看青藏高原地区主体地区地热通量变化与副高脊线指数变化之间的区别。

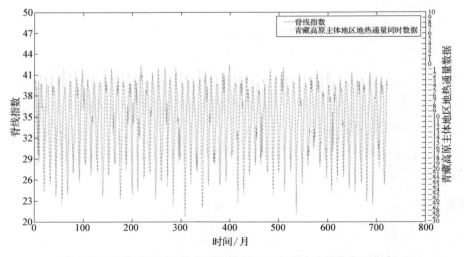

图 2.39　青藏高原主体地区地热通量距平与副高脊线指数（同时）

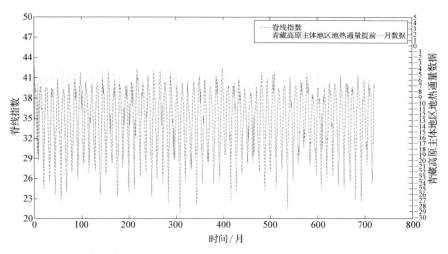

图 2.40　青藏高原主体地区地热通量距平与副高脊线指数(提前 1 个月)

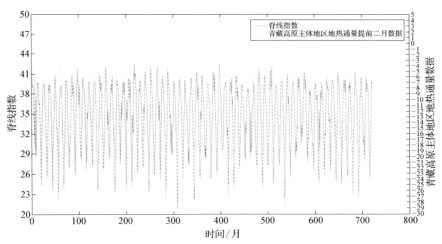

图 2.41　青藏高原主体地区地热通量距平与副高脊线指数(提前 2 个月)

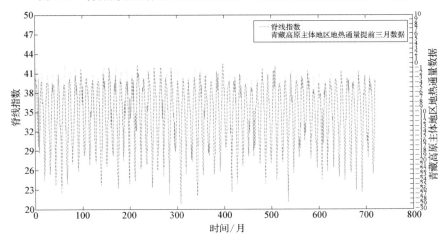

图 2.42　青藏高原主体地区地热通量距平与副高脊线指数(提前 3 个月)

由图 2.39 至图 2.42 中可以看出青藏高原主体地区地热通量变化周期与副高脊线指数的变化周期相近,以提前 2 个月的位相最接近。

再来看它们的相关系数。

表 2.21　青藏高原主体地区地热通量距平与副高脊线指数的相关系数表

月	−4	−3	−2	−1	0	+1	+2	+3
相关系数	0.4571	0.7457	0.8566	0.7585	0.4461	−0.0133	−0.4784	−0.7976

由表 2.23 可以看出,青藏高原主体地区地热通量距平与副高脊线指数也有着很强的相关性,在提前 2 个月的情况下青藏高原主体地区地热通量距平与副高脊线指数有着最大的正相关,在延后 3 个月有着最大的负相关。

再来看它们的标准化信息流系数。

表 2.22　1980 年前青藏高原主体地区地热通量距平与副高脊线指数标准化信息流系数

月	−4	−3	−2	−1	0	+1	+2	+3
T21	−0.1662	−0.158	0.3263	0.514	0.2463	0.0057	−0.1859	−0.2676
T12	0.1999	0.3696	0.1532	−0.3007	−0.2227	−0.0057	0.2276	0.4582

表 2.23　1980 年后青藏高原主体地区地热通量距平与副高脊线指数标准化信息流系数

月	−4	−3	−2	−1	0	+1	+2	+3
T21	−0.2213	−0.1775	0.5694	0.5303	0.2088	−0.0256	−0.2368	−0.2493
T12	0.264	0.4653	−0.0060456	−0.3405	−0.1914	0.0275	0.2794	0.5199

从表 2.22 和表 2.23 中可以看出,青藏高原主体地区地热通量在对副高脊线指数变化的影响上很重要,而且 1980 年后这种影响对于未来第 1 至 4 月的副高脊线指数变化是增强的,尤其以对未来第 2 个月的影响增强最大,另外,1980 后的副高脊线指数变化对青藏高原主体地区地热通量变化的影响也有了较大的增强。青藏高原主体地区对于同时段和未来第 1 至 2 月的副高脊线指数变化起推动作用,促使副高位置发生改变;对未来第 3 至 4 月的副高脊线指数变化起稳定作用,使副高维持其原来位置;另外副高脊线指数对未来第 2 至 3 月的青藏高原主体地区地热通量变化也起推动作用,使其地热通量发生改变。

2.3　本章小结

本章分析了副高脊线指数与所选的七个因子之间的因果关系,探讨了它们在 1980 年前后因果关系的变化,为了更直观地描述这种变化,给出下面的图表。

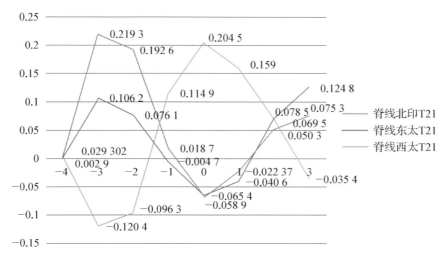

图 2.43　1980 年前不同海区海温与副高脊线指数的标准化信息流系数变化

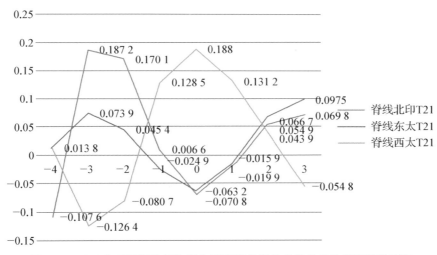

图 2.44　1980 年后不同海区海温与副高脊线指数的标准化信息流系数变化

从图 2.43 和图 2.44 中可以看出,赤道东太平洋海温距平在对副高脊线指数的影响上一直是一个很小的因子,其影响力在 1980 年后可以忽略不计。在对副高脊线指数的影响上主要以赤道北印度洋海温距平和赤道西太平洋海温距平为主,而且两者影响的时间不同,赤道北印度洋海温距平对未来第 3 至 4 月的副高脊线指数影响较大,而赤道西太平洋海温距平对现时段和未来 1 个月的副高脊线指数影响较大;赤道北印度洋海温距平和赤道西太平洋海温距平在 1980 年后对副高脊线指数的影响减弱,但赤道北印度洋海区对于副高脊线指数的影响时间跨度在 1980 年后增长。

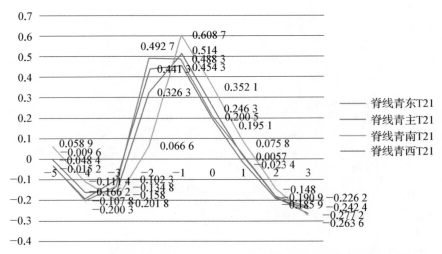

图 2.45 1980 年前不同地区地热通量与副高脊线指数的标准化信息流系数变化

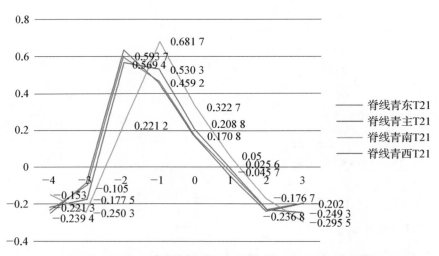

图 2.46 1980 年后不同地区地热通量与副高脊线指数的标准化信息流系数变化

从图 2.45 和图 2.46 中可以看出,这几个地区的地热通量对于副高脊线指数的影响都起着很重要的推动作用,其中又以青藏高原南部地区地热通量距平对副高脊线指数的影响最大,其最强的影响时间在未来的第 1 个月;另外三个因子对副高脊线指数的变化也有很强的影响力,其最强的影响时间在未来的第 2 个月,并且,在 1980 年后,这三个因子对副高脊线指数的影响力有了很大的增强。

综上,青藏高原东部地区,西部地区,南部地区和主体地区的地热通量距平与副高脊线指数的信息流系数结果较大,是研究副高脊线指数变化的理想因子。

参考文献

［1］LIANG X S. Normalizing the causality between time series[J]. Physical Review E, 2015, 92(2):022126.

［2］张韧,彭鹏,洪梅,等.近赤道海温对西太平洋副高强度的影响机理——模糊映射诊断[J].大气科学学报,2013,36(3):267－276.

［3］严蜜,钱永甫,刘健.西太平洋副热带高压强度和东亚地表热通量的年代际变化特征及关系[J].气象学报,2011,69(4):610－619.

［4］余丹丹,西太平洋副高与东亚夏季风系统相互影响的特征诊断和机理分析[D],南京:中国人民解放军理工大学,2008.

第三章 西太副高中短期活动的影响因子诊断检测

3.1 引 言

夏季西太平洋副热带高压的活动和变化异常复杂,不仅与亚洲季风和青藏高压关系密切,而且还与亚洲季风系统内部成员相互影响和制约。为了进一步研究和揭示上述影响因子和夏季西太平洋副热带高压的相互关系,确定影响夏季西太副高变化和活动的显著因子,我们通过相关普查的方法初步筛选出与西太副高的三个形态指数(面积指数、脊线指数和西脊点指数)相关性较好的因子。逐步回归方法和最优子集回归方法是常用的因子选择方法。但逐步回归方法在选入或剔除预报因子时,都是基于统计检验,所以从理论上并不能以任何概率保证所挑选的自变量的"显著性"。这样,挑选出的预报子集就有可能只是一个局部最优子集,而不是全局的最优。而最优子集回归方法计算量大,特别对大量的预报因子进行筛选时。基于此,首先在相关普查的基础上,用逐步回归方法剔除不显著的影响因子,最后进一步做最优子集回归筛选,充分剔除不显著的影响因子。这样不但可以筛选出全局最优子集,又克服了最优子集回归效率较低的不足。

3.2 资 料

本章使用的是 NCEP/NCAR1995—2005(11 年)夏季月份(每年 5 月 1 日—8 月 31 日)共计 1353 天的 500 hPa 位势高度场、200 hPa 高度场、海平面气压场、850 hPa 风场、200 hPa 风场潜热、感热通量场序列逐日再分析资料。研究区域范围为[30°E~160°E,45°S~45°N],资料格点为2.5°×2.5°。

副高五种特征指数的定义:

采用文献[1]定义的方法计算副高的五种形态指数。

(1) 副高面积指数(SI)

在 500 hPa 位势高度场,取 110°E~120°E,10°N~60°N 范围内位势高度大于等于 5880 位势米的网格(2.5°×2.5°)点数。

(2) 副高强度指数(AI)

在 500 hPa 位势高度场,取 110°E~120°E,10°N~60°N 范围内位势高度大于 5880 位势米的值与 5870 位势米之差的累计值(如 5880 为 1,5890 为 2,5900 为 3,其余类推)。

（3）副高脊线指数（RI）

在 500 hPa 位势高度场,取 110°E~150°E 范围内十七条经线(间隔 2.5°)上位势高度最大值 H_{max}($H_{max} \geqslant 5880$)所在纬度的平均值作为副高脊线。

（4）副高北界位置

在 500 hPa 位势高度场,取 5880 位势米北侧等值线与每隔 5°的 9 条经线(从西脊点往东数)交点的平均纬度值。

（5）副高西脊点指数

在 500 hPa 位势高度场,取 90°E~180°E 范围内 5880 位势米等值线最西位置所在的经度值。

3.3　诊断检测方法

3.3.1　逐步回归与最优子集回归

逐步回归分析的基本方法是在所选的全部预报因子集 X 中,按其对预报量 Y 作用显著程度的大小,由大到小逐个地引入回归方程。在变量引入过程中,那些对 Y 作用不显著的自变量 X 从回归方程中逐步剔除,使方程中各个变量都是显著的,最后得到"最优"的回归方程。

我们知道,逐步回归方法在选入或剔除预报因子时,都是基于统计检验(F 检验),所以从理论上并不能以任何概率保证所挑选的自变量的"显著性"。这样,挑选出的预报子集就有可能只是一个局部最优子集,而不是全局的最优[2]。因而就不可能充分体现模型特征,对预报工作的准确性产生一定的影响。而最优子集方法正是针对上述问题提出的。该方法是对模型的所有子集进行筛选,即对所有因子进行各种组合,从中选出最优的方程。

选择最优子集就是要确定哪一个子集回归效果最好。在一般情况下,用回归方法建立预报方程时,入选的因子个数越多,方程的复相关系数会越高,方程的拟合效果也会越好,但是仅凭这一点无法作为选择方程的准则。因此,要在众多的因子组合中筛选出最优子集,就需要采用统一标准的准则来衡量各个子集的优劣程度,常用的准则有修正相关系数 $\bar{R}$、平均剩余平方和 σ^2 和平均预报均方差 S_p 等,其中修正相关系数着眼于建模,后两个准则着眼于预测,它们对自变量个数的增加进行了较严厉的惩罚,其表达式如下:

$$\bar{R}^2 = 1 - (1 - R^2)\frac{n-1}{n-l-1} \tag{3.1}$$

$$\sigma^2 = \frac{S_{剩}}{n-l-1} \tag{3.2}$$

$$S_p = \frac{S_剩}{(n-l-1)(n-l-2)} \tag{3.3}$$

其中 $S_剩$ 为剩余平方和, n 为样本长度, l 为选取因子的个数。这样,满足 σ^2、S_p 最小, $\bar{R}$ 最大的回归模型子集即为最优子集[2]。

但是最优子集回归方法计算工作量相当大,当有 P 个可供挑选的预报变量时,所有可能的回归模型就有 2^p-1 个,这样当 P 相当大时需检验的样本组合数就会大得惊人,这显然是要付出运算代价。针对此问题,本章首先对预报因子进行逐步回归筛选,筛选出 m 个变量 ($m \leq 15$),然后计算 m 个变量与预报变量的全部可能回归找出最优子集,但应注意,如果所得的最优子集恰是逐步回归筛选出来的 m 个变量,这时应放宽逐步回归筛选的变量数,使其大于最优回归所找出的最优子集的变量数。这是因为当最优子集的变量和逐步回归所筛选的变量相等时,表示逐步回归筛选的局部最优子集可能作为最优子集,但逐步回归方法不一定能保证所筛选的子集达到全局最优。

3.3.2　经验正交函数分解

经验正交分解(Empirical Orthogonal Function,EOF)作为一种系统降维和特征提取方法在气象预报和气候分析中已有广泛的应用。其主要优点可归结为:① 能用相对少得综合变量因子描述复杂的场资料变化;② 当变量值相关密切时,展开收敛速度快,很容易将变量场的信息集中在几个主要模态上;③ 分解出来的特征向量互相正交,时间系数也互相正交;④ 能过滤变量序列的随机干扰。

对一个要素场 $\boldsymbol{X}$ 进行 EOF 分解,可将其分解成时间函数 $\boldsymbol{Z}$ 和空间函数(特征向量) $\boldsymbol{V}$ 两部分,其数学表达式为:

$$\boldsymbol{X} = \boldsymbol{V}\boldsymbol{Z} \tag{3.4}$$

设气象要素场 $\boldsymbol{X}$ 有 m 个空间点,样本长度为 n,对其作 EOF 分解时,计算过程可简单概括为:

(1) 求实对称矩阵

$$\boldsymbol{A} = \frac{1}{n}\boldsymbol{X}\boldsymbol{X}^T \tag{3.5}$$

式中 $\boldsymbol{A}$ 为 $m \times m$ 阶实对称方阵, $\boldsymbol{X}^T$ 为 $\boldsymbol{X}$ 的转置矩阵。

(2) 求实对称矩阵 $\boldsymbol{A}$ 的特征值组成的对角矩阵 $\boldsymbol{\Lambda}$ 和特征向量 $\boldsymbol{V}$

其中 $\boldsymbol{\Lambda}$ 矩阵中对角线上的元素 $\lambda_1, \lambda_2, \cdots, \lambda_m$ 为 $\boldsymbol{A}$ 的特征值; $\boldsymbol{V}$ 由对应的特征向量 $\boldsymbol{v}_1, \boldsymbol{v}_2, \cdots, \boldsymbol{v}_n$ 组成,为列向量矩阵。

(3) 求出时间系数矩阵 $\boldsymbol{Z}$

$$\boldsymbol{Z} = \boldsymbol{V}^T\boldsymbol{X} \tag{3.6}$$

其中 V^T 为 V 的转置矩阵。

（4）计算每个特征向量的方差贡献 R_k 及前 p 个特征向量的累积方差贡献 G

$$R_k = \lambda_k \Big/ \sum_{i=1}^{m} \lambda_i \quad (k = 1, 2, \cdots, p; i = 1, 2, \cdots, m(p < m)) \tag{3.7}$$

$$G = \sum_{i=1}^{p} \lambda_k \Big/ \sum_{i=1}^{m} \lambda_i \quad (k = 1, 2, \cdots, p; i = 1, 2, \cdots, m(p < m)) \tag{3.8}$$

3.4 副高活动的影响因子

西太平洋副热带高压作为亚洲季风系统的成员之一，其活动和变化与亚洲季风系统中各成员的活动与变化有密切的联系。为此，本节在前人工作的基础之上，分析总结了影响西太副高中短期变化的亚洲夏季风系统各成员。

亚洲夏季风系统各成员指标：

（1）马斯克林冷高强度指数：

$[40° \sim 60°E, 25° \sim 35°S]$ 区域范围内的海平面气压格点平均值。

（2）澳大利亚冷高强度指数：

$[120° \sim 140°E, 15° \sim 25°S]$ 区域范围内的海平面气压格点平均值。

（3）北半球感热作用指标：

中南半岛：$[95° \sim 110°E, 10° \sim 20°N]$ 区域范围内的感热通量格点平均值。

印度半岛：$[75° \sim 80°E, 10° \sim 20°N]$ 区域范围内的感热通量格点平均值。

（4）索马里低空急流指标：

$[40° \sim 50°E, 5°S \sim 5°N]$ 区域范围内的 850 hPa 经向风格点平均值。

（5）南海低空急流指标：

E1：$[105° \sim 110°E, 4° \sim 21°N]$ 区域范围内的 850 hPa 经向风格点平均值。

E2：$[110° \sim 118°E, 4° \sim 21°N]$ 区域范围内的 850 hPa 经向风格点平均值。

（6）印度季风活动指标：

$[70° \sim 85°E, 10° \sim 20°N]$ 区域范围内的 850 hPa 经向风、纬向风、潜热通量。

（7）南海、东亚季风活动指标：

$[105° \sim 120°E, 10° \sim 20°N]$ 区域范围内的 850 hPa 经向风、纬向风、潜热通量。

（8）青藏高压活动指标：

青藏高压正常位置：$[80° \sim 100°E, 28° \sim 5°N]$ 区域范围内的 200 hPa 位势高度格点平均值。

青藏高压偏东位置：$[100° \sim 120°E, 25° \sim 50°N]$ 区域范围内的 200 hPa 位势高度格点平均值。

青藏高压偏西位置：$[65° \sim 75°E, 30° \sim 45°N]$ 区域范围内的 200 hPa 位势高度格点平均值。

（9）季风环流指数：

孟加拉湾地区纬向季风环流指数、经向季风环流指数：

[80°E ~ 100°E, 0° ~ 20°N] 区域范围内的 du = u850—u200、dv = v850—v200 格点平均值。

南海地区纬向季风环流指数、经向季风环流指数：

[105°E ~ 120°E, 4° ~ 20°N] 区域范围内的 du = u850—u200; dv = v850—v200 格点平均值。

印度半岛地区纬向季风环流指数、经向季风环流指数：

[60°E ~ 80°E, 0° ~ 20°N] 区域范围内的 du = u850—u200、dv = v850—v200 格点平均值。

（10）东西向环流指标：

青藏高压东西向环流指标：

[140°E ~ 160°E, 30°N] 区域范围内的 200 hPa 纬向风格点平均值。

太平洋副高信风环流指标：

[140° ~ 160°E, 15°N] 区域范围内的 850 hPa 纬向风格点平均值。

（11）江淮梅雨指标：

[115°E ~ 120°E, 28°N ~ 34°N] 区域范围内的潜热通量(MLH)。

（12）纬向风指数：

[20°N ~ 25°N, 121°E ~ 126°E] 区域内 500 hPa 高度场的平均值。

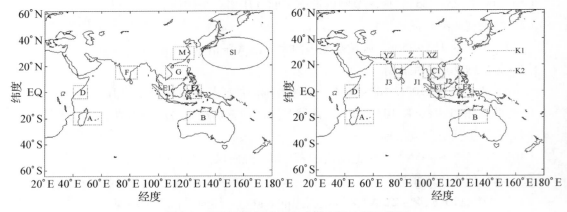

图 3.1　亚洲夏季风系统各成员指标位置示意图

3.5　副高面积指数影响因子的时滞分析

分别计算副高面积指数与 500 hPa 高度场、海平面气压场、850 hPa 风场的时滞 1 天、3 天、5 天格点相关(如图 3.2~图 3.16 所示)，从格点相关图中可以看出，在 500 hPa 高度场 [15° ~ 35°N, 130° ~ 140°E]、850 hPa 纬向风场 [0° ~ 20°N, 40° ~ 80°E]、850 hPa 经向风场 [15°S ~ 15°N, 40° ~ 60°E]、海平面气压场 [0° ~ 30°N, 120° ~ 160°E] 范围内的格点相关系数比较显著。将这些区域作为关键区，计算关键区域的格点平均值，并将其作为影响副高变化的因子。然后，计算副高面积指数与亚洲季风系统各成员指标和这些影响因子时滞 1 天、3 天、5 天的相关系数，如表 3.1 所示。相关系数分布如图 3.14、图 3.15 和图 3.16 所示。

　　从表3.1和图3.14、图3.15、图3.16中可以看出,各影响因子与副高面积指数的时滞相关系数比较低,大部分影响因子与副高面积指数的时滞1天、3天、5天的相关系数绝对值均小于0.5,最大相关系数为0.72,这表明夏季副高逐日强度变化非常复杂。为筛选出影响夏季副高时滞1天、3天、5天变化的最优子集,剔除那些影响不显著的因子,我们首先对表中35个因子做逐步回归筛选,初步筛选出$P(P=15,10,14)$个比较显著的影响因子(如表3.1中星号所标注),然后对逐步回归筛选出的影响因子根据式(3.1)、式(3.2)和式(3.3)分别计算出它们所对应的$\bar{R}$、σ^2和S_p,综合$\bar{R}$、σ^2和S_p值筛选出最优子集(即表3.2、表3.3和表3.4中带星号的子集)。时滞1天的最优子集包括南海低空急流指标、印度季风纬向环流(850 hPa纬向风)、南海季风纬向环流、500 hPa副高位势场、海平面气压场、副高强度指数、副高脊线指数、西脊点指数。

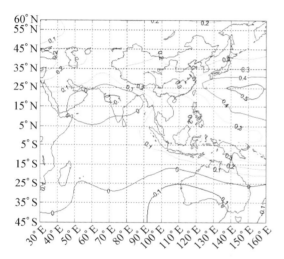

图 3.2　副高面积指数和 500 hPa
高度场时滞 1 天相关图

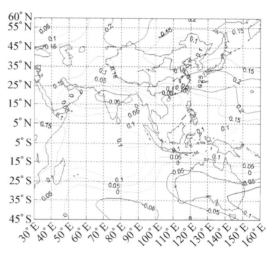

图 3.3　副高面积指数和 500 hPa
高度场时滞 3 天相关图

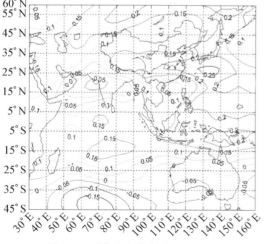

图 3.4　副高面积指数和 500 hPa
高度场时滞 5 天相关图

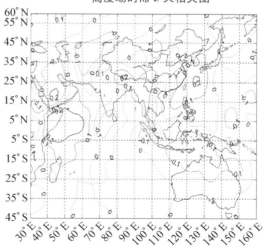

图 3.5　副高面积指数和 850 hPa
经向风场时滞 1 天相关图

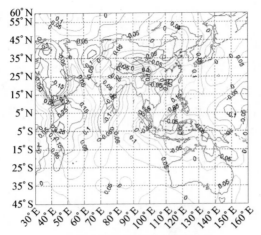

图3.6　副高面积指数和850 hPa
经向风场时滞3天相关图

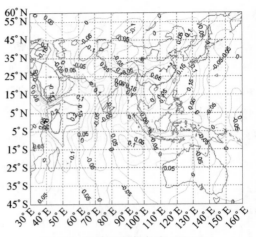

图3.7　副高面积指数和850 hPa
经向风场时滞5天相关图

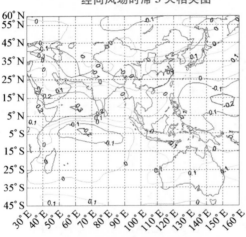

图3.8　副高面积指数和850 hPa
纬向风场时滞1天相关图

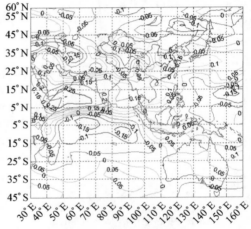

图3.9　副高面积指数和850 hPa
纬向风场时滞3天相关图

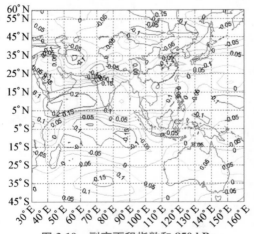

图3.10　副高面积指数和850 hPa
纬向风场时滞5天相关图

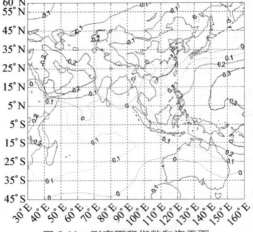

图3.11　副高面积指数和海平面
气压场时滞1天相关图

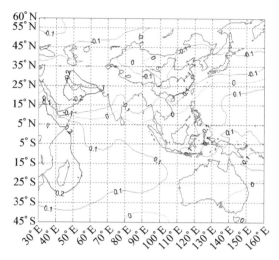 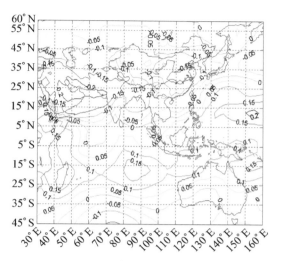

图 3.12　副高面积指数和海平面
气压场时滞 3 天相关图

图 3.13　副高面积指数和海平面
气压场时滞 5 天相关图

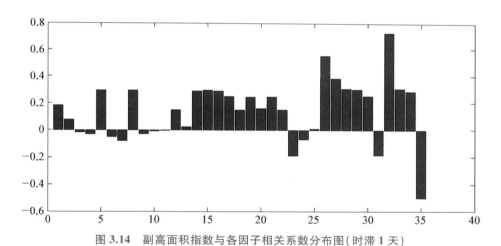

图 3.14　副高面积指数与各因子相关系数分布图(时滞 1 天)

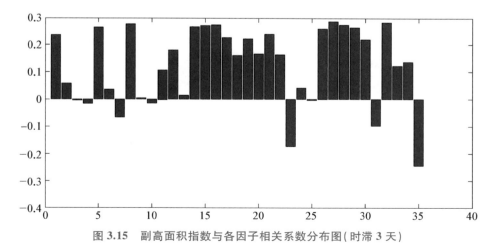

图 3.15　副高面积指数与各因子相关系数分布图(时滞 3 天)

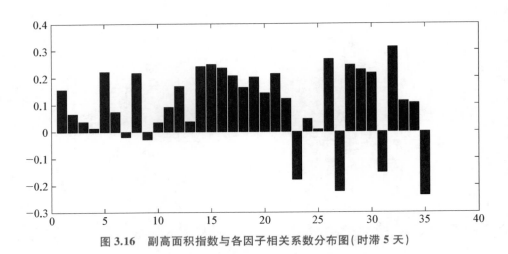

图 3.16 副高面积指数与各因子相关系数分布图(时滞 5 天)

表 3.1 副高面积指数与各影响因子的时滞相关分析

季风系统活动指标	时滞相关		
	1 天	3 天	5 天
马斯克林冷高强度指数	0.18*	0.24	0.16
澳大利亚冷高强度指数	0.07	0.06	0.06
中南半岛感热通量	−0.02	0.00	0.04
印度半岛感热通量	−0.03	−0.01	0.01
索马里低空急流指标	0.29*	0.27	0.22
南海低空急流指标(E1)	−0.05	0.04	0.07
南海低空急流指标(E2)	−0.08*	−0.07*	−0.02*
印度季风指标:850 hPa(U)	0.29*	0.28	0.22
印度季风指标:850 hPa(V)	−0.03*	0.01*	−0.03*
印度季风指标:潜热通量	0.02	−0.02	−0.02
南海、东亚季风活动指标:850 hPa(U)纬向风	0.0	0.11	0.09*
南海、东亚季风活动指标:850 hPa(V)经向风	0.15	0.18	0.17
南海、东亚季风活动指标:潜热通量	0.00	−0.03	−0.02
青藏高压活动指标:正常位置(Z)	0.29	0.27	0.24
青藏高压活动指标:偏东位置(E)	0.30*	0.27*	0.25*
青藏高压活动指标:偏西位置(W)	0.29	0.28	0.24*
季风环流指数:孟加拉湾(U)	0.25	0.23*	0.21*
季风环流指数:孟加拉湾(V)	0.15	0.16	0.16
季风环流指数:南海(U)	0.25*	0.22	0.20

续　表

季风系统活动指标	时滞相关		
	1 天	3 天	5 天
季风环流指数:南海(V)	0.16	0.18*	0.14*
季风环流指数:印度半岛(U)	0.25*	0.24	0.21*
季风环流指数:印度半岛(V)	0.15	0.16	0.12
东西向环流指标(K):	−0.19	−0.17*	−0.18*
太平洋副高信风环流指标(K2)	−0.07	0.04	0.05*
江淮梅雨指标(MLH):潜热通量	0.03	−0.01	−0.05
500 hPa 副高位势场	0.55*	0.26*	0.27*
海平面气压场(slp)	0.39*	0.29*	−0.22*
850 hPa 纬向风场	0.30*	0.28	0.25
85° hPa 经向风场	0.30*	0.27	0.23
500 副高位势场 I	0.25	0.22	0.22
500 副高位势场 II	−0.18	−0.10*	−0.15*
副高强度指数 AI	0.72*	0.28	0.31
北界位置 NI	0.31	0.12	0.11*
副高脊线指数	0.28*	0.13*	0.10
副高西脊点指数	−0.51*	−0.24*	−0.24*

表 3.2　时滞 1 天全部可能回归的最优子集($m=15$)及相应的 $\bar{R}$、σ^2 和 S_p

	最优子集	$R\times10^{-1}$	$\bar{R}\times10^{-1}$	σ^2	$S_p\times10^{-4}$
1	x_{32}	7.335	7.309	4.378	3.02
2	$x_{26}x_{32}$	7.579	7.531	4.068	2.83
3	$x_8x_{27}x_{32}$	7.667	7.598	3.975	2.78
4	$x_8x_{26}x_{27}x_{32}$	7.760	7.672	3.868	2.73
5	$x_8x_{26}x_{27}x_{32}x_{35}$	7.811	7.703	3.823	2.72*
6	$x_8x_{19}x_{26}x_{27}x_{32}x_{35}$	7.838	7.709	3.814	2.74
7	$x_7x_8x_{19}x_{26}x_{27}x_{32}x_{35}$	7.861	7.710	3.813	2.77
8	$x_7x_8x_{19}x_{26}x_{27}x_{32}x_{34}x_{35}$ *	7.883	7.711*	3.811*	2.79
9	$x_5x_7x_8x_{21}x_{26}x_{27}x_{32}x_{34}x_{35}$	7.900	7.707	3.817	2.81
10	$x_1x_5x_7x_8x_{21}x_{26}x_{27}x_{32}x_{34}x_{35}$	7.921	7.706	3.819	2.85
11	$x_1x_5x_7x_8x_{19}x_{21}x_{26}x_{27}x_{32}x_{34}x_{35}$	7.935	7.698	3.831	2.88

	最优子集	$R\times10^{-1}$	$\bar{R}\times10^{-1}$	σ^2	$S_p\times10^{-4}$
12	$x_1 x_5 x_7 x_8 x_9 x_{21} x_{26} x_{27} x_{29} x_{32} x_{34} x_{35}$	7.948	7.689	3.843	2.92
13	$x_1 x_5 x_7 x_8 x_9 x_{19} x_{21} x_{26} x_{27} x_{29} x_{32} x_{34} x_{35}$	7.958	7.676	3.863	2.96
14	$x_1 x_5 x_7 x_8 x_9 x_{19} x_{21} x_{26} x_{27} x_{28} x_{29} x_{32} x_{34} x_{35}$	7.971	7.666	3.878	2.99
15	$x_1 x_5 x_7 x_8 x_9 x_{15} x_{19} x_{21} x_{26} x_{27} x_{28} x_{29} x_{32} x_{34} x_{35}$	7.976	7.646	3.907	3.04

表 3.3　时滞 3 天全部可能回归的最优子集（$m=15$）及相应的 $\bar{R}$、σ^2 和 S_p

	最优子集	$R\times10^{-1}$	$\bar{R}\times10^{-1}$	σ^2	$S_p\times10^{-4}$
1	x_{27}	2.896	2.759	8.808	6.27
2	$x_{16} x_{26}$	3.789	3.591	8.304	5.96
3	$x_{16} x_{26} x_{27}$	4.053	3.777	8.173	5.92
4	$x_{16} x_{26} x_{27} x_{35}$	4.236	3.885	8.093	5.91*
5	$x_7 x_{16} x_{26} x_{27} x_{35}$	4.369	3.942	8.052	5.93
6	$x_7 x_9 x_{16} x_{26} x_{27} x_{35}$	4.473	3.970	8.032	5.97
7	$x_7 x_9 x_{16} x_{26} x_{27} x_{31} x_{35}$*	4.557	3.977*	8.026*	6.02
8	$x_7 x_9 x_{16} x_{26} x_{27} x_{31} x_{33} x_{35}$	4.611	3.948	8.049	6.09
9	$x_7 x_9 x_{15} x_{16} x_{17} x_{26} x_{27} x_{33} x_{35}$	4.692	3.954	8.048	6.15
10	$x_7 x_9 x_{15} x_{16} x_{17} x_{26} x_{27} x_{31} x_{33} x_{35}$	4.771	3.959	8.043	6.20
11	$x_7 x_9 x_{15} x_{17} x_{21} x_{23} x_{26} x_{27} x_{31} x_{33} x_{35}$	4.829	3.938	8.059	6.27
12	$x_7 x_9 x_{12} x_{15} x_{17} x_{21} x_{23} x_{26} x_{27} x_{31} x_{33} x_{35}$	4.884	3.914	8.078	6.35
13	$x_7 x_9 x_{12} x_{15} x_{17} x_{21} x_{23} x_{24} x_{26} x_{27} x_{31} x_{33} x_{35}$	4.921	3.863	8.115	6.44
14	$x_7 x_9 x_{12} x_{15} x_{17} x_{20} x_{21} x_{23} x_{24} x_{26} x_{27} x_{31} x_{33} x_{35}$	4.954	3.805	8.157	6.53
15	$x_7 x_9 x_{12} x_{15} x_{16} x_{17} x_{20} x_{21} x_{23} x_{24} x_{26} x_{27} x_{31} x_{33} x_{35}$	4.979	3.734	8.208	6.64

表 3.4　时滞 5 天全部可能回归的最优子集（$m=14$）及相应的 $\bar{R}$、σ^2 和 S_p

	最优子集	$R\times10^{-1}$	$\bar{R}\times10^{-1}$	σ^2	$S_p\times10^{-4}$
1	x_{32}	3.467	3.356	8.566	6.31
2	$x_{28} x_{32}$	3.812	3.612	8.393	6.24*
3	$x_{28} x_{32} x_{33}$	3.908	3.612	8.393	6.29
4	$x_{23} x_{28} x_{32} x_{34}$*	4.046	3.662*	8.358*	6.32
5	$x_{23} x_{28} x_{32} x_{34} x_{35}$	4.133	3.658	8.359	6.38
6	$x_{23} x_{24} x_{26} x_{28} x_{32} x_{34}$	4.197	3.628	8.381	6.46

	最优子集	$R \times 10^{-1}$	$\bar{R} \times 10^{-1}$	σ^2	$S_p \times 10^{-4}$
7	$x_{23}x_{24}x_{26}x_{28}x_{32}x_{34}x_{35}$	4.269	3.608	8.395	6.53
8	$x_{22}x_{23}x_{24}x_{26}x_{28}x_{32}x_{34}x_{35}$	4.329	3.575	8.418	6.61
9	$x_{22}x_{23}x_{24}x_{26}x_{28}x_{32}x_{33}x_{34}x_{35}$	4.384	3.534	8.446	6.68
10	$x_{15}x_{17}x_{21}x_{23}x_{24}x_{26}x_{29}x_{32}x_{34}x_{35}$	4.398	3.435	8.513	6.81
11	$x_{15}x_{17}x_{21}x_{23}x_{24}x_{26}x_{29}x_{32}x_{33}x_{34}x_{35}$	4.461	3.405	8.534	6.89
12	$x_{15}x_{17}x_{21}x_{22}x_{23}x_{24}x_{26}x_{29}x_{32}x_{33}x_{34}x_{35}$	4.494	3.329	8.583	6.99
13	$x_{15}x_{17}x_{21}x_{22}x_{23}x_{24}x_{26}x_{28}x_{29}x_{32}x_{33}x_{34}x_{35}$	4.514	3.228	8.646	7.11
14	$x_5x_{15}x_{17}x_{21}x_{22}x_{23}x_{24}x_{26}x_{28}x_{29}x_{32}x_{33}x_{34}x_{35}$	4.543	3.139	8.701	7.23

时滞 3 天的最优子集包括南海低空急流指标、印度季风指标(850 hPa 经向风)、青藏高压活动指标(偏东位置)、500 hPa 副高位势场、海平面气压场、西脊点指数。时滞 5 天的最优子集包括东西向环流指标、850 hPa 纬向风场、副高强度指数、副高脊线指数。

为了便于评价和比较本章所采用方法的优势,分别采用逐步回归方法和本章方法确定的子集建立全回归方程。然后以 2004—2005 年夏季样本作为独立检验样本。两种方法独立检验样本的相关系数分别为 0.7315 和 0.7423(时滞 1 天)、0.3791 和 0.3846(时滞 3 天)、0.2580 和 0.2669(时滞 5 天)。从独立检验比较的结果可以看出本章所采用的方法独立预报效果比逐步回归方法好。

3.6　副高脊线指数影响因子的时滞分析

分别计算副高脊线指数与 500 hPa 高度场、海平面气压场、850 hPa 纬向风场、850 hPa 经向风场、200 hPa 纬向风场的时滞 1 天、3 天、5 天格点相关(如图 3.17~图 3.31 所示),从格点相关图中可以看出,在 500 hPa 高度场[25°~45°N,110°~160°E]、850 hPa 纬向风场[5°~25°N,30°~80°E]、850 hPa 经向风场[5°S~25°N,40°~70°E]、海平面气压场[15°~35°N,30°~60°N]、200 hPa 纬向风场[5°~35°N,30°~160°N]范围内的格点相关系数比较显著。将这些区域作为关键区,计算关键区域的格点平均值,并将其作为影响副高脊线变化的影响因子。然后,计算副高脊线指数与亚洲季风系统各成员指标和这些影响因子时滞 1 天、3 天、5 天的相关系数,如表 3.5 所示。相关系数分布如图 3.32、图 3.33 和图 3.34 所示。

从表 3.5 和图 3.32、图 3.33、图 3.34 中可以看出,各影响因子与副高脊线指数的时滞相关系数比较高,大部分影响因子与副高脊线指数的时滞 1 天、3 天、5 天的相关系数绝对值均大于 0.5,最大相关系数为 0.75,这表明夏季副高逐日南北变化相对于强度变化比较简单。

为筛选出影响夏季副高脊线指数时滞 1 天、3 天、5 天变化的最优子集,剔除那些影响不显著的因子,我们首先对表 3.5 中 36 个因子做逐步回归筛选,初步筛选出 $P(P=14,14,11)$ 个比较显著的影响因子(如表 3.5 中带星号所示),然后对逐步回归筛选出的影响因子根据式(3.1)、式

(3.2)和式(3.3)分别计算出它们所对应的 $\bar{R}$、σ^2 和 S_p，综合 $\bar{R}$、σ^2 和 S_p 值筛选出最优子集(即表 3.6、表 3.7 和表 3.8 中带星号的子集)。时滞 1 天的最优子集包括南海低空急流指标、印度季风指标(850 hPa 纬向风)、南海、东亚季风活动指标:850 hPa 经向风、青藏高压活动指标:偏东位置、南海纬向季风环流、东西向环流指标、太平洋副高信风环流指标、500 hPa 副高位势场、850 hPa纬向风场、850 hPa 经向风场、副高面积指数、副高强度指数、北界位置、副高西脊点指数。时滞 3 天的最优子集包括澳大利亚冷高强度指数、南海低空急流指标、850 hPa 印度纬向季风经向环流、印度季风潜热通量、青藏高压活动指标:偏东位置、南海纬向季风环流、太平洋副高信风环流指标、500 hPa 副高位势场、200 hPa 纬向风场、副高强度指数、北界位置、副高西脊点指数。时滞 5 天的最优子集包括澳大利亚冷高强度指数、索马里低空急流指标、南海低空急流指标、南海纬向季风环流、太平洋副高信风环流指标、500 hPa 副高位势场、副高面积指数、副高西脊点指数。

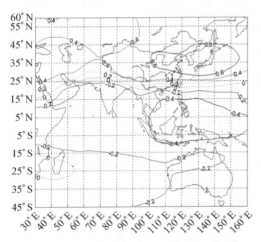

图 3.17　副高脊线指数和 500 hPa
高度场时滞 1 天相关图

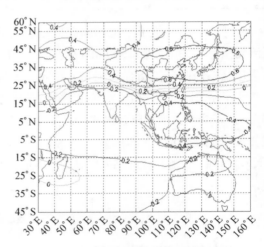

图 3.18　副高脊线指数和 500 hPa
高度场时滞 3 天相关图

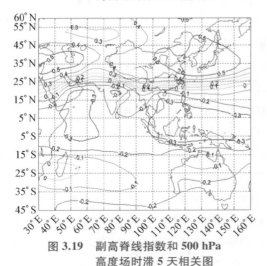

图 3.19　副高脊线指数和 500 hPa
高度场时滞 5 天相关图

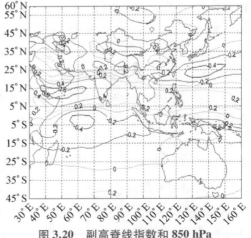

图 3.20　副高脊线指数和 850 hPa
纬向风场时滞 1 天相关图

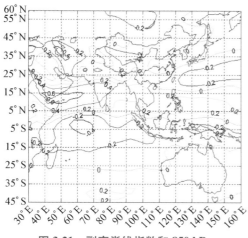

图 3.21　副高脊线指数和 850 hPa
纬向风场时滞 3 天相关图

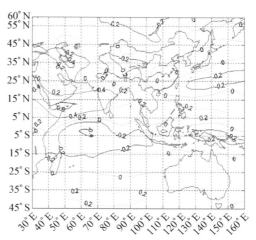

图 3.22　副高脊线指数和 850 hPa
纬向风场时滞 5 天相关图

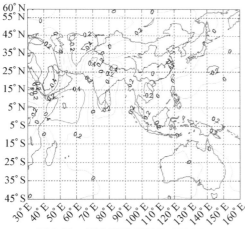

图 3.23　副高脊线指数和 850 hPa
经向风场时滞 1 天相关图

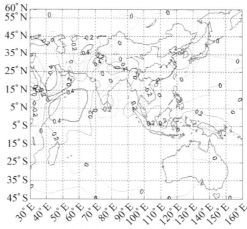

图 3.24　副高脊线指数和 850 hPa
经向风场时滞 3 天相关图

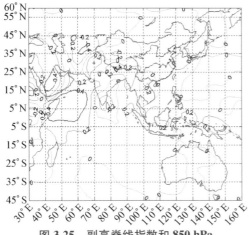

图 3.25　副高脊线指数和 850 hPa
经向风场时滞 5 天相关图

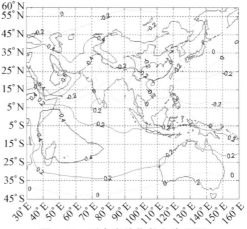

图 3.26　副高脊线指数和海平面
气压场时滞 1 天相关图

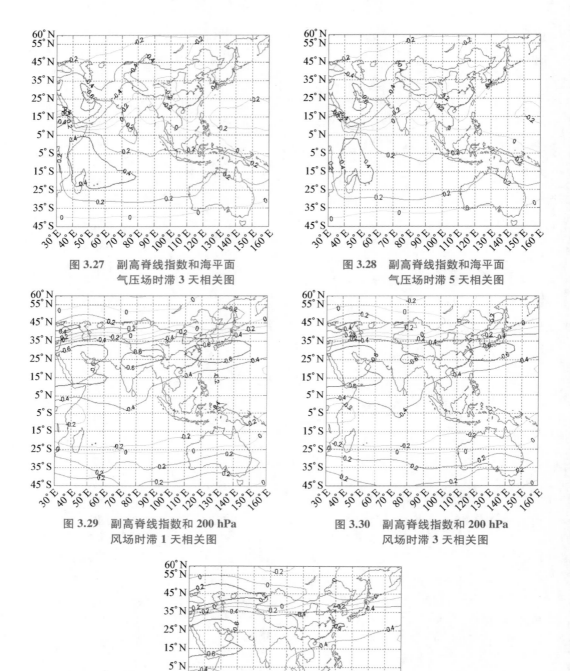

图 3.27 副高脊线指数和海平面
气压场时滞 3 天相关图

图 3.28 副高脊线指数和海平面
气压场时滞 5 天相关图

图 3.29 副高脊线指数和 200 hPa
风场时滞 1 天相关图

图 3.30 副高脊线指数和 200 hPa
风场时滞 3 天相关图

图 3.31 副高脊线指数和 200 hPa 风场时滞 5 天相关图

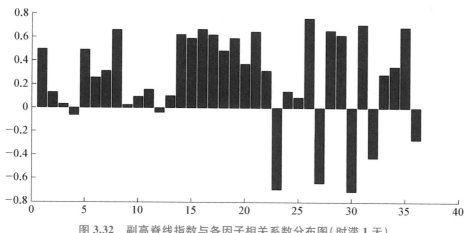

图 3.32　副高脊线指数与各因子相关系数分布图（时滞 1 天）

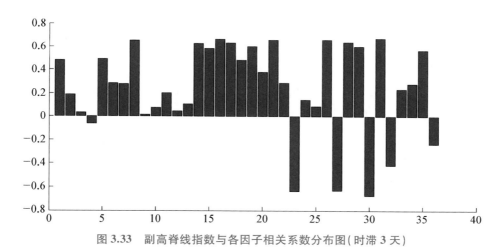

图 3.33　副高脊线指数与各因子相关系数分布图（时滞 3 天）

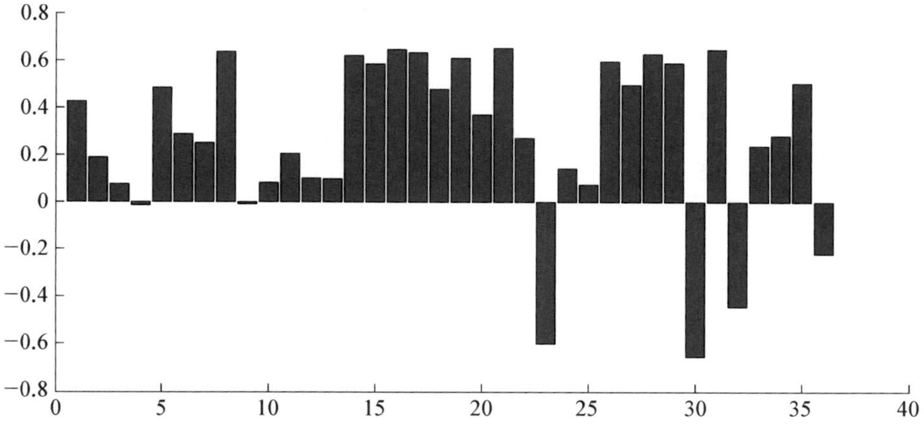

图 3.34　副高脊线指数与各因子相关系数分布图（时滞 5 天）

表 3.5 副高脊线指数与各影响因子的时滞相关分析

季风系统活动指标	时滞相关		
	1 天	3 天	5 天
马斯克林冷高强度指数	0.49	0.47	0.42
澳大利亚冷高强度指数	0.13	0.19*	0.18*
中南半岛感热通量	0.03	0.03	0.07
印度半岛感热通量	−0.06	−0.07	−0.02
索马里低空急流指标	0.48	0.49	0.48*
南海低空急流指标(E1)	0.25	0.28*	0.29*
南海低空急流指标(E2)	0.31*	0.27	0.25
印度季风指标:850 hPa(U)	0.65*	0.65*	0.63
印度季风指标:850 hPa(V)	0.02	0.01	−0.01
印度季风指标:潜热通量	0.09	0.07*	0.08
南海、东亚季风活动指标:850 hPa(U)纬向风	0.16	0.20	0.20
南海、东亚季风活动指标:850 hPa(V)经向风	−0.04*	0.04*	0.10
南海、东亚季风活动指标:潜热通量	0.10	0.10*	0.09
青藏高压活动指标:正常位置(Z)	0.62	0.62	0.61
青藏高压活动指标:偏东位置(E)	0.58*	0.58*	0.58
青藏高压活动指标:偏西位置(W)	0.66	0.66	0.64
季风环流指数:孟加拉湾(U)	0.62	0.63	0.63
季风环流指数:孟加拉湾(V)	0.48	0.47	0.47
季风环流指数:南海(U)	0.59*	0.60*	0.60*
季风环流指数:南海(V)	0.37	0.37	0.36
季风环流指数:印度半岛(U)	0.64	0.65	0.65
季风环流指数:印度半岛(V)	0.31	0.28	0.26
东西向环流指标(K)	−0.69*	−0.64	−0.61
太平洋副高信风环流指标(K2)	0.14*	0.14*	0.14*
江淮梅雨指标(MLH):潜热通量	0.09	0.08	0.07
500 hPa 高度场[31°~35°N,130°~135°E]	0.75*	0.65*	0.59*
海平面气压场(slp)	−0.64	−0.63	0.49*
850 hPa 纬向风场	0.65*	0.63	0.62
850 hPa 经向风场	0.61*	0.60	0.58
200 hPa 纬向风场	−0.71	−0.68*	−0.65

季风系统活动指标	时滞相关		
	1 天	3 天	5 天
500 副高位势场 I	0.70	0.67	0.64*
500 副高位势场 II	−0.42	−0.42	−0.45*
副高面积指数 SI	0.28*	0.23	0.24*
副高强度指数 AI	0.35*	0.27*	0.28
北界位置 NI	0.68*	0.57*	0.50
副高西脊点指数	−0.27*	−0.24*	−0.22*

表 3.6　时滞 1 天全部可能回归的最优子集($m=14$)及相应的 $\bar{R}$、σ^2 和 S_p

	最优子集	$R\times10^{-1}$	$\bar{R}\times10^{-1}$	σ^2	$S_p\times10^{-4}$
1	x_{26}	7.508	7.483	3.969	2.7338
2	$x_{26}x_{35}$	7.298	7.888	3.408	2.3675
3	$x_8x_{26}x_{35}$	8.042	7.986	3.268	2.2894
4	$x_8x_{12}x_{26}x_{35}$	8.190	8.052	3.173	2.2417
5	$x_8x_{26}x_{33}x_{35}x_{36}$	8.259	8.103	3.099	2.209
6	$x_8x_{12}x_{26}x_{33}x_{35}x_{36}$	8.292	8.158	3.020	2.1716
7	$x_7x_8x_{12}x_{26}x_{33}x_{35}x_{36}$	8.317	8.176	2.993	2.1723
8	$x_7x_8x_{12}x_{15}x_{26}x_{33}x_{35}x_{36}$	8.345	8.184	2.983	2.1833
9	$x_7x_8x_{12}x_{15}x_{19}x_{26}x_{33}x_{35}x_{36}$*	8.352	8.198*	2.965*	2.1894
10	$x_7x_8x_{12}x_{15}x_{19}x_{24}x_{26}x_{33}x_{35}x_{36}$	8.356	8.188	2.979	2.2205
11	$x_7x_8x_{12}x_{15}x_{19}x_{24}x_{26}x_{33}x_{34}x_{35}x_{36}$	8.362	8.174	2.999	2.2558
12	$x_7x_8x_{12}x_{15}x_{19}x_{23}x_{24}x_{26}x_{33}x_{34}x_{35}x_{36}$	8.367	8.161	3.019	2.2909
13	$x_7x_8x_{12}x_{15}x_{19}x_{23}x_{24}x_{26}x_{28}x_{33}x_{34}x_{35}x_{36}$	8.371	8.148	3.037	2.3264
14	$x_7x_8x_{12}x_{15}x_{19}x_{23}x_{24}x_{26}x_{28}x_{29}x_{33}x_{34}x_{35}x_{36}$	8.345	8.134	3.057	2.364

表 3.7　时滞 3 天全部可能回归的最优子集($m=14$)及相应的 $\bar{R}$、σ^2 和 S_p

	最优子集	$R\times10^{-1}$	$\bar{R}\times10^{-1}$	σ^2	$S_p\times10^{-4}$
1	x_{26}	6.475	6.437	5.370	3.82
2	x_8x_{26}	7.066	7.005	4.669	3.35
3	$x_8x_{26}x_{36}$	7.143	7.054	4.607	3.34

续　表

	最优子集	$R×10^{-1}$	$\bar{R}×10^{-1}$	σ^2	$S_p×10^{-4}$
4	$x_8 x_{26} x_{33} x_{36}$	7.229	7.114	4.530	3.31
5	$x_8 x_{26} x_{33} x_{35} x_{36}$	7.354	7.215	4.397	3.24*
6	$x_2 x_8 x_{26} x_{33} x_{35} x_{36}$	7.389	7.225	4.385	3.26
7	$x_2 x_8 x_{26} x_{32} x_{33} x_{35} x_{36}$*	7.436	7.246*	4.356*	3.27
8	$x_2 x_8 x_{12} x_{26} x_{32} x_{33} x_{35} x_{36}$	7.456	7.239	4.366	3.31
9	$x_2 x_6 x_8 x_{12} x_{26} x_{32} x_{33} x_{35} x_{36}$	7.481	7.236	4.369	3.34
10	$x_2 x_6 x_8 x_{12} x_{24} x_{26} x_{32} x_{33} x_{35} x_{36}$	7.505	7.234	4.372	3.37
11	$x_2 x_6 x_8 x_{12} x_{19} x_{24} x_{26} x_{32} x_{33} x_{35} x_{36}$	7.528	7.229	4.379	3.41
12	$x_2 x_6 x_8 x_{12} x_{15} x_{19} x_{24} x_{26} x_{32} x_{33} x_{35} x_{36}$	7.559	7.233	4.374	3.44
13	$x_2 x_6 x_8 x_{12} x_{13} x_{15} x_{19} x_{24} x_{26} x_{32} x_{33} x_{35} x_{36}$	7.560	7.205	4.412	3.50
14	$x_2 x_6 x_8 x_{10} x_{12} x_{13} x_{15} x_{19} x_{24} x_{26} x_{32} x_{33} x_{35} x_{36}$	7.574	7.189	4.434	3.55

表 3.8　时滞 5 天全部可能回归的最优子集($m=11$)及相应的 $\bar{R}$、σ^2 和 S_p

	最优子集	$R×10^{-1}$	$\bar{R}×10^{-1}$	σ^2	$S_p×10^{-4}$
1	x_{31}	6.449	6.411	5.487	4.04
2	$x_{19} x_{26}$	6.700	6.629	5.223	3.88
3	$x_{19} x_{26} x_{31}$	6.834	6.730	5.096	3.82*
4	$x_{19} x_{26} x_{31} x_{36}$	6.889	6.754	5.067	3.83
5	$x_2 x_{19} x_{26} x_{31} x_{32}$	6.953	6.786	5.026	3.84
6	$x_6 x_{19} x_{26} x_{31} x_{33} x_{36}$	6.989	6.788	5.024	3.87
7	$x_2 x_6 x_{19} x_{24} x_{26} x_{31} x_{32}$	7.036	6.803	5.003	3.89
8	$x_2 x_6 x_{19} x_{26} x_{31} x_{32} x_{33} x_{36}$	7.073	6.808	4.998	3.92
9	$x_2 x_6 x_{19} x_{24} x_{26} x_{31} x_{32} x_{33} x_{36}$*	7.105	6.809*	4.997*	3.96
10	$x_2 x_5 x_6 x_{19} x_{24} x_{26} x_{31} x_{32} x_{33} x_{36}$	7.111	6.778	5.036	4.03
11	$x_2 x_5 x_6 x_{19} x_{24} x_{26} x_{27} x_{31} x_{32} x_{33} x_{36}$	7.111	6.741	5.083	4.10

　　为了便于评价和比较本章所采用方法的优势,分别采用逐步回归方法和本章方法确定的子集建立全回归方程。然后以 2004—2005 年夏季样本作为独立检验样本。两种方法独立检验样本的相关系数分别为 0.8407 和 0.8395(时滞 1 天)、0.7545 和 0.7623(时滞 3 天)、0.6753 和 0.6783(时滞 5 天)。从独立检验比较的结果可以看出本章所采用的方法选择的预报因子具有比较好的代表性和独立预报效果。

3.7 副高西脊点指数影响因子的时滞分析

分别计算副高西脊点指数与500 hPa高度场时滞1天、3天、5天格点相关(如图3.35~图3.37所示),从格点相关图中可以看出,在500 hPa高度场[15°~35°N,120°~160°E]范围内的格点相关系数比较显著。将这些区域作为关键区,计算关键区域的格点平均值,并将其作为影响副高西脊点变化的影响因子。然后,计算副高西脊点指数与亚洲季风系统各成员指标和这些影响因子时滞1天、3天、5天的相关系数,如表3.9所示。相关系数分布如图3.38、图3.39和图3.40所示。

从表3.9和图3.38、图3.39、图3.40中可以看出,各影响因子与副高西脊点指数的时滞相关系数比较低,大部分影响因子与副高西脊点指数时滞1天、3天、5天的相关系数绝对值均较小,这表明夏季副高逐日东伸西退的变化非常复杂。

为筛选出影响夏季副高西脊点指数时滞1天、3天、5天变化的最优子集,剔除那些影响不显著的因子,我们首先对表中32个因子做逐步回归筛选,初步筛选出$P(P=15,10,11)$个比较显著的影响因子(如表3.9所示),然后对逐步回归筛选出的影响因子根据式(3.1)、式(3.2)和式(3.3)分别计算出它们所对应的$\bar{R}$、σ^2和S_p,综合$\bar{R}$、σ^2和S_p值筛选出最优子集(即表3.10、表3.11和表3.12中带星号的子集)。时滞1天的最优子集包括南海低空急流指标、850 hPa印度经纬向环流、印度季风指标:潜热通量、南海、东亚纬向季风环流、青藏高压活动指标:偏东位置、青藏高压活动指标:偏西位置、孟加拉湾纬向季风环流、南海经向季风环流、印度半岛纬向季风环流、太平洋副高信风环流指标、500 hPa高度场、副高面积指数、副高脊线指数、副高西脊点指数。时滞3天的最优子集包括南海低空急流指标、印度季风指标:潜热通量、南海、东亚季风活动经向风、南海、东亚季风潜热通量、青藏高压活动指标:正常位置、青藏高压活动指标:偏西位置、江淮梅雨潜热通量、500 hPa高度场、副高面积指数、副高脊线指数。时滞5天的最优子集包括南海低空急流指标、印度850 hPa纬向环流、南海、东亚经向季风环流、青藏高压活动指标:偏西位置、南海经向季风环流、东西向环流、500 hPa高度场、副高面积指数、副高脊线指数。

为了便于评价和比较本章所采用方法的优势,分别采用逐步回归方法和本章方法确定的子集建立全回归方程。然后以2004—2005年夏季样本作为独立检验样本。两种方法独立检验样本的相关系数分别为0.5314和0.53221(时滞1天)、0.2315和0.2489(时滞3天)、0.2169和0.2216(时滞5天)。从独立检验比较的结果可以看出本章所采用的最优子集回归方法选取的因子具有比较好的代表性,能够充分剔除影响不显著的因子。

最后,本章还采用EOF分解的方法来构造模型的输入矩阵。即将通过格点相关普查选取的因子组合成一个N维的因子矩阵,然后对这个因子矩阵作EOF分解,取方差贡献较大的因子作为预测模型的输入矩阵。同样我们用线性回归模型检验最优回归子集和EOF分解所构造输入矩阵的预报效果,结果表明最优回归子集构造的输入矩阵预报效果优于EOF分解所构造的输入矩阵。

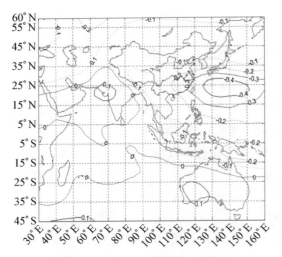

图 3.35 副高西脊点指数和 500 hPa
高度场时滞 1 天相关图

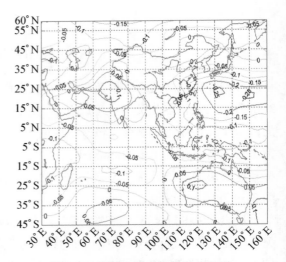

图 3.36 副高西脊点指数和 500 hPa
高度场时滞 3 天相关图

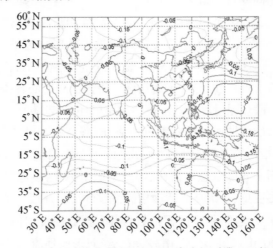

图 3.37 副高西脊点指数和 500 hPa 高度场时滞 5 天相关图

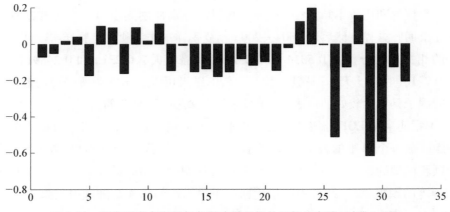

图 3.38 副高西脊点指数与各影响因子相关系数分布图(时滞 1 天)

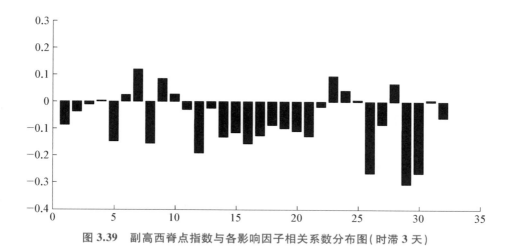

图 3.39　副高西脊点指数与各影响因子相关系数分布图(时滞 3 天)

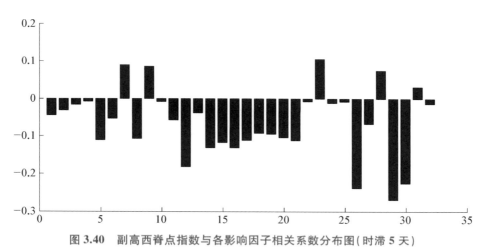

图 3.40　副高西脊点指数与各影响因子相关系数分布图(时滞 5 天)

表 3.9　副高西脊点指数与各影响因子的时滞相关分析

季风系统活动指标	时滞相关		
	1 天	3 天	5 天
马斯克林冷高强度指数	−0.07	−0.09	−0.05
澳大利亚冷高强度指数	−0.05	−0.04	−0.03
中南半岛感热通量	0.01	−0.01	−0.02
印度半岛感热通量	0.04	0.00	0.00
索马里低空急流指标	−0.17	−0.15	−0.11
南海低空急流指标(E1)	0.10	0.03	−0.05*
南海低空急流指标(E2)	0.09*	0.12*	0.09*
印度季风指标:850 hPa(U)	−0.16*	−0.16	−0.11*

季风系统活动指标	时滞相关		
	1 天	3 天	5 天
印度季风指标:850 hPa(V)	0.09*	0.09	0.08
印度季风指标:潜热通量	0.01*	0.03*	0.00
南海、东亚季风活动指标:850 hPa(U)纬向风	0.11*	−0.03	−0.06
南海、东亚季风活动指标:850 hPa(V)经向风	−0.15	−0.19*	−0.18*
南海、东亚季风活动指标:潜热通量	−0.01	−0.02*	−0.04
青藏高压活动指标:正常位置(Z)	−0.15	−0.13*	−0.13
青藏高压活动指标:偏东位置(E)	−0.14*	−0.11	−0.12
青藏高压活动指标:偏西位置(W)	−0.18*	−0.16*	−0.13*
季风环流指数:孟加拉湾(U)	−0.15*	−0.12	−0.11
季风环流指数:孟加拉湾(V)	−0.08	−0.09	−0.09
季风环流指数:南海(U)	−0.12	−0.10	−0.09
季风环流指数:南海(V)	−0.10*	−0.11	−0.10*
季风环流指数:印度半岛(U)	−0.15*	−0.13	−0.11
季风环流指数:印度半岛(V)	−0.02	−0.02	−0.01
东西向环流指标(K)	0.12	0.09	0.11*
太平洋副高信风环流指标(K2)	0.19*	0.04	−0.01
江淮梅雨指标(MLH):潜热通量	0.00	0.01*	−0.01
500 hPa 高度场[20°~25°N,130°~140°E]	−0.51*	−0.27	−0.24*
500 副高位势场 I	−0.13	−0.08	−0.07
500 副高位势场 II	0.15	0.07*	0.08*
副高面积指数	−0.62*	−0.31*	−0.27*
副高强度指数	−0.54	−0.26	−0.23
副高脊线指数	−0.13	0.01*	0.03*
北界位置	−0.21*	−0.06	−0.01

表 3.10　时滞 1 天全部可能回归的最优子集($m=15$)及相应的 $\bar{R}$、σ^2 和 S_p

	最优子集	$R\times10^{-1}$	$\bar{R}\times10^{-1}$	σ^2	$S_p\times10^{-4}$
1	x_{29}	6.376	6.338	5.820	4.01
2	$x_{26}x_{29}$	6.649	6.578	5.521	3.84*
3	$x_{24}x_{26}x_{29}$	6.681	6.575	5.527	3.87

续　表

	最优子集	$R\times10^{-1}$	$\bar{R}\times10^{-1}$	σ^2	$S_p\times10^{-4}$
4	$x_{15}x_{17}x_{26}x_{29}$	6.739	6.599	5.491	3.88
5	$x_{15}x_{17}x_{26}x_{29}x_{31}$	6.759	6.584	5.511	3.93
6	$x_{15}x_{17}x_{26}x_{29}x_{31}x_{32}$*	6.805	6.596*	5.496*	3.95
7	$x_{15}x_{17}x_{24}x_{26}x_{29}x_{31}x_{32}$	6.817	6.571	5.529	4.01
8	$x_{10}x_{15}x_{17}x_{24}x_{26}x_{29}x_{31}x_{32}$	6.823	6.539	5.568	4.08
9	$x_{15}x_{16}x_{17}x_{21}x_{24}x_{26}x_{29}x_{31}x_{32}$	6.830	6.509	5.607	4.14
10	$x_{7}x_{15}x_{16}x_{17}x_{21}x_{24}x_{26}x_{29}x_{31}x_{32}$	6.837	6.477	5.648	4.21
11	$x_{7}x_{10}x_{15}x_{16}x_{17}x_{21}x_{24}x_{26}x_{29}x_{31}x_{32}$	6.844	6.444	5.690	4.28
12	$x_{7}x_{8}x_{10}x_{15}x_{16}x_{17}x_{21}x_{24}x_{26}x_{29}x_{31}x_{32}$	6.849	6.409	5.734	4.35
13	$x_{7}x_{8}x_{9}x_{10}x_{15}x_{16}x_{17}x_{21}x_{24}x_{26}x_{29}x_{31}x_{32}$	6.855	6.372	5.778	4.43
14	$x_{7}x_{8}x_{9}x_{10}x_{15}x_{16}x_{17}x_{20}x_{21}x_{24}x_{26}x_{29}x_{31}x_{32}$	6.858	6.333	5.827	4.51
15	$x_{7}x_{8}x_{9}x_{10}x_{11}x_{15}x_{16}x_{17}x_{20}x_{21}x_{24}x_{26}x_{29}x_{31}x_{32}$	6.858	6.288	5.881	4.59

表 3.11　时滞 3 天全部可能回归的最优子集（$m=10$）及相应的 $\bar{R}$、σ^2 和 S_p

	最优子集	$R\times10^{-1}$	$\bar{R}\times10^{-1}$	σ^2	$S_p\times10^{-4}$
1	x_{29}	3.353	3.239	8.849	6.30
2	$x_{12}x_{29}$	3.629	3.418	8.733	6.27
3	$x_{16}x_{29}x_{31}$	4.040	3.763	8.491	6.15*
4	$x_{7}x_{16}x_{29}x_{31}$	4.203	3.846	8.431	6.16
5	$x_{7}x_{14}x_{16}x_{29}x_{31}$*	4.268	3.854*	8.431*	6.23
6	$x_{7}x_{12}x_{14}x_{16}x_{29}x_{31}$	4.305	3.769	8.489	6.32
7	$x_{7}x_{10}x_{13}x_{14}x_{16}x_{29}x_{31}$	4.339	3.709	8.533	6.41
8	$x_{7}x_{10}x_{12}x_{13}x_{14}x_{16}x_{29}x_{31}$	4.380	3.6557	8.572	6.49
9	$x_{7}x_{10}x_{12}x_{13}x_{14}x_{16}x_{28}x_{29}x_{31}$	4.406	3.5804	8.625	6.59
10	$x_{7}x_{10}x_{12}x_{13}x_{14}x_{16}x_{24}x_{28}x_{29}x_{31}$	4.417	3.4821	8.693	6.71

表 3.12　时滞 5 天全部可能回归的最优子集（$m=11$）及相应的 $\bar{R}$、σ^2 和 S_p

	最优子集	$R\times10^{-1}$	$\bar{R}\times10^{-1}$	σ^2	$S_p\times10^{-4}$
1	x_{29}	3.098	2.969	9.144	6.74
2	$x_{16}x_{26}$	3.444	3.214	8.992	6.68
3	$x_{16}x_{29}x_{31}$	3.833	3.528	8.784	6.59

	最优子集	$R\times10^{-1}$	$\bar{R}\times10^{-1}$	σ^2	$S_p\times10^{-4}$
4	$x_{16}x_{26}x_{29}x_{31}$	3.985	3.592	8.737	6.61
5	$x_{16}x_{23}x_{26}x_{29}x_{31}$	4.132	3.657	8.688	6.63
6	$x_6x_{16}x_{23}x_{26}x_{29}x_{31}$ *	4.211	3.665*	8.688*	6.70
7	$x_6x_{12}x_{16}x_{23}x_{26}x_{29}x_{31}$	4.248	3.582	8.744	6.79
8	$x_6x_{12}x_{16}x_{20}x_{23}x_{26}x_{29}x_{31}$	4.278	3.508	8.795	6.90
9	$x_7x_{10}x_{12}x_{13}x_{14}x_{16}x_{28}x_{29}x_{31}$	4.295	3.414	8.860	7.02
10	$x_7x_{10}x_{12}x_{13}x_{14}x_{16}x_{24}x_{28}x_{29}x_{31}$	4.312	3.315	8.928	7.14
11	$x_6x_7x_8x_{12}x_{16}x_{20}x_{23}x_{26}x_{28}x_{29}x_{31}$	4.322	3.199	9.004	7.27

3.8　本章小结

基于 1995—2005 年共 11 年的 NCEP/NCAR 夏季(5 月 1 日—8 月 31 日)逐日再分析资料,在相关普查的基础上初步筛选出影响副高 1 天、3 天、5 天活动的影响因子,然后用逐步回归方法剔除影响不显著的因子,最后利用最优子集回归方法做进一步的剔除和筛选,确定副高预测模型的输入矩阵。同时,本章也用 EOF 分解的方法构造预报模型的输入矩阵。通过上面的工作可以得出以下几点结论。

(1) 西太副高南北移动的变化相对于东西进退和强度的变化比较简单,所以影响因子也比较明显。西太副高的东西进退特别复杂,影响因子也相对比较模糊。

(2) 最优子集回归方法能够充分剔除影响不显著的因子,该方法所选取的影响因子相对于逐步回归方法和 EOF 分解方法所构造的输入矩阵具有比较好的预报效果。因此本章用基于逐步回归的最优子集回归方法选取比较显著的副高影响因子,为第四章、第五章和第六章副高预测模型构造了输入矩阵。

(3) 有些文献中提到 EOF 分解所构造的输入矩阵的预报效果优于最优子集回归,与本章的实验结果有些出入。究竟哪一种方法构造的输入矩阵有更好的预报效果? 这个问题有待于更进一步的探讨。

(4) 本章采用的因子选取方法仍是基于线性相关的基础,一些非线性的影响显著的因子有可能被剔除掉,所以有必要寻求一种或组合的更科学的因子选取方法。

参考文献

[1] 柳崇健,陶诗言.副热带高压北跳与月尖(CUSP)突变[J].中国科学(B 辑),1983,5:474-480.

[2] 金荣花,陈涛,鲍媛媛.2007 年梅汛期异常降水的大尺度环流成因分析[J].气象,2008,34(4):79-85.

第 二 篇

副高变异案例库建立及其对
长江中下游夏季天气影响

第四章　西太副高季节内异常活动"案例库"的建立

4.1　引　　言

经过众多专家学者的辛勤工作和努力,副高生成和变异机理及其活动规律的研究已取得了许多重要成果。尽管西太副高作为东亚季风环流系统的重要组成部分,对整个东亚乃至我国的天气气候产生很大的影响,这一客观性和重要性的观点已经被广泛认知和肯定,但是目前许多工作的着眼点仍在于研究西太副高的结构和演变规律,以及单个的影响因子与西太副高异常活动的关系,在季节内的西太副高异常活动的研究中,对于西太副高的季节内异常情况和各个影响因子之间的相互作用关系的研究还比较少,其中发生的物理机制和动力过程尚未完全弄清楚。因此,深入研究西太副高的季节内异常活动,同时发现其与相关系统,如夏季风成员之间的相互联系,互相影响的基本事实,探讨其中可能存在的物理特征和动力机制,是理解和搞清西太副高季节内异常活动本质的有力途径,对于预测西太副高异常活动有很大帮助,并且具有非常重要的科学意义和实用价值。

此外,鉴于西太副高系统的非线性、西太副高变化的非平稳性、副高影响因子的多样性和动力机理的复杂性,要完全弄清和揭示其本质特征尚有一定的距离和难度。因此,从副高及其影响因子的时间序列中重建具有客观性和针对性的西太副高的动力模型,是对西太副高异常活动和动力过程分析的重要方法途径。同时,在西太副高动力机理的分析和研究中找出相应的规律,选出相关性较好的影响因子作为预报因子,并且从影响因子和西太副高的周期变化之间发现时滞关系,根据这个时滞关系来确定预报时选用预报因子的一个提前的时间,从而用于构建预报模型。同时,根据影响因子与西太副高的时间序列进行相关性分析,用同时的样本资料进行诊断分析。

4.2　西太副高季节内异常活动"案例库"的建立

太平洋副热带高压的中心附近并不是副高年际变化率最大的地区,而是在副热带高压西部的太平洋西北地区,同时副高西边缘也是北半球夏季副热带低层大气环流年际变率最大的区域,并且其称为西太平洋副高。西北太平洋副热带高压(西太副高)是对东亚夏季气候影响深远的一个主要环流系统,其季节内异常变化受很多热带海区海气相互作用的调控。鉴于西太副高这个系统对东亚整个气候的重要影响,西太副高季节内异常变化的研究一直备受关注。本章通过构建表征西太副高范围的指数,即副高面积指数,对副高面积指数的时间序列进行分析,找出副高面积指数异常大或者异常小的情况,并将其判定为西太副高的异常情况,收集这些西太副高的异常情况来建立西太副高"异常案例库",从而对西太副高的季节内异常活动进行诊断分析和预报研究。

研究表明,西太副高的年际变化率受多个天气系统的影响,特别是夏季风成员与西太副高在动力机制上的紧密联系。在夏季风成员中选出马斯克林高压,澳大利亚高压,青藏高压以及孟加拉湾经向季风环流。定义影响因子的特征指数,同样画出影响因子特征指数的时间序列进行分析,并计算其与西太副高的年际变率之间的相关性,做显著性检验,探讨西太副高与其因子之间的相关性大小,对可能存在的机理做简单的阐述。

4.2.1　资料与方法

(1) 资料说明

利用美国国家环境预报中心(NCEP)提供的 1948—2019 年的月平均资料,包括 500 hPa 位势高度场,200 hPa 和 850 hPa 经向风场。其中位势高度场和经向风场的分辨率为 $2.5° \times 2.5°$,资料长度都为 852 个月。

(2) 研究对象和具体方法

为了揭示西太副高异常与个别夏季风成员异常的相关性,通过对 1948—2019 年夏季 6,7,8 三个月的 NCEP 月平均资料的分析,利用 500 hPa 位势高度构建西太副高范围的指数,即面积指数,同样的用海面气压重建澳大利亚高压指数和马斯克林高压指数;用 200 hPa 位势高度重建青藏高压活动指数;用 850 hPa 和 200 hPa 的经向风格点值重建孟加拉湾经向环流指数。

具体来说,首先根据定义对西太副高面积指数以及各要素场的特征指数值进行计算,取每年 6,7,8 三个月各特征值的平均值作为当年的一个代表值,这样我们就得到了各个特征值的一个 71 年的时间序列。随后计算两个要素之间的相关性(其中 x、y 是两个 n 维向量)。

$$r_{xy} = \frac{\sum_{t=1}^{n}(x_t - \bar{x})(y_t - \bar{y})}{\sqrt{\sum_{t=1}^{n}(x_t - \bar{x})^2}\sqrt{\sum_{t=1}^{n}(y_t - \bar{y})^2}} \tag{4.1}$$

对具有相同时间长度并且拥有相同样本数量,但是具有不同特征的两个不同指数的序列进行相关性分析,可知西太副高的面积指数和各定义的特征指数所得时间序列样本的大小都为 $n=852$。而对于这个量的大小是否显著,我们还需要做相关的统计检验。采用 t 检验(亦称 student t 检验)法来检验该数量。准确地说,在固定样本容量的情况中,可以实现计算统一的判别标准相关系数,即相关系数的临界值 r_c,则

$$r_c = \sqrt{\frac{t_{\alpha}^2}{n - 2 + t_{\alpha}^2}} \tag{4.2}$$

若 $r > r_c$，显著性的 t 检验通过成立。表明这两个时间序列之间存在着比较显著的相关关系。

4.2.2　西太副高季节内异常活动"案例库"的建立

（1）副热带高压特征指数的定义

副热带高压面积指数（SI）主要用来表征副热带高压的范围大小以及强度形态，根据我国中央气象台（1976）的定义：在 2.5°×2.5° 网格的 500 hPa 位势高度图上，10°N 以北，110°E ~ 180°E 的范围内，平均位势高度大于 588 dagpm 的网格点数。其值越大，所代表的副热带高压范围越广或者强度越大。

（2）西北太平洋副高面积指数分析

为了较为清晰地描述和反映西太副高历年来的变化规律和变化的趋势，首先画出西太副高面积指数的时间序列图，如图 4.1 和 4.2 所示，其中图 4.1 为西太副高在 1948—2019 年这 71 年间 852 个月中的副高面积指数的月平均值，图 4.2 为西太副高在 1948—2019 年这 71 年中每年夏季 6、7、8 三个月副高面积指数值的平均值。由于样本时间跨度足够长数量也较多，因此从图 4.1 中可以看出，西太副高面积指数的变化显得杂乱无章，因为这里面既包括了副高季节内的变化情况，也包括副高年际等多个时间尺度的变化情况，很难看出某一个时间尺度西太副高的变化规律。而对西太副高季节内异常的变化自然要选副高活动最为活跃的夏季来研究才更有意义。因此，我们选出 6、7、8 三个月副高面积指数的平均值作出图 4.2。这样就只考虑了每年西太副高在夏季的情况变化。在图 4.2 中副高面积指数有 35 个峰值，这代表着西太副高季节内的 35 次周期性的活动，同时这也反映出西太副高季节内活动存在着一个时间尺度大概为两年的周期变化。

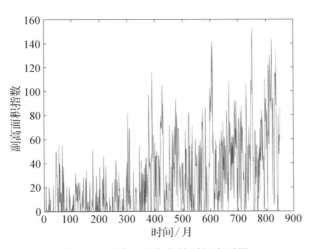

图 4.1　副高面积指数的时间序列图

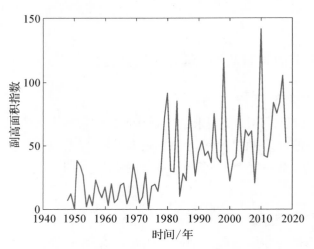

图 4.2　副高面积指数（夏季）的时间序列图

（3）建立西太副高异常活动"案例库"

在这些副高的周期性的活动中,存在着一些副高面积指数异常高于相邻年份的情况,或者异常小于相邻年份的情况,这项指数反映了西太副高在当年的夏季季节内所控制的范围和强度异常的大或者异常的小。结合具体的实际情况分析,在这些夏季季节内副高面积指数异常大或小,即西太副高夏季季节内控制范围和强度异常大或者异常小的年份中往往容易出现反常的天气情况。如 1998 年我国长江等流域发生十分罕见的特大洪水,2008 年我国南方发生几十年一遇的重大雪灾等极端天气的情况。这些年份都是西太副高面积指数异常大或者异常小,即西太副高出现异常活动的年份。我们将这些异常的年份根据夏季季节内副高面积指数的时间序列列出建立西太副高异常活动的"案例库",为建立诊断和预报模型提供预报样本。通过观察夏季季节内西太副高面积指数的时间序列图,异常年份一般处于波峰或者波谷处。首先选出 15 个异常大的样本,这些样本一般处在波峰位置,并且数值一般都远远大于相邻的年份。同理,选出 15 个异常小的样本,这些样本一般处于波谷的位置,并且数值一般都远远小于相邻的年份。这样我们就有了一个"异常大"的案例库和一个"异常小"的案例库。其中具体数据如表 4.1 和 4.2 所示。

表 4.1　"异常大"案例

年份	1969	1973	1980	1983	1987	1991	1995	1998	2003	2005	2007	2010	2014	2016	2017
面积指数	36	29	91	85	80	54	76	119	82	62	62	142	84	84	105

表 4.2　"异常小"案例

年份	1979	1977	1978	1981	1982	1984	1985	1986	1989	1994	1996	1997	2000	2004	2008
面积指数	5	14	30	30	29	10	28	22	26	36	41	37	22	37	20

4.2.3　西太副高及其影响因子的相关性研究

（1）相关影响因子特征参数的定义

近些年来,随着对西太副高的活动与夏季风成员的活动之间相互作用关系研究的加深,发现西太副高与夏季风成员活动的异常变化有关。本章在此选定四个夏季风成员作为研究西太副高季节内异常活动的相关影响因子,它们分别是马斯克林高压、澳大利亚高压,青藏高压,孟加拉湾经向季风。在此范围内,分别运用 NCEP 月平均资料中的海表气压场、200 hPa 和 850 hPa 经向风场,这些相关影响因子的特征指数的定义如下:

马斯克林冷高压强度指数(MH):把在$(40°\sim60°E,10°\sim20°S)$的区域范围内海平面气压格点值求平均,通常取这个平均值为马斯克林冷高压强度指数(MH)。

澳大利亚冷高压强度指数(AH):把在$(135°\sim155°E,10°\sim20°S)$的区域范围内海平面气压格点值求平均,通常取这个平均值为澳大利亚冷高压强度指数(AH)。

青藏高压活动指数(XZ):将范围$(75°\sim105°E,30°\sim35°N)$与范围$(75°\sim95°E,30°\sim35°N)$内 200 hPa 位势高度的格点平均值做差,这个差值即为青藏高压活动指数(XZ)。

孟加拉湾经向季风(JIV):范围在$(80°\sim100°E,0°\sim20°N)$内 $v_{850}-v_{200}$ 格点的平均值。

（2）西太副高影响因子特征指数

为了研究西太副高影响因子历年活动变化的规律和活动过程,通过上述定义我们计算出各西太副高相关因子特征指数的历史值,画出各西太副高影响因子特征指数的时间序列变化图。

图 4.3 是澳大利亚冷高压强度指数(AH)1948 年到 2019 年的时间序列图,同样的本章选择了每年6,7,8 夏季三个月澳大利亚冷高压强度指数(AH)的平均值作为当年该特征指数的

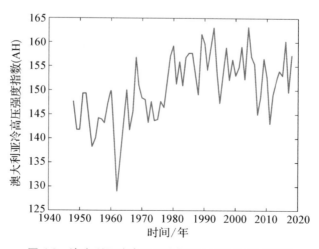

图 4.3　澳大利亚冷高压强度指数(AH)时间序列图

一个代表值。一般来讲,澳大利亚冷高压爆发后引起的越赤道气流会引起北半球夏季低纬地区季风环流系统的活动变化,从而进一步对我国境内的降水产生一定影响。它的活动也与西太副高存在着密切的联系。

图4.4是马斯克林冷高压强度(MH)指数1948年到2019年的时间序列图,也是选择了每年6,7,8夏季三个月马斯克林冷高压强度指数(MH)的平均值作为当年该特征指数的一个代表值。马斯克林冷高压与澳大利亚冷高压作为南半球的两个高压系统,它们都能通过越赤道气流和北半球的环流系统联系起来,使得许多专家和学者常常将它们两个系统放在一起研究。

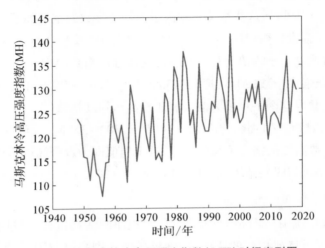

图 4.4　马斯克林冷高压强度指数(MH)时间序列图

图4.5是青藏高压活动指数(XZ)1948年到2019年的时间序列图,依然选择的是每年夏季6,7,8三个月青藏高压活动指数(XZ)的平均值代表当年青藏高压活动指数的水平。青藏高压是我国青藏高原上的一个对我国境内天气具有重大深远影响的天气系统,它的东西移动等季节性活动对西太副高的活动也有很直接的影响。

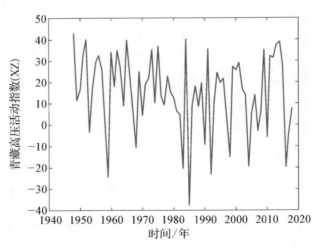

图 4.5　青藏高压活动指数(XZ)时间序列图

　　图4.6是孟加拉湾经向季风环流指数(JIV)1948年到2019年的时间序列图,也是将每年夏季6,7,8三个月孟加拉湾经向季风环流指数(JIV)的平均值作为这一年该特征指数的一个代表值。

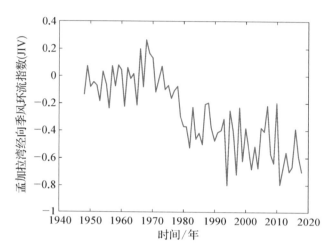

图4.6　孟加拉湾经向季风环流指数(JIV)时间序列图

　　通过对西太副高及其影响因子特征指数时间序列的分析,大致可以看出其中存在一定的相关性。接下来本节将计算西太副高的面积指数,分别用澳大利亚冷高压强度指数(AH)、马斯克林冷高压强度指数(MH)、青藏高压活动指数(XZ)以及孟加拉湾经向季风环流指标(JIV)之间的相关系数来比较西太副高与它们之间相关性的好坏。将西太副高的面积指数与各个影响因子的特征指数带入函数,得到它们的相关系数,最后做相关系数的显著性检验,这里我们采用 t 检验法(t student 检验法)来检验相关系数的显著性。因为它们的样本容量都是852,所以只需计算得到相关系数的一个临界值 r_c,如果存在 $r > r_c$,我们就认为这两个时间序列之间存在相关性,并且 r 越大,两个时间序列的相关性越强。这里我们用到的相关系数临界值公式为

$$r_c = \sqrt{\frac{t_\alpha^2}{n - 2 + t_\alpha^2}} \tag{4.3}$$

　　当 $a = 0.01$ 时, $t_\alpha = 2.576$, $r_c = 0.0881$;

　　这也就是说,当置信度选择为0.01的情况下,显著相关系数临界值是0.0881,如果有 $r > 0.0881$,判断两个时间序列是显著相关的,如表4.3所示。

表 4.3　西太副高面积指数与各个影响因子的特征指数之间的相关系数

	澳大利亚冷 高压强度指数(AH)	马斯克林冷 高压强度指数(MH)	青藏高压 活动指数(XZ)	孟加拉湾经向 季风环流指数(JIV)
面积指数	0.4818	0.4383	−0.2295	−0.4060

从表 4.3 中可以看出,西太副高面积指数与澳大利亚冷高压强度指数(AH)和马斯克林冷高压强度指数(MH)的相关系数均大于相关系数临界值,说明西太副高面积指数和这两个相关影响因子存在显著相关。而对于青藏高压活动指数(XZ)和孟加拉湾经向季风环流指数(JIV),它们和西太副高存在显著的负相关。因此,可以通过选用这些因子对西太副高进行进一步的研究。

4.3　基于信息扩散理论的西太副高季节内异常的预报模型和诊断模型

4.3.1　资料说明

从美国国家环境预报中心(NCEP)下载的逐月平均再分析资料(1948—2019 年),包括 500 hPa 位势高度场,海表气压场,200 hPa 和 850 hPa 经向风场。资料的分辨率为 $2.5°×2.5°$,所有资料的时间长度为 852 个月。

4.3.2　理论与方法

在前面已经画出了西太副高面积指数及其相关影响因子特征指数的时间序列图,并对西太副高面积指数的时间序列,分别和澳大利亚冷高压强度指数(AH)、马斯克林冷高压强度指数(MH)、青藏高压活动指数(XZ)以及孟加拉湾经向季风环流指数(JIV)的时间序列进行了简单的相关性分析,同时也通过运用交叉小波和小波相干的方法,对西太副高面积指数与这些相关影响因子的特征指数之间的时频特征,找出它们之间的位相关系,这些都为建立预报模型做了准备。对于西太副高季节内异常活动这类小样本事件,由于资料少并且不连贯,如果采用传统预报方法一般难以胜任,并且因为样本的稀少,使得传统预报很难通过显著性检验,因此本章基于信息扩散理论来建立一个预报模型。

（1）信息扩散理论原理

假设在异常年份中选定与西太副高相关影响因子 U 上的一个知识样本 $X = \{X_1, X_2, \cdots, X_n\}$,把 l_i 记为 X_i 的一个观测值,设 $x = \phi(l - l_i)$,如果知识样本 X 是非完备的状态,现存在一个能使 l_i 这一点获得的量值为 1 的信息可按该函数的量值来扩散的函数 $\mu(x)$。得到一个原

始信息分布 $Q(l) = \sum_{j=1}^{n} \mu(x) = \sum_{j=1}^{n} \mu(\phi(l - l_i))$，并且这个原始信息分布 $Q(l)$ 能更好地反映样本 X 在总体的一个规律，我们将该原理称为信息扩散原理。

运用信息扩散的原理对母体概率密度函数的估计方法称为扩散估计，扩散估计的确切定义如下：

设 $\mu(x)$ 为定义在 $(-\infty, +\infty)$ 上的一个 Borel 可测函数，$d > 0$ 为常数，$x = \dfrac{l - l_i}{d}$，则称

$$\hat{f}(l) = \frac{1}{nd_i} \sum_{i=1}^{n} \mu\left(\frac{l - l_i}{d}\right) \tag{4.4}$$

为母体概率密度函数 $f(l)$ 的一个扩散估计，式中的函数 $\mu(x)$ 为扩散函数，d 为窗宽；

根据 (4.4) 式可知，扩散函数 $\mu(x)$ 是扩散估计的一个关键所在，早在 1997 年黄崇福等人根据分子扩散理论，计算推导出了正态扩散函数：

$$\mu(x) = \frac{1}{\sigma\sqrt{2\pi}} \exp\left(-\frac{x^2}{2\sigma^2}\right) \tag{4.5}$$

将 (4.5) 式代入 (4.4) 式，得到母体概率密度函数 $f(l)$ 的正态扩散估计：

$$\hat{f}(l) = \frac{1}{nh\sqrt{2\pi}} \sum_{i=1}^{n} \exp\left[-\frac{(l - l_i)^2}{2h^2}\right] \tag{4.6}$$

式中 h 称作经验窗宽，随后根据择近原则推导出经验窗宽公式：

$$h = \begin{cases} 0.8146(b - a), & n = 5 \\ 0.5690(b - a), & n = 6 \\ 0.4560(b - a), & n = 7 \\ 0.3860(b - a), & n = 8 \\ 0.3362(b - a), & n = 9 \\ 0.2986(b - a), & n = 10 \\ 2.6851(b - a)/(n - 1), & n = 11 \end{cases} \tag{4.7}$$

其中 $a = \min(l_i)$，$b = \max(l_i)$ $(i = 1, 2, \cdots, n)$，n 是样本容量。

（2）模糊映射关系

记 Ω 为一个"输入—输出"系统的母体，输入分量和输出分量分别为 x、y。那么 $X \times Y$ 为输入、输出集合的论域空间，X、Y 经 (4.7) 式可得输入、输出分量各自的经验窗宽 d_x、d_y。母体 Ω 的概率密度函数 $f(x, y)$ 反映了该空间中 (x, y) 点的信息分布密度。根据概率论知识，结合模糊集合理论，对于这个"输入—输出"系统，在输入端输入 x，则输出 y，可以通过定义创造

一个模糊集合 $\tilde{A}$ 来表示,且 $\sigma(y)=f(x,y)$ 是它们的隶属度函数,这样就可以通过该信息扩散的原理,将现有的样本求出母体 Ω 概率密度函数的一个扩散估计,则在输入、输出分量间就可以建立一个映射关系。

这些小样本数据在信息扩散中被当作散布在"输入—输出"论域空间 $X \times Y$ 上的"信息注入点",将"信息注入点"上的样本数据经过集值化处理,进行扩展,使其成为模糊集的形式来代表其周围多个样本点。对于"周围"有一定的不确定性和模糊性,为了使任意一个样本点 (x,y) "周围"有一明确边界,我们将"监控点"集合:$U = \{u_1, u_2, \cdots, u_m\}$,$V = \{v_1, v_2, \cdots, v_n\}$ 分别引入输入空间 X 和输出空间 Y 中,其中 $u_j (j = 1, 2, \cdots, m)$ 和 $v_k (k = 1, 2, \cdots, n)$ 是等步长递增离散点。这样监控点空间 $U \times V$ 就构成了分布在"输入—输出"空间上的网格,则"信息注入点"的信息通过信息扩散公式就可以合理有效地扩散到整个监控点空间上:

$$q_{ijk} = \frac{1}{d_x\sqrt{2\pi}}\exp\left[-\frac{(u_j - x_i)^2}{2d_x^2}\right] \times \frac{1}{d_y\sqrt{2\pi}}\exp\left[-\frac{(v_k - y_i)^2}{2d_y^2}\right] \tag{4.8}$$

q_{ijk} 组成单个样本 (x_i, y_i) 在 $U \times V$ 上的信息矩阵 $\boldsymbol{Q}_i$,则样本总体的原始信息矩阵为:

$$\boldsymbol{Q} = \sum_{i=1}^{num} \boldsymbol{Q}_i \tag{4.9}$$

num 是样本点容量。由 $\boldsymbol{Q} = [\boldsymbol{Q}_{l1}, \boldsymbol{Q}_{l2}, \cdots, \boldsymbol{Q}_{ln}]$(其中 $\boldsymbol{Q}_{lz}$ 是原始信息矩阵的列向量)可以获得模糊关系矩阵 $\boldsymbol{R} = [r_{l1}, r_{l2}, \cdots, r_{ln}]$,二者的转化关系如下:

$$\begin{cases} r_{l_1, l_2, \cdots, l_n} = \dfrac{\boldsymbol{Q}_{l_1, l_2, \cdots, l_n}}{S_t} \\ S_t = \max_{1 \leq z \leq n} \boldsymbol{Q}_{lz} \end{cases} \tag{4.10}$$

假设输入 x_i,对其进行信息分配,可得模糊集:

$$\theta_A(u_h) = \begin{cases} 1 - \dfrac{|u_h - x_i|}{\Delta}, & |u_h - x_i| \leq \Delta \\ 0, & other \end{cases} \tag{4.11}$$

其中 $h = 1, 2, \cdots, m, \Delta = u_{h+1} - u_h$。将该模糊化的输入与模糊关系矩阵 $\boldsymbol{R}$ 进行 $\max - \min$ 模糊合成规则,即

$$\theta_B(v_g) = \max\{\min\{\theta_A(u_h), r_{l1, l2, \cdots, ln}\}\} \tag{4.12}$$

$g = 1, 2, \cdots, n$,最后去模糊化便可得到输出值:

$$y = \frac{\sum_{g=1}^{n} v_g \theta_B(v_g)}{\sum_{g=1}^{n} \theta_B(v_g)} \tag{4.13}$$

（3）预报模型的建立步骤

步骤1：根据西太副高面积指数的时间序列确定面积指数异常的年份，这些工作已在第二章完成。

步骤2：西太副高面积指数的信息扩散估计。

步骤3：建立西太副高面积指数的模糊映射关系。

步骤4：进行预测，得出结果。

4.3.3　基于信息扩散理论的预报模型

（1）预报准备

预报对象：西太副高异常年份夏季的面积指数，这个西太副高异常年份具体的数据已在第二章中呈现。

预报因子：根据前面的相关性分析以及交叉小波和小波相干分析，选出相关性较好的影响因子，即时空上提前副高面积指数12个月的马斯克林冷高压强度指数（MH）和澳大利亚冷高压强度指数（AH）作为预报因子。时空上和副高面积指数同步的马斯克林冷高压强度指数（MH）和澳大利亚冷高压强度指数（AH）作为诊断时的影响因子。

（2）预报的实施过程

第一步：将挑选出来的异常年份的西太副高面积指数以及时空上提前12个月的马斯克林冷高压强度指数和澳大利亚冷高压强度指数的历史观测值记为数集的形式$(X, Y, Z) = \{(x_i, y_i, z_i) \mid i = 1, 2, \cdots, n\}$，其中输入集$(x, y)$分别表示马斯克林冷高压强度指数和澳大利亚冷高压强度指数，z代表西太平洋副热带高压面积指数。令U, V分别为(x, y)和z的论域：

$$\begin{cases} U = \{(u_j^x, u_j^y), j = 1, 2, \cdots, t\} \\ V = \{v_k, k = 1, 2, \cdots, l\} \end{cases} \tag{4.14}$$

其中(u_j^x, u_j^y, v_k)为监控点集合。

第二步：计算原始分布各监控点处的信息存储值。

$$q_{jk}(x_i, y_i, z_i) = \mu_{U_j}(x_i, y_i) \times \mu_{V_k}(z_i) \tag{4.15}$$

其中，

$$\mu_U(u_j) = \frac{1}{t d_U^x \sqrt{2\pi}} \sum_{j=1}^{t} \exp\left[-\frac{(u - u_j^x)^2}{2 d_U^{x2}}\right] \cdot \frac{1}{t d_U^y \sqrt{2\pi}} \sum_{j=1}^{t} \exp\left[-\frac{(u - u_j^y)^2}{2 d_U^{y2}}\right], u \in U \tag{4.16}$$

$$\mu_V(v_k) = \frac{1}{td_V\sqrt{2\pi}}\sum_{j=1}^{t}\exp\left[-\frac{(v-v_k)^2}{2d_V^2}\right], v \in V \tag{4.17}$$

第三步:计算信息矩阵。

$$\boldsymbol{Q} = \begin{array}{c} \\ (u_1^x, u_1^y) \\ (u_2^x, u_2^y) \\ \vdots \\ (u_t^x, u_t^y) \end{array} \begin{array}{cccc} v_1 & v_2 & \cdots & v_l \\ \left(\begin{array}{cccc} \boldsymbol{Q}_{11} & \boldsymbol{Q}_{12} & \cdots & \boldsymbol{Q}_{1l} \\ \boldsymbol{Q}_{21} & \boldsymbol{Q}_{22} & \cdots & \boldsymbol{Q}_{2l} \\ \vdots & \vdots & & \vdots \\ \boldsymbol{Q}_{t1} & \boldsymbol{Q}_{t2} & \cdots & \boldsymbol{Q}_{tl} \end{array}\right) \end{array} \tag{4.18}$$

其中 $\boldsymbol{Q}_{jk} = \sum\limits_{i=1}^{n} q_{jk}(x_i, y_i, z_i)$。

第四步:根据信息矩阵计算模糊关系矩阵。

$$\boldsymbol{R} = \begin{array}{c} \\ (u_1^x, u_1^y) \\ (u_2^x, u_2^y) \\ \vdots \\ (u_t^x, u_t^y) \end{array} \begin{array}{cccc} v_1 & v_2 & \cdots & v_l \\ \left(\begin{array}{cccc} R_{11} & R_{12} & \cdots & R_{1l} \\ R_{21} & R_{22} & \cdots & R_{2l} \\ \vdots & \vdots & & \vdots \\ R_{t1} & R_{t2} & \cdots & R_{tl} \end{array}\right) \end{array} \tag{4.19}$$

其中 $\boldsymbol{R} = \{r_{jk}\}_{t\times l} = \{r(u_j^x, u_j^y, v_k)\}_{t\times l}, r_{jk} = \boldsymbol{Q}_{jk}/s_k, s_k = \max\limits_{1\leqslant j\leqslant t}\boldsymbol{Q}_{jk}$。

第五步:记表征预报输入量马斯克林冷高压强度指数和澳大利亚冷高压强度指数的模糊集为 A。

$$A = \mu_A(u_j^x, u_j^y) = \sum_{h=1}^{t}\frac{q}{(u_h^x, u_h^y)}, q = \begin{cases} 1, h = j \\ 0, h \neq j \end{cases} \tag{4.20}$$

然后利用模糊"最大–最小"合成原则,

$$B = A \circ R \tag{4.21}$$

得到输出量副高面积指数的模糊集 B。

$$\mu_B(v_k) = \max_{(u_j^x, u_j^y) \in U}\{r(u_j^x, u_j^y, v_k)\} \tag{4.22}$$

第六步:计算输出量模糊集 B 的重心值,即为副高面积指数的预测值。

$$\tilde{z}_j = \frac{\sum\limits_{k=1}^{l} v_k\mu_B(v_k)}{\sum\limits_{k=1}^{l}\mu_B(v_k)} \tag{4.23}$$

（3）预报指数结果分析

按照预报过程,我们将之前选好的西太副高异常年份面积指数中的 10 个样本以及对应年份的预报因子,即澳大利亚冷高压强度指数(AH)和马斯克林冷高压强度指数(MH)各 10个作为一个训练样本,也就是上述实施过程中的第二步:计算原始分布各监控点处的信息存储值,以及第三步计算信息矩阵。然后我们将剩下的 5 个异常年份的预报因子的样本,作为输入项输入到已经经过训练的预测模型中得到结果,然后,将结果和真实值做比较,判断该预测模型的准确性。本章一共做了 2 组实验,一组是预报实验,一组是诊断实验。预报实验则是根据前面我们分析的结果,选择时空上提前西太副高面积指数 12 个月的澳大利亚冷高压强度指数(AH)与马斯克林冷高压强度指数(MH)作为预报因子,来预测相应年份的副高面积指数,最后将预报结果与真实值做比较。诊断实验是将时空上与副高面积指数同步的澳大利亚冷高压强度指数(AH)和马斯克林冷高压强度指数(MH)作为预报因子,来诊断相应年份的副高面积指数,最后将结果和真实值做比较。

预报实验:

"异常大"年份的预报实验,如图 4.7 所示,该图是西太副高面积指数"异常大"年份夏季的面积指数作为样本进行的预测实验结果。整个预报结果序列和真实数据序列两者的相关系数是 0.3924,实验结果的均方根误差为 24.3,可以看出整体的预测效果还可以,但是 2 号年份的预测结果和真实值相差较远。通过观察,2 号年份的副高面积指数要远远高于其他年份的面积指数,这说明 2 号年份的异常情况格外突出,这就说明了我们的预测模型虽然在异常年份中整体的预报效果不错,但是对于极其特殊情况的预报效果还有一定不足。

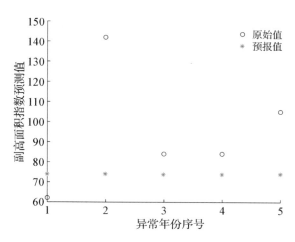

图 4.7　面积指数"异常大"年份的预报实验结果

"异常小"年份的预报实验。如图 4.8 所示,该图是西太副高面积指数"异常小"年份夏季的面积指数作为样本进行的预报实验结果。整个实验结果的均方根误差为 6.328,预报结果序列和真实数据序列两者的相关系数是 0.4155。其预测结果的偏差还算理想,整体的预报效果不错。

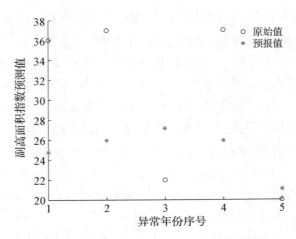

图 4.8　面积指数"异常小"年份的预报实验结果

"异常大"年份的诊断实验,如图 4.9 所示,该图是西太副高面积指数"异常大"年份夏季的面积指数作为样本进行的预报实验结果。从结果图上来看,诊断实验的预测效果要比预报实验的效果要稍微好一些。其均方根误差为 21.3170,真实值与诊断结果两者的相关性是0.6274。

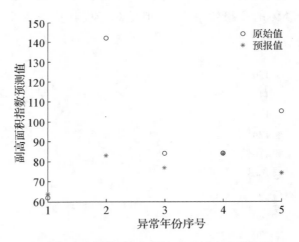

图 4.9　面积指数"异常大"年份的诊断实验结果

"异常小"年份的诊断实验,如图 4.10 所示,该图是西太副高面积指数"异常小"年份夏季的面积指数作为样本进行的预报实验结果。从结果图上来看,效果还不错。其均方根误差为 6.294,真实值与诊断结果两者的相关性是 0.5241。

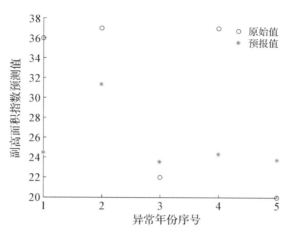

图 4.10　面积指数"异常小"年份的诊断实验结果

综合所有实验的结果来看,基于信息扩散的预报模型对西太副热带高压季节内异常的预报效果比较理想。在样本数量稀疏的情况下,得出了理想的预报结果,这是该预报模型的先进之处。当然整个预报过程以及这个预报模型本身还存在不足之处,比如副高面积指数极其异常的年份,其预测效果并不是很好。

4.4　本章小结

西太平洋副热带高压季节内异常活动和基于信息扩散模型对该异常活动的预报是本章研究的主题。在完成这些内容之前,首先,对 20 世纪以来西太副高的研究状况以及未来研究发展的趋势做了一些大致了解,为本章的研究方法和大致的研究方向提供了可靠的理论依据。

第一步是找出西太平洋副热带高压在多年中异常的年份,首先运用 NCEP(1948—2019 年)共 852 个月得到的 500 hPa 位势高度的月平均资料,然后根据西太平洋副高面积指数的定义计算得出了能够表征西太副高变化特征的面积指数的时间序列。并且为了方便观察每年夏季西太副高的活动情况,提取出每年 6,7,8 三个月的平均值来代表当年夏季副高的面积指数的数值。根据时间序列上面积指数数值的波动情况,挑选出数值"异常大"和"异常小"的年份。第二步则根据已有的研究和所学知识从夏季风成员中挑选了四个相关影响因子,马斯克林冷高压强度指数(MH),澳大利亚冷高压强度指数(AH),青藏高压活动指数(XZ)以及孟加拉湾经向季风环流指数(JIV)。根据定义,运用 NCEP(1948—2019 年)共 852 个月的海表气压场、200 hPa 和 850 hPa 经向风场的逐月平均资料,计算出这些影响因子的时间序列。分别将这些相关影响因子的特征指数的时间序列与西太副高面积指数做相关性的分析。4 个相关影响因子的相关性检验都通过了 t 检验方法的检验,说明这些影响因子特征指数的时间序列与西太副高面积指数的时间序列有显著的相关性。其中马斯克林冷高压强度指数(MH)和澳大利亚冷高压强度指数(AH)的相关性要优于其他相关影响因子。第三步，建立基于信息扩散理论的预报模型，根据理论要求，编写好相应程序，将之前挑选好的异常年份的 10 个年份带入模型中作为训练样本，之后，用剩下的 5 个异常年份做预测实验，检验预报模型的预测效果。一共做了两组实验，即同时空的预报因子和预报对象的诊断实验，以及时空上提前的预报因子和预报对象的预报实验。两组的实验整体效果不错，达到了理想的水平。

第五章　基于 CCA 和 BP 神经网络的副高活动异常与长江中下游地区夏季强降水的相关性研究

为了研究副高形态的突变和异常进退与东亚地区夏季洪涝的关系,需要选取表征西太平洋副热带高压(以下简称西太副高)的特征量,以描述西太副高的状态,本研究选取了表征副高范围和强度形态的副高面积指数(SI)、表征副高南北位置的副高脊线指数(RI)以及表征副高西伸脊点位置的副高西伸指数(WI)的三个要素,而长江中下游地区夏季的洪涝情况则采取夏季月份的降水量来表征。

研究西太副高和长江中下游地区夏季洪涝关系的过程可分为以下几步:

(1)通过对多年数据进行线性拟合,观察西太副高特征指数和长江流域夏季降水的变化趋势,并分别比较三大特征指数的变化趋势与长江中下游流域夏季降水变化趋势的关系,定性分析趋势变化的相关性,得出初步判断与结论;

(2)根据线性拟合的初步判断结果,使用典型相关分析计算典型相关系数,根据定量分析的结果,进一步判断西太副高特征指数与长江中下游流域夏季降水变化趋势的关系;

(3)使用 BP 神经网络在西太副高特征指数与长江流域夏季降水量之间建立预报模型并进行训练,使用训练后的模型对长江中下游夏季降水量进行预报,对比预报值和历史真实值的趋势变化以及数值差异,综合验证西太副高对长江中下游流域降水情况的相关性。

5.1　数据选取、处理及初步观察

500 hPa 位势高度场再分析资料来源于美国国家环境预报中心(NCEP)的月平均资料,其中数据分辨率为 2.5°×2.5°,资料范围为(90°~180° E,0°~90° N)。长江中下游地区降水数据来源于国家大气研究中心提供的月平均资料。

由于根据位势高度场再分析资料提取代表西太副高特征的指数时,会出现数据缺失而存在空值或超出规定范围等非理想情况,因此为确保得到有效的特征指数数据,在中央气象台定义的代表西太副高的指数基础上,对特征指数的提取与计算做如下规定:

(1)副高面积指数(SI):在 10°N 以北 110°~180°E 范围内,500 hPa 位势高度场上所有位势高度不小于 588 dagpm 的格点围成的面积总和。

(2)副高脊线指数(RI):在 2.5°×2.5°网格的 500 hPa 位势高度图上,取 110°E~150°E 范围内 17 条经线(间隔 2.5°),对每条经线上的位势高度最大值点所在的纬度求平均,所得的值定义为副高脊线指数。若不存在 588 dagpm 等值线,则定义 584 dagpm 等值线范围内特征线所在纬度位置的平均值;若在某月不存在 584 dagpm 等值线,则以该月的多年历史最小值代替。

(3)副高西伸指数(WI):在 90°~180°E 范围内,588 dagpm 最西格点所在的经度。若在 90°E 以西则统一计为 90°E;若在某月不存在 588 dagpm 等值线,则以该月的多年历史最大值代替。

提取出数据后,使用最小二乘法对数据进行初步拟合,观察整体趋势变化,绘图结果如图 5.1 至 5.4 所示。

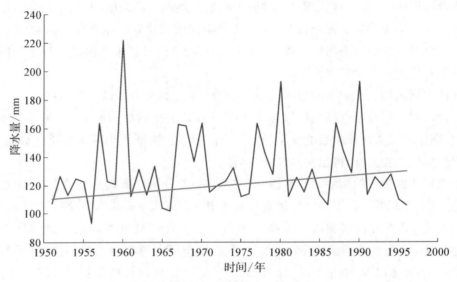

图 5.1　长江流域夏季降水的趋势变化

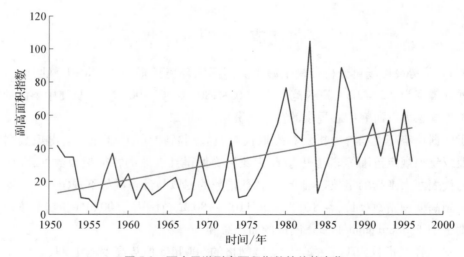

图 5.2　西太平洋副高面积指数的趋势变化

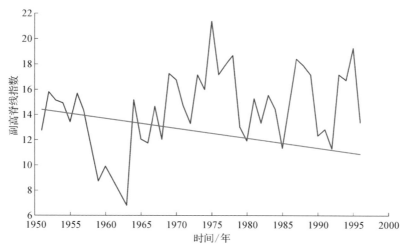

图 **5.3**　西太平洋副高脊线指数的趋势变化

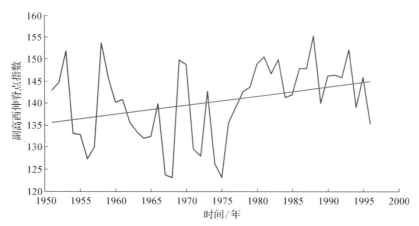

图 **5.4**　西太平洋副高西伸脊点指数的趋势变化

由大致的趋势拟合分析,可初步判断长江流域夏季降水的趋势变化与西太副高面积指数、西伸指数的趋势变化大体一致,均为增长型,而与脊线指数变化趋势相反,在此初步判断的基础上,将进一步使用典型性关联分析和 BP 神经网络对相关性进行研究。

5.2　研究方法与过程

5.2.1　典型关联分析

典型关联分析(Canonical Correlation Analysis,CCA),使用的方法是将多维的 X 和 Y 都用线性变换为 1 维的 X' 和 Y',然后再使用相关系数来反映 X' 和 Y' 的相关性。将数据从多维变到 1 维,也可以理解为 CCA 是在进行降维,将高维数据降到 1 维,然后再用相关系数进行相关性的分析。

典型相关系数反映了 2 个典型变量场之间的相关程度。通过显著性检验的典型相关系数越大,表明 2 个典型变量场之间的相关越密切。变量场经过标准化处理,典型荷载特征向量的元素就是相应变量的权重系数。由 1 对典型变量的特征向量构成 2 个变量场的 1 对典型场。通过荷载特征向量各分量的数值和符号分析 2 个典型场之间同时或滞后的相关系数[1]。具体算法流程如下:

表 5.1　算法 1:典型关联分析

典型关联分析算法流程
输入:样本数量各为 m 的样本 X 和 Y。 输出:X,Y 的相关系数 ρ,X 和 Y 的线性系数向量 $\boldsymbol{a}$ 和 $\boldsymbol{b}$。
1. 计算 X 的方差 S_{XX},Y 的方差 S_{YY},X 和 Y 的协方差 S_{XY},Y 和 X 的协方差 $S_{YX} = S_{XY}^{T}$。 2. 计算矩阵 $\boldsymbol{M} = S_{XX}^{-\frac{1}{2}} S_{XY} S_{YY}^{-\frac{1}{2}}$。 3. 对矩阵 $\boldsymbol{M}$ 进行奇异值分解,得到最大奇异值 ρ 和最大奇异值对应的最优奇异向量 $\boldsymbol{u},\boldsymbol{v}$。 4. 计算 X 和 Y 的线性系数向量 $\boldsymbol{a}$ 和 $\boldsymbol{b}$,$\boldsymbol{a} = S_{XX}^{-\frac{1}{2}} u,\boldsymbol{b} = S_{YY}^{-\frac{1}{2}} v$。

取变量 X_1,X_2,X_3 分别代表西太平洋副高面积指数、副高脊线指数和副高西伸脊点指数,变量 Y 代表长江中下游流域 6 月、7 月、8 月降水量,通过典型相关分析方法进行相关计算。得到结果如下:

表 5.2　典型相关分析计算结果

典型相关系数	载荷典型变量		原 2 组变量的相关系数	
$R_1 = 0.56576$	$XU(1) = 0.95175$	$XT(1) = 3.35066$	$GU(1) = 0.502$	$GV(1) = 0.145$
	$XU(2) = -0.72907$	$XT(2) = -2.39313$	$GU(2) = -0.551$	$GV(2) = -0.115$
	$XU(3) = -0.55845$	$XT(3) = -1.03396$	$GU(3) = -0.215$	$GV(3) = -0.231$
$R_2 = 0.33313$	$XU(1) = 0.16723$	$XT(1) = 1.04795$	$GU(1) = -0.137$	$GV(1) = 0.127$
	$XU(2) = 0.52829$	$XT(2) = -2.89243$	$GU(2) = 0.447$	$GV(2) = 0.000$
	$XU(3) = -0.96297$	$XT(3) = 2.09477$	$GU(3) = -0.817$	$GV(3) = 0.413$
$R_3 = 0.15298$	$XU(1) = 0.95170$	$XT(1) = 3.35066$	$GU(1) = 0.502$	$GV(1) = 0.145$
	$XU(2) = -0.72907$	$XT(2) = -2.39313$	$GU(2) = 0.551$	$GV(2) = -0.115$
	$XU(3) = -0.55845$	$XT(3) = -1/03396$	$GU(3) = 0.215$	$GV(3) = 0.231$

5.2.2　BP 神经网络

BP(Back Propagation)神经网络是 1986 年由 Rumelhart 和 McClelland 为首的科学家提出的概念,是一种按照误差逆向传播算法训练的多层前馈神经网络,是应用最广泛的神经网络模型之一[2]。

BP 神经网络具有任意复杂的模式分类能力和优良的多维函数映射能力,解决了简单感知器不能解决的异或和一些其他问题。从结构上讲,BP 网络具有输入层、隐含层和输出层;

从本质上讲,BP 算法就是以网络误差平方为目标函数,采用梯度下降法来计算目标函数的最小值。典型 BP 神经网络的结构示意图和训练过程如图 5.5 和表 5.3 所示。

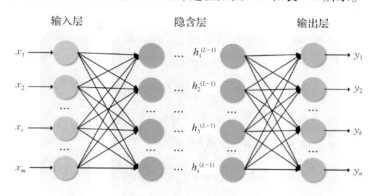

图 5.5　BP 神经网络的结构示意图

表 5.3　算法 2:BP 神经网络

BP 神经网络训练过程
输入:样本序列(X,Y)。 输出:X,Y 的相关系数 ρ,X 和 Y 的线性系数向量 a 和 b。 参数:网络输入层节点数 n、隐含层节点数 l,输出层节点数 m,初始化输入层、隐含层和输出层神经元之间的连接权值 w,初始化隐含层阈值 a,输出层阈值 b。
1. 网络初始化。根据系统输入输出序列(X,Y)确定各参数,给定学习速率和神经元激励函数。 2. 隐含层输出计算。根据输入向量 X,w 和 a,计算隐含层输出 H。 3. 输出层输出计算。根据隐含层输出 H,连接权值 w 和阈值 b,计算 BP 神经网络预测输出 O。 4. 误差计算。根据网络预测输出 O 和期望输出 Y,计算网络预测误差 e。 5. 权值更新。根据网络预测误差 e 更新网络连接权值。 6. 判断算法迭代是否结束,若没有结束,返回步骤 2。

使用 BP 神经网络,设置参数为激活函数 identity,求解器 lbfgs,学习率 0.1,L2 正则项 1,迭代次数 1000,第 1 层神经元数量 100,以长江中下游地区夏季 1951—1996 年的降水量为因变量,西太副高的三大指数为自变量,进行训练。训练后得到的模型评估结果如表 5.4 所示。

表 5.4　BP 神经网络训练模型的评估结果

	MSE	RMSE	MAE	MAPE	R^2
训练集	681.766	26.111	19.613	14.801	0.087
测试集	869.157	29.481	22.881	15.858	−0.563

说明:
　　上表中展示了交叉验证集、训练集和测试集的预测评价指标,通过量化指标来衡量 BP 神经网络回归的预测效果。其中,通过交叉验证集的评价指标可以不断调整超参数,以得到可靠稳定的模型。对模型评估结果中的指标说明如下:
　　① MSE(均方误差):预测值与实际值之差平方的期望值。取值越小,模型准确度越高。
　　② RMSE(均方根误差):为 MSE 的平方根,取值越小,模型准确度越高。
　　③ MAE(平均绝对误差):绝对误差的平均值,能反映预测值误差的实际情况。取值越小,模型准确度越高。
　　④ MAPE(平均绝对百分比误差):是 MAE 的变形,它是一个百分比值。取值越小,模型准确度越高。
　　⑤ R^2:将预测值跟只使用均值的情况相比,结果越靠近 1,模型准确度越高。

5.3　预报结果分析

对典型关联分析得到的结果进行显著性检验,第一典型相关系数 R 是显著的。那么,第 1 对典型变量为:

$$U_1 = 0.502\,X_1 - 0.551\,X_2 - 0.215\,X_3$$
$$V_1 = 0.145\,Y_1 - 0.115\,Y_2 - 0.231\,Y_3$$

计算第一典型变量与原 2 组变量的相关系数:

$$GU(1) = 0.502,\,GU(2) = -0.551,\,GU(3) = -0.215$$
$$GV(1) = 0.145,\,GV(2) = -0.115,\,GV(3) = -0.231$$

由相关系数的结果分析得出:西太平洋副高与长江流域夏季降水的关系中,副高面积指数与夏季降水量呈较大的正相关。另外,副高脊线指数和副高西伸脊点指数与夏季降水量呈较明显的负相关。副高与长江流域夏季降水量的关系主要反映在 6 月和 8 月,即与这 2 个月的降水量关系密切。西伸脊点指数和副高脊线指数影响长江流域夏季降水的权重比较大。

根据训练后得到的 BP 神经网络模型,对长江中下游区域的夏季降水量进行预报,得到的预报值与真实值对比如下。

表 5.5　BP 神经网络测试数据预测结果(部分数据)

预测降水量	实际降水量	SI	WI	RI
174.737	115.124	104.667	150.000	15.564
120.577	132.236	12.750	141.458	14.461
133.073	113.623	28.583	142.083	11.336
134.875	106.241	41.667	147.917	14.718
163.478	164.257	88.750	147.917	18.419
148.236	144.817	73.917	155.625	17.892
131.275	129.472	30.250	140.000	17.169
137.500	193.915	41.000	146.250	12.328
146.501	113.172	55.333	146.458	12.868
134.740	126.734	35.250	145.833	11.324
139.925	119.881	57.167	152.500	17.181
132.335	128.220	30.417	139.167	16.740
147.352	110.752	63.500	146.042	19.289
138.838	106.172	32.167	135.417	13.419

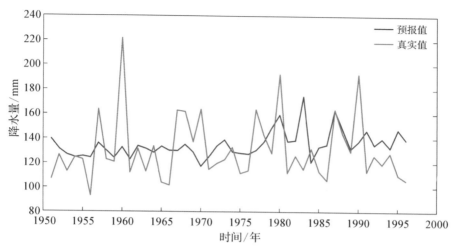

图 5.6　BP 神经网络模型预报值与真实值对比

如图 5.6 所示,由预报值与真实值对比图,分析得出以下结论:

1. 预测值与真实值总体趋势相似,说明西太副高的变化与长江中下游地区的降水量具有比较好的相关性;

2. 预测值降水量普遍低于真实值,说明西太副高对长江中下游流域的降水量影响占有一部分因素,还有其他的因素影响长江中下游流域的夏季降水量。

5.4　物理和动力学分析解释

如图 5.7 所示,由于降水形成的条件有充足的水汽、要使气块能够抬升并冷却凝结以及有较多的凝结核,所以关于副高对长江流域降水的影响机理主要从这三点进行分析。

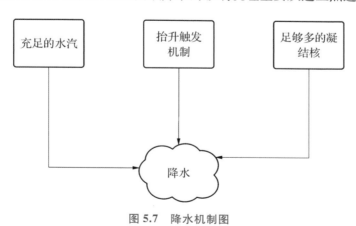

图 5.7　降水机制图

首先是充足的水汽。如图 5.8 所示,当副高西伸脊点偏西,洪涝期间 588 线一般可西伸至大陆上。当副高脊线位于 20°~22°N 之间时,西伸脊点偏西表明长江以南被大范围西南气流所控制。将暖湿空气源源不断地输往长江流域中下游地区,为降水提供了充足的来源。在副高的影响下,来自南海的水汽通道会沿着副热带高压西侧的偏南气流向北输送,当副高偏强时,该水汽通道长驱直入,直达长江流域以北,在偏北地区汇聚有大的水汽密度,形成了有利于降水的良好条件,此外,副高移动缓慢,水汽通道能够得到长时间的维持,充足的水汽供应、较长的持续时间为降水提供了充分条件[3]。因而西太副高越强越北时,长江流域以北往往降水量大,雨季持续时间长。

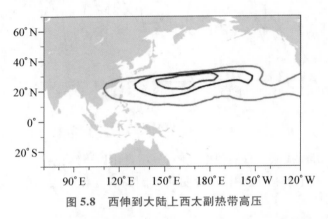

图 5.8　西伸到大陆上西太副热带高压

其次是动力抬升机制。副高主要是由哈得来环流和费雷尔环流的下沉而形成的暖性动力高压,因而其中心区域往往盛行下沉气流。所以西太副高主要控制区常为晴好天气,而在其边缘地带,如副高西侧、副高北侧等会出现一些其他的天气系统,使得冷暖空气交汇,辐合上升,主要影响系统有辐合线、锋面气旋、热带气旋、切变线等,对这几类天气系统的具体研究本章暂不做涉及。

向北输送至长江中下游的水汽通量一方面可导致降水集中于西太副高北侧的长江中下游,而使得南方降水偏多,另一方面副高西北的积云对流降水减少,积云潜热的减少导致凝结潜热释放减少,偏南风难以发展,不利于副高北进,副高偏南,使得长江中下游地区持续处于副高中,造成持续性的强降雨天气[4]。

在副高中心及脊线附近区域,盛行辐散下沉,天气晴好。在副高西部,当处于东退期时,往往伴有西风带槽脊东移,副高西侧的西风带槽前上升区往往有积雨云、积云,可造成大范围雷阵雨天气,这是副高控制区西部多降水的原因之一;其次,当处于西进期时,受西南季风加强影响,在副高脊西侧气旋式切变区易产生雷雨天气,这是副高控制区西部多降水的另一个原因。在副高北部,常常对应于副热带锋区和强西风、多气旋和锋面活动或副高与大陆变性高压之间的切变线,上升运动强,对应有大范围的雨带和云雨天气。在副高南部偏东气流区,一般天气晴好;当有西风带扰动和热带气旋活动时,常出现云雨、雷暴,有时出现大风、暴雨等恶劣天气。

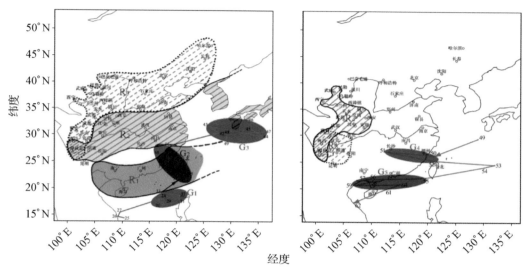

图 5.9　东亚夏季风区西太副高西脊点逐候平均位置与季风雨带(区)关系

如图 5.9 所示,雨带标志着夏季风所到达的位置,是季风的前缘,西太平洋副高位置的进退与我国东部地区季风雨带的进退有相应关系,对各地区雨季的起止时间有一定程度的影响。西太副高对东亚夏季风的影响较为复杂,西太副高偏北偏强时,东亚夏季风较强,可以北推到长江流域以北,在长江流域辐合上升的气流偏少,长江流域易旱;反之,西太副高偏南偏弱时,东亚夏季风较弱,无法北推到长江流域以北,在长江流域辐合上升的气流偏多,长江流域易涝[5]。但是本章对于其中的机理研究较少,尚不能揭示其中的具体物理机理。

参考文献

[1] 孙权森,曾生根,王平安,等.典型相关分析的理论及其在特征融合中的应用[J].计算机学报,2005,28
(9):1524-1533
[2] 戚德虎,康继昌.BP 神经网络的设计[J].计算机工程与设计,1998,2:48-51
[3] 张志杰.河套地区一次西太副高外围大暴雨成因分析[J].内蒙古科技与经济,2018,15:55-58.
[4] 温敏,施晓晖.1998 年夏季西太副高活动与凝结潜热加热的关系[J].高原气象,2006,4:616-623.
[5] 吴姗薇,郭大勇.东亚夏季风和西太副高活动对全国夏季降水的影响[J].科技创新导报,2019,16
(16):112-119.

第六章 基于 NLCCA 方法的西太平洋副热带高压异常对长江中下游地区夏季降雨异常的影响研究

　　长江中下游地区工业基础雄厚、商品经济发达、水陆交通方便、城市集中度和城市化水平相对较高,同时该地区也是暴雨、夏季高温等极端气候事件经常发生的地区之一,极端天气气候事件在该地区发生造成的经济、财产损失和社会影响往往也是巨大的,所以,研究该地区极端气候事件的变化规律,寻找影响其变化的原因,并试图抓住主要因子来预报该地区极端气候事件的发生具有极其重要的意义。

　　西太平洋副热带高压是一个在太平洋上空的永久性高压环流系统,范围一般采用 500 hPa 高度图上西太平洋地区 588 dagpm 线包围的区域。一般认为,大气平均哈得来环流的下沉支在中低空引起的辐散,形成了副热带高压,而且不同地区副热带高压的形成机制并不相同,东亚季风区强对流凝结潜热的垂直梯度及其变化是决定西太平洋副热带高压位置、强度、分布和变化的关键因素。此外,还有我国青藏高原与大洋间纬向垂直环流下沉支以及副热带季风垂直环流圈的作用。它对我国天气的影响十分重要,夏半年更为突出,这种影响一方面在于其本身;另一方面在于西太副高与其周围天气系统间的相互作用。在西太副高控制下的地区,有强烈的下沉逆温,使低层水汽难以成云致雨,造成晴空万里的稳定天气,时间久了可能出现大范围干旱。西太副高的北跳或南撤以及它的持续停留,直接决定了中国华南、长江流域以及华北地区的雨带长短或旱涝情况。而西太平洋副热带高压的东西位置也关系到东亚季风的建立、长江流域降水的多寡以及华北的气温与旱涝。一般认为,西太平洋副热带高压的东西、南北位置变动对长江流域降水的季节变化具有重要影响。中国长江中下游地区的旱涝条件决定于西太平洋副热带高压的东西位置和形状。另外,强冷空气的入侵是长江中下游地区产生暴雨过程的必要条件之一,另一个重要条件就是西太平洋副热带高压的加强和西伸。

　　近年来,随着人工神经网络的应用越来越广泛,基于神经网络的非线性典型相关分析法(Nonlinear Canonical Correlation Analysis, NLCCA)日益受到关注。2001 年 Hsish 用 NLCCA 对热带太平洋海表温度距平和海平面气压之间的关系进行了分析,发现两者之间存在明显的非线性关系。Wu 于 2003 年通过对热带海表温度和北半球冬季 500 hPa 高度场的非线性典型相关分析,得到了北半球冬季大气对 ENSO 的非线性响应特征。影响长江中下游地区降水的因素很多,也很复杂,降水的产生并不是单个因子作用的结果,而是多个因子综合配置而产生的结果。为此,利用基于人工神经网络的非线性典型相关分析方法(NLCCA),对夏季西太副高与长江中下游地区降水之间的非线性关系进行了研究。

6.1 数据与方法

6.1.1 资料来源和预处理

本章使用的资料有:(1) 美国 NECP 再分析资料中 1948 年 1 月至 2016 年 7 月每月 500 hPa 位势场资料,网格距 2.5°×2.5°,选取西太副高的大致范围,所取范围为 0°~40°N、100°~180°E。(2) 美国 NOAA 全球降水气候学中心 1901 年至 2022 年 2 月的月降水量数据集,网格距 2.5°×2.5°,选取长江中下游及其附近地区的大致位置,所取范围为 23°75′~33°75′N、108°75′~123°75′E。

研究对象采用中央气象台定义的代表西太副高的指数,定义如下:

(1) 表征副高范围和强度形态的副高面积指数(SI),即在 2.5°×2.5° 网格的 500 hPa 位势高度图上,10°N 以北,110°E~180°E 范围内,平均位势高度大于 588 dagpm 的网格点数。

(2) 表征副高南北位置的副高脊线指数(RI):在 2.5°×2.5° 网格的 500 hPa 位势高度图上,取 110°E~150°E 范围内 17 条经线(间隔 2.5°),对每条经线上的位势高度最大值点所在的纬度求平均,所得的值定义为副高脊线指数。

数据处理后得到的两个指数(RI、SI)随夏季逐年逐月变化如图 6.1 所示。

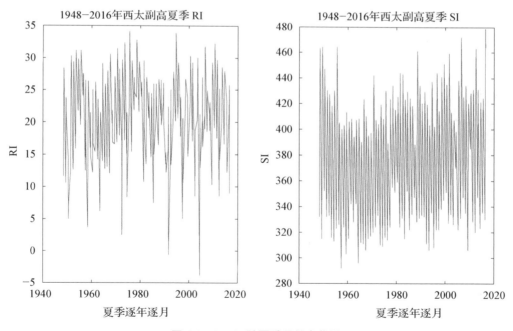

图 6.1 RI、SI 随夏季月份变化图

月平均资料包含的季节信号不强,反映的多是年代际和年际变化特征。而且通过去趋势和去季节处理前后得到的数据对比,发现差别不大,因此直接使用上述数据进行诊断分析。

6.1.2　要素场的 EOF 分析

对上述 1948 年至 2016 年夏季(6、7、8 月)西太副高大致范围内 500 hPa 位势场、长江中下游和附近地区降水量分布场,分别用经验正交方法进行时间(系数)—空间(结构)分解,其中位势场资料序列 EOF 分解的方差贡献及其累积方差贡献如表 6.1 所示。

表 6.1　500 hPa 位势场 EOF 分解得到的前 3 个模态的方差贡献及其累积方差贡献

	第一特征模	第二特征模	第三特征模
方差贡献%	66.35	15.83	4.52
累积方差贡献%	66.35	82.18	86.70

从表 6.1 中可以得出,前 3 个特征模向量的方差贡献收敛较快,其累积方差贡献占整个原始场 86.70%,其中第一模态占 66.35%,前 3 个模态之后的方差贡献迅速减小,因此位势场的主要特征基本上可通过前 3 个模态得到很好的刻画。前 3 个特征模态时间系数序列和空间场如图 6.2 所示。

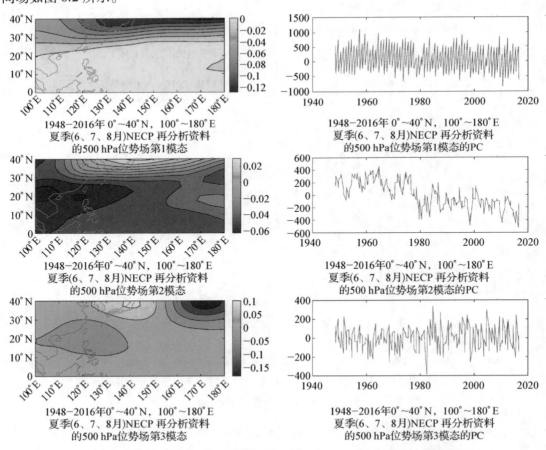

图 6.2　500 hPa 位势场 EOF 分解得到的前 3 个模态的时间系数和空间模态

从图中可以看出,在空间结构上,第一模态表现了 30°N 左右较大的位势梯度结构以及赤道至 20°N 平稳的位势分布,反映出在夏季大多数情况下,西太平洋副高活动对我国天气影响的规律;第二模态显示出从西部(大致位置为云南)向北部逐渐增高的位势梯度结构,表现了随着全球变暖,伴随着东亚副热带雨带的向东扩展,夏季对流层中层的西太副高明显减弱东退[1];第三模态的空间结构比较零散,其中在我国东部沿海地区可能受台风影响。

分别对三个模态的 PC 进行功率谱分析,结果如图 6.3 所示。

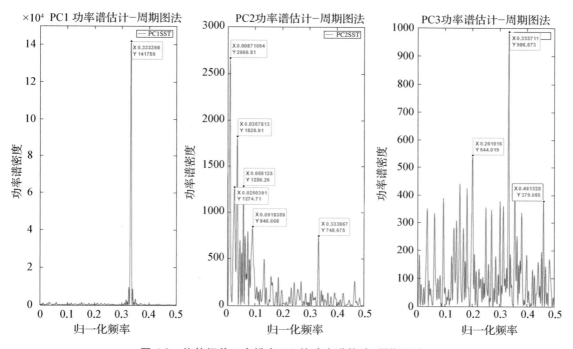

图 6.3 位势场前三个模态 PC 的功率谱估计(周期图法)

EOF 第一模态的 PC 功率谱集中在以一年为周期的频率上,表征的是年代际特征;而 EOF 第二模态的 PC 除了年变化特征外,还具有较强且复杂的低频特征,说明具有多年的周期变化,表征的是年际变异特征,显示出西太副高随全球变暖的变化;第三模态的 PC 功率谱主要为以一年为周期的频率,同时在高频和低频均有分布,表征受更多因素影响。

降水量分布场也做同样的 EOF 分解,方差贡献及其累积方差贡献如表 6.2 所示。

表 6.2 降水量分布场 EOF 分解得到的前 4 个模态的方差贡献及其累积方差贡献

	第一特征模	第二特征模	第三特征模	第四特征模
方差贡献%	32.46	20.37	10.30	7.39
累积方差贡献%	32.46	53.83	64.13	71.52

从表 6.2 中可以得出,前 4 个特征模向量的方差贡献收敛相对较慢,其累积方差贡献占

整个原始场 71.52%,降水量分布场的前 4 个模态基本上可以体现降水量分布场的主要特征。前 4 个特征模态时间系数序列和空间场如图 6.4 所示。

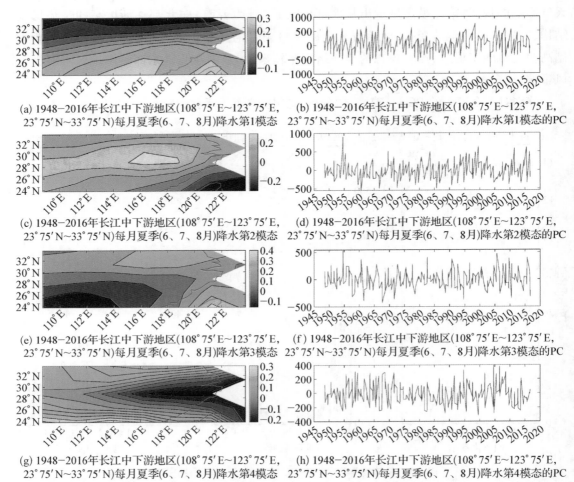

(a) 1948—2016年长江中下游地区(108°75′E~123°75′E,23°75′N~33°75′N)每月夏季(6、7、8月)降水第1模态

(b) 1948—2016年长江中下游地区(108°75′E~123°75′E,23°75′N~33°75′N)每月夏季(6、7、8月)降水第1模态的PC

(c) 1948—2016年长江中下游地区(108°75′E~123°75′E,23°75′N~33°75′N)每月夏季(6、7、8月)降水第2模态

(d) 1948—2016年长江中下游地区(108°75′E~123°75′E,23°75′N~33°75′N)每月夏季(6、7、8月)降水第2模态的PC

(e) 1948—2016年长江中下游地区(108°75′E~123°75′E,23°75′N~33°75′N)每月夏季(6、7、8月)降水第3模态

(f) 1948—2016年长江中下游地区(108°75′E~123°75′E,23°75′N~33°75′N)每月夏季(6、7、8月)降水第3模态的PC

(g) 1948—2016年长江中下游地区(108°75′E~123°75′E,23°75′N~33°75′N)每月夏季(6、7、8月)降水第4模态

(h) 1948—2016年长江中下游地区(108°75′E~123°75′E,23°75′N~33°75′N)每月夏季(6、7、8月)降水第4模态的PC

图 6.4 降水量分布场 EOF 分解得到的前 4 个模态(b,d,f,h)和时间序列(a,c,e,f)空间模态

从图中可以看出,在空间结构上,第一模态同样表现了 30°N 左右的较大的梯度结构,反映出在夏季大多数情况下,降水量分布与西太副高活动有关,夏季降水在 30°N 附近比较稳定;第二模态显示出从长江中下游地区 28°~30°N 向南北减小的梯度结构。通过后续频谱分析,发现第一、第二模态的频谱上频率集中在年变化,并且二者方差贡献相差较小,可以认为夏季 30°N 以南、以北地区的降水量逐年的变化大于 28°~30°N 地区。与西太副高的夏季活动规律契合,即在 30°N 左右波动。第三模态的空间结构比较零散,表现了夏季长江中下游中部地区降水量分布比较稳定,变化主要在东北方向和西南方向,表明了西南季风的影响。第四模态显示了谷状的梯度结构,从西向东减小。通过后续频谱分析,第四模态频谱频率较多集中在年变化,但存在高频,即年内变化,可能与台风有关。

分别对四个模态的 PC 进行功率谱分析,结果如图 6.5 所示。

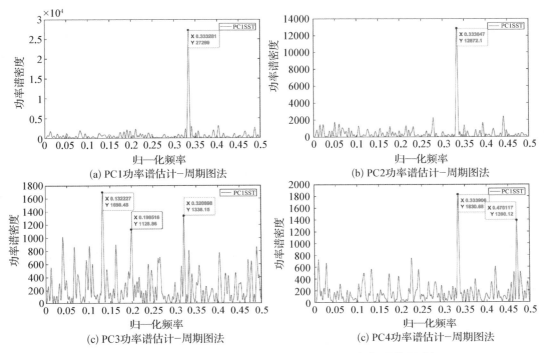

图6.5　降水量分布场前四个模态 PC 的功率谱估计（周期图法）

EOF 第一和第二模态的 PC 功率谱集中在以一年为周期的频率上，表征的是年代际特征；而 EOF 第三模态的 PC 除了年变化特征外，还具有较强且复杂的高、低频特征，说明既具有多年的周期变化，也具有年内变化，可能既与西南季风有关，也与天气系统的复杂相互影响有关；第四模态的 PC 功率谱主要为一年为周期的频率，同时在高频有较多分布，表征年变化特征和年内变化特征。

根据表 6.1 和表 6.2，得知降水量分布场与位势场的模态方差贡献分布不同。为了了解降水量分布场和位势场之间的相关关系，将降水量分布场 EOF 分解后得到的第一模态主成分与 RI、SI 分别做相关分析，对应的相关系数为 −0.3443、−0.4369。同时，取位势场 EOF 分解后得到的第一模态主成分与 RI、SI 分别做相关分析，对应的相关系数为 −0.4746、−0.9460。因此，可以知道通过数据得到的降水量分布场和位势场存在较强的相关关系，可以尝试用 NLCCA 方法研究二者是否存在非线性相关关系。并且，SI 与位势场之间的相关关系非常强，在完成降水量和位势场的关系分析后，可以用于降水量的预报。

6.1.3　非线性典型相关分析

非线性典型相关分析是近年来提出的一种非线性统计分析方法，其基本思路是通过引入人工神经网络来改进常规的典型相关分析（Canonical Correlation Analysis，CCA）方法，进而有效地揭示两个随机向量或随机场之间的非线性相关关系。

用 X 表示其中一个量，如位势场 EOF 分解后的前 3 个时间序列，它们之间的非线性相关

$Y=f(X)$ 可由 NLCCA 获得。与传统的 CCA 方法相比,NLCCA 具有更简洁清楚的非线性神经网络结构,更易于从复杂的数据中提取数据场的相关特征。

由 NLCCA 的神经网络结构可知,3 个前反馈式网络组成了网络结构。如图 6.6 所示,1 个双排网络在左边,其作用是把 x 映射成典型的相关变量 u,把 y 映射成典型的相关变量 v。u 与 v 的相关系数可通过参数的选取达到最大。右上角网络中可实现典型相关变量 u 的映射过程,最后输出 x',x' 和 x 均方误差通过参数优选而达最小。同理,在右下部的网络中,通过 v 映射,最后输出到 y',可使 y' 和 y 的均方误差达到最小。左边网络可输入位势场 EOF 分解后时间序列的前 3 个 x 和降水量分布场时间序列的前 3 个 y,映射到各自隐层 $h(x)$ 和 $h(y)$,计算公式为:

$$\boldsymbol{h}_k^{(x)} = \tan h \big[\, (\, \boldsymbol{w}^{(x)} \boldsymbol{x} + \boldsymbol{b}^{(x)} \,)_k \, \big] \tag{6.1}$$

$$\boldsymbol{h}_k^{(y)} = \tan h \big[\, (\, \boldsymbol{w}^{(y)} \boldsymbol{x} + \boldsymbol{b}^{(y)} \,)_n \, \big] \tag{6.2}$$

m_1、m_2、l_1、l_2 的维向量分别是 x、y、$h^{(x)}$、$h^{(y)}$。l_1 行 m_1 列和 l_2 行 m_2 列的权系数矩阵分别是 $\boldsymbol{w}^{(x)}$ 和 $\boldsymbol{w}^{(y)}$,l_1 和 l_2 维列向量分别是偏斜参数 $\boldsymbol{b}^{(x)}$ 和 $\boldsymbol{b}^{(y)}$。

非线性方程要达到预定精度必须借助足够的隐层神经元。通过神经网络训练,可从随机初值开始,使得位势场 EOF 分解后时间序列的前 3 个 x 和降水量分布场前 3 个 y 之间的均方误差(MSE)达到最小。

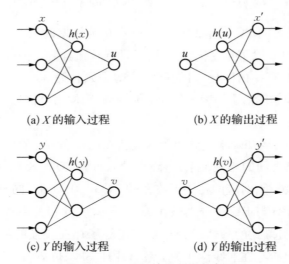

(a) X 的输入过程   (b) X 的输出过程

(c) Y 的输入过程   (d) Y 的输出过程

图 6.6　NLCCA 神经网络示意图

6.2　夏季西太副高位势场与长江中下游 地区降水量的 NLCCA 分析

将 500 hPa 位势场 EOF 分析得到的前 3 个 PC 和降水量分布场 EOF 分析得到的前 4 个 PC 作为 NLCCA 的输入,$m_1 = 3$,$m_2 = 4$。隐层神经元的个数经试验后取 3 个,$l_1 = l_2 = 3$。第一个 NLCCA 模态在 PC 空间散布图如图 6.7 所示。

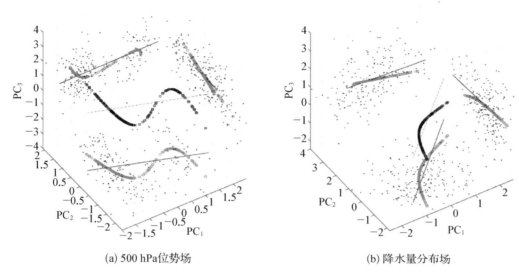

(a) 500 hPa位势场　　　　　　　　　　(b) 降水量分布场

图 6.7　位势场和降水量分布场的 NLCCA 第 1 模态输出的前三个 PC

　　图中给出前 3 个 PC 的 NLCCA 近似,即 x' 和 y' 的前三个分量。这 3 个分量在 PC_1 –PC_2 –PC_3 三维空间中的样本点用黑色小方框表示,这些小方框聚集成一条曲线。黑色小方框点在 PC_1 – PC_2 和 PC_1 – PC_3、PC_2 – PC_3 平面上的投影用红色小圆圈表示。可以直观地观察到位势场和降水量分布场存在明显的非线性关系。NLCCA 模态的均方误差除以 CCA 模态的均方误差是非线性解与线性解差异程度的一个有用的度量,这个比率愈小意味着非线性程度愈强,比率等于 1 意味着 NLCCA 只能求得线性解。计算得比率为 0.3368,证明二者确实存在较强的非线性关系。而且,通过比较图 6.7 的(a)和(b),可知位势场的非线性程度比降水量分布场的强,因为位势场 NLCCA 模态与 CCA 模态的差异比后者大,即曲线的曲率大。通过观察非线性响应在平面上的投影,发现位势场 PC_2 – PC_3 平面上的投影存在拐点且存在明显转向,说明其第二和第三模态非线性关系不是很强;降水量分布场 PC_1 – PC_3 平面上的投影近似为一条直线,第一和第三模态更多表现为线性关联,与之前 EOF 分析一致。

　　另外,还用各自的前 3 个 PC、前 4 个 PC 做线性的 CCA,得到第一模态对 PC 的近似也画在图上,在三维空间的图用红色虚线表示,在 2 维平面的图用实线表示。显然,线性近似是直线,因为在这种情况下,位势场的各个 PC 被同一典型相关变量 u 线性表示,降水量分布场的各个 PC 被同一个典型相关变量 v 线性表示。当 u 从极小值过渡到极大值时,西太副高也从最弱过渡到最强(图 6.8)。

　　理论上,NLCCA 模拟出来的非线性关系与传统 CCA 得到的线性关系有所不同,特别是线性关系下,时间序列取不同值时对应的降水异常分布型是固定的,只是正负值的变化和强度有差异,而非线性特征则随着典型相关变量值的变化,对应不同的降水异常分布型。

为了更清楚地研究降水对西太副高位势场变化的非线性响应,分别对西太副高极弱、极强月下的降水量分布场进行探讨。当 u 分别取极小值和极大值时,将对应的夏季降水 NLCCA 模态中 y' 的 4 个 PC 序列与降水量分布场 EOF 分析所得的 4 个空间特征向量相乘,便可得到极弱、极强西太副高下长江中下游降水分布的恢复场。

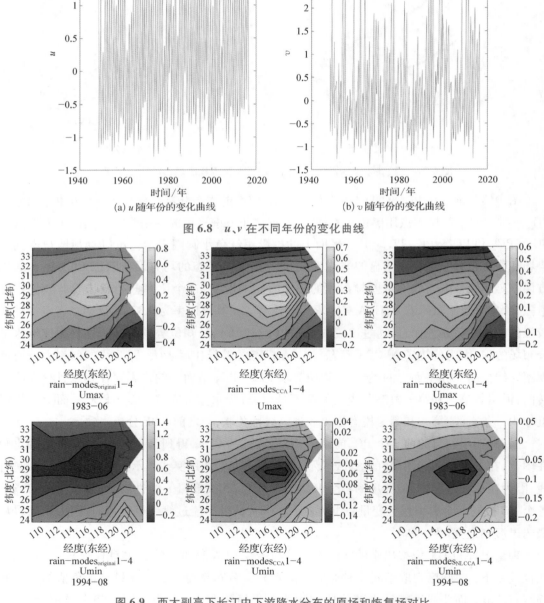

图 6.8　　u、v 在不同年份的变化曲线

图 6.9　　西太副高下长江中下游降水分布的原场和恢复场对比

根据图 6.9,当 u 取极大值时,即西太副高较强时,长江中下游降水中部和偏南部少,向四周增加;当 u 取极小值时,即西太副高较弱时,长江中下游降水分布场中部和偏南部多,向四周减少。且 NLCCA 得到恢复场中的梯度比 CCA 的小,与西太副高对长江中下游的影响研究一致。

6.3　西太副高异常对长江中下游降水
影响的物理动力学分析解释

(1) 西太平洋副热带高压偏弱,位置偏东偏北,气流的辐合上升区移至中国华北一带,长江流域上空上升气流较常年偏弱,不易降水;西太平洋副热带高压偏强,位置偏南偏东,中国长江流域有较强的辐合上升气流,高层有较强的气流辐散,对流旺盛,雨带在此维持,容易引发洪涝。

(2) 西太平洋副热带高压的强度和范围在冬夏有很大的不同,夏季强盛,位置最北;冬季减弱,位置最南。将中国的降水和西太平洋副热带高压强度做相关分析,发现夏季长江中游和东北西南部为显著正相关区,说明夏季副热带高压强度与长江中游至黄河一带降水关系密切,副热带高压偏强会导致该地区多雨。

(3) 从 500 hPa 高度场图可知,副热带高压偏强年,副热带高压位置偏北,西伸脊点偏西,南方暖湿气流北上势力强劲,东亚沿海正异常表明,高压脊强度偏强,这种环流形势有利于冷空气活动路径偏北,雨带位置偏北,沿海地区少雨。副热带高压偏强,中国北方上空偏北气流强盛,南方地区偏南风异常;西太平洋副热带高压西南侧暖湿气流北进与北方冷空气在中国长江流域汇合,形成水汽辐合,表现为长江流域负的水汽通量辐散中心。可见,副热带高压偏强,易使长江流域多雨。

6.4　基于副高指数非线性逐步回归
对长江中下游降水的预报

在本章之前的相关性分析中,发现副高北界与长江下游的降水量有很好的相关性。选取长江中下游城市上海 1951—2005 年逐月平均的降水资料、1948—2006 年的西太副高指数资料,基于此进行非线性逐步回归模型的计算。

6.4.1　预报模型建立

采用增加对数变换的逐步回归模型建立长江中下游降水的预报模型。增加对数变换的模型在胡几坤[2]等人的研究中提出。模型建立步骤如下:

(1) 利用 1951—2005 年系列资料,选择置信度 $\alpha = 0.01$ 以及最优线型后(即在线性、指数型和对数型三者中挑选)计算相关系数,通过置信度检验的因子进入步骤(2)。

（2）将步骤（1）初选的因子带入逐步回归程序，建立降水预报方程，并对方程进行 F 检验（取置信度 $\alpha = 0.01$）。

（3）利用 2003 年、2004 年和 2005 年资料做试预报实验。

定义相对误差为拟合值、实测值之差与实测值的比值，以相对误差不超过 20% 为预报合格。根据此模型得到的预报方程为

$$y = -32399.19 + 2034.10\ln x_1 + 114.20x_2 + 0.01x_3^{1.23}$$

式中 x_1, x_2, x_3 分别为之前西太副高 EOF 分析中的三个模态。

6.4.2　计算结果分析

首先对西太副高指数与上海降水量的关系建立线性逐步回归模型，进行计算得到预报方程为：

$$y = 12496.57 - 416.07x_1 + 70.33x_2 - 0.13x_3$$

其拟合方程相关系数为 0.8884，通过了置信度为 0.01 的 F 检验，拟合成果如图 6.10 所示。

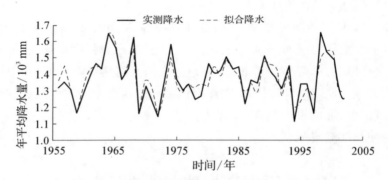

图 6.10　实测降水和拟合降水对比图（线性回归）

对利用非线性回归法得到的拟合方程分析，其复相关系数为 0.9556，通过了置信度为 0.01 的 F 检验，拟合成果如图 6.11 所示。

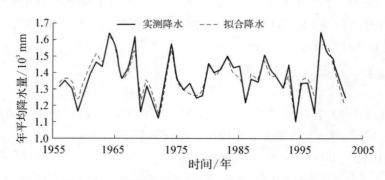

图 6.11　实测降水和拟合降水对比图（非线性回归）

综合比较来看,非线性拟合序列复相关系数较大,精度较高,拟合效果好于线性回归。

表 6.3　非线性和线性回归预报结果对比表

年份	实测年平均降水（1000 mm）	线性回归		非线性回归	
		拟合年平均降水（1000 mm）	相对误差	拟合年平均降水（1000 mm）	相对误差
2003	1.293	1.587	22.75%	1.267	−2.12%
2004	1.308	1.469	12.33%	1.241	−5.02%
2005	1.439	1.472	2.26%	1.438	−0.11%

上表给出了非线性和线性逐步回归对 2003—2005 年长江中下游试预报的结果及误差,可知非线性逐步回归预报的结果明显好于线性逐步回归的结果。

6.5　本章小结

运用 EOF 分析和基于人工神经网络的非线性典型相关分析法(NLCCA)对之间的关系进行探讨研究,得到以下几点结论。

(1)通过对长江中下游地区夏季降水与西太副高 500 hPa 位势场进行 EOF 分析,可以认识到影响这两个场的一些因素和其中存在的规律,印证了前人的一些研究,有利于分析二者之间的关系。

(2)两个场之间的关系存在较强的非线性特征,在一些条件下,恢复场与原始场较为接近,符合一定的规律,可以起到一定的预报效果。

(3)经过恢复场和原始场的对比差距,认识到位势场对降水量分布场的影响机制复杂,需要结合其他因素进一步研究。

(4)通过非线性逐步回归预报与线性逐步回归预报的结果对比,发现非线性回归预报的结果明显好于线性回归,表明长江中下游地区与西太副高 500 hPa 位势场的非线性关系较强。

参考文献

[1] 叶天舒. 全球变暖背景下西太平洋副热带高压的北跳及与我国东部夏季降水的关系 [D],兰州:兰州大学,2015.

[2] 胡已坤,曹丽青,葛朝霞,等. 非线性逐步回归在宜昌站年径流量预报中的应用[J]. 河海大学学报(自然科学版), 2011, 39(1):1−4.

第七章　基于 ANFIS 方法的西太副高活动异常与长江中下游地区降水之间的关系

西太平洋副热带高压(简称副高)是位于西太平洋中低纬度的大型天气系统,也是夏季直接影响我国天气的重要天气系统。我国地处太平洋西岸,每年 6—10 月伴随着北半球夏季的到来,副热带高压也逐步向我国长江流域推进,而副高的异常活动就极容易造成我国华东、华南地区夏季极端天气(如干旱、洪涝、雷暴等自然灾害)的发生。

7.1　资料与方法

7.1.1　资料来源

(1) 资料来源

本章所用资料主要包括:国家气象信息中心气象科学数据中心发布的《中国全球大气再分析 40 年产品(CRA)——逐日产品》,时段为 1980—2021 年;NCEP/NCAR 发布的逐日再分析资料集,资料水平分辨率为 2.5°×2.5°,垂直方向 17 层。如无特殊说明,文中夏季指 6—8 月,气候态取 1980—2021 年的平均。中国南方指 $10°\sim35°N$,$100°\sim120°E$。

(2) 副高相关指数

根据 QX/T 304—2015《西北太平洋副热带高压检测指标》(中华人民共和国气象行业标准),代表西太副高的一些指数定义如下:

① 为了进一步揭示亚洲夏季风系统成员和副高的相关特征,本章研究对象采用中央气象台定义的,表征副高范围和强度形态的副高面积指数(SI),即在 2.5°×2.5° 网格的 500 hPa 位势高度图上,10°N 以北,110°E~180°E 范围内,平均位势高度大于 588 dagpm 的网格点数。

② 表征副高南北位置的副高脊线指数(RI):在 2.5°×2.5° 网格的 500 hPa 位势高度图上,取 110°E~150°E 范围内 17 条经线(间隔 2.5°),对每条经线上的位势高度最大值点所在的纬度求平均,所得的值定义为副高脊线指数。

③ 表征副高西伸脊点位置的副高西伸指数(WI):在 2.5°×2.5° 网格的 500 hPa 位势高度图上,取 90°E~180°E 范围内 588 dagpm 等值线最西位置所在的经度定义为副高的西脊点。

（3）副高相关指数变化

副高在多年平均上呈现周期性变化，但是相同季节的表现会随着年份变化呈现出一些异常的活动，副高的异常活动常常伴随着我国江淮地区的极端天气，而副高在 6 月中旬和 7 月中旬前后的两次北跳，则会影响我国雨带的位置。因此本章主要选择副高脊线指数（RI）和副高面积指数（SI）来表征副高相关指标，参照中华人民共和国气象行业标准并基于 NCEP/NCAR 发布的再分析资料，绘制了近四十年夏季平均副高脊线指数变化图和副高面积指数变化图，直线为平均值。

我们可以清楚地看到各年副高变化差异较大，部分年份的副高脊线位置和副高强度变化较大。根据以上初步分析，我们采用模糊推理系统对此问题进行进一步分析。

7.2　方法介绍

7.2.1　模糊推理系统

模糊系统（fuzzy system），是一种将输入、输出和状态变量定义在模糊集上的系统，是确定性系统的一种推广。模糊系统从宏观出发，抓住了人脑思维的模糊性特点，在描述高层知识方面有其长处，可以模仿人的综合推断来处理常规数学方法难以解决的模糊信息处理问题，使计算机应用得以扩大到人文、社会科学及复杂系统等领域，能够较好地解决非线性问题。

7.2.2　模糊规则

模糊规则的一般形式为 if-then，主要分为两个类别：

全模糊：If pressure is high，then volume is small。

半模糊：If velocity is high，then force＝k * （velocity)^2。

主要的区别是在全模糊中前提和结论都进行了模糊化（例如 high，small 等），而在半模糊中仅前提部分进行了模糊化。所谓模糊化是将输入特征映射为区间的数（这个映射函数称为隶属度函数），该值越大则称被满足的程度越大。

7.2.3　功能组成

模糊推理系统由五个功能模块组成：

① 包含若干模糊 if-then 规则的规则库（rule base）；

② 定义关于使用模糊 if-then 规则的模糊集的隶属度函数的数据库（database）；

③ 在规则上执行推理操作的决策单元（decision-making unit）；

④ 将明确输入转化为与语言价值匹配的程度的模糊界面（fuzzification interface）；

⑤ 将推理得到的模糊结果转化为明确输出的去模糊界面(defuzzification interface)。

7.2.4 ANFIS

ANFIS 主要基于的模型为自适应网络。

自适应网络是一个由节点和连接节点的定向链路组成的多层前馈网络,其中每个节点对传入的信号以及与此节点相关的一组参数执行一个特定的功能。

自适应网络的结构中包含有参数的方形节点和无参数的圆形节点,其原理和神经网络类似,首先通过前向传播进行预测,然后通过反向传播更新有参数节点的参数。

ANFIS 将模糊控制的模糊化、模糊推理和反模糊化 3 个基本过程全部用神经网络来实现,利用神经网络的学习机制自动地从输入输出样本数据中抽取规则,构成自适应神经模糊控制器。它的模型结构由自适应网络和模糊推理系统合并而成,在功能上继承了模糊推理系统的可解释性特点以及自适应网络的学习能力,能够根据先验知识改变系统参数,使系统的输出更贴近真实的输出。

7.3　中国长江中下游地区降水特征

7.3.1　常规特征

受西太副高脊线影响,我国华南 4 月份开始华南前汛期,到 5 月中旬华南前汛期达到最盛,降水量迅速增加;5 月中旬之后,受东亚季风的影响,大雨带移至华南沿海地区,降雨量继续增加。进入夏季之后,西太副高的影响减弱,华南前汛期结束。此后,华南地区开始频繁受到台风影响,进入台风雨季,期间降水时间与次数不定,但总雨量保持在一定区间。进入 10 月份之后,西太副高再次退回华南地区,华南进入后汛期,保持适量降水。

利用 1975—2019 年长江中下游地区的逐日降水数据,分析了该地区年与季节的降水量,得出如下结论:长江中下游地区近 40 年的年降水量呈上升趋势。年降水量的高值中心在东南沿海地区,从南到北降水量逐渐减少。

7.3.2　异常情况

如图 7.1 所示,1998 年梅汛期(6—7 月)我国南方和长江流域出现了特大暴雨并引发了特大洪水。1998 年 6—7 月全国主要雨带有两支,一支在江淮、江南、华南西部和西南地区,其中心位于江南北部至长江中游和华南西部;另一支位于东北北部和西部至华北大部地区。

2010 年我国南方受到近 54 年来罕见的大规模干旱,如图 7.2 所示,旱情主要分布在西南五省,其降水量仅相当于过去的 1/5,农作物受灾面积达 500 万公顷,给我国造成了巨大经济损失。

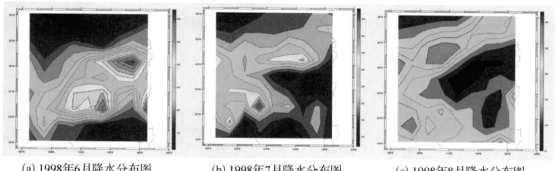

(a) 1998年6月降水分布图　　　(b) 1998年7月降水分布图　　　(c) 1998年8月降水分布图

图 7.1　1998 年中国长江中下游地区 6、7、8 月降水分布图

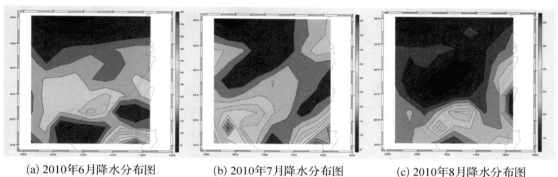

(a) 2010年6月降水分布图　　　(b) 2010年7月降水分布图　　　(c) 2010年8月降水分布图

图 7.2　2010 年中国长江中下游地区 6、7、8 月降水分布图

7.4　中国长江中下游地区降水与西太副高的关系

7.4.1　西太副高对降水影响分析

以 1998 年洪涝为例,由图 7.3 可知,1998 年夏季太平洋副高强而稳定,整个副高轴线呈西南—东北倾斜,西侧脊线则十分偏南。可以看出,自 6 月至 8 月西太平洋副高脊线皆较常年偏南,特别是 7 月,较常年偏南达 5°之多。从逐日脊线位置看,自 7 月中旬至 8 月上旬,副高脊线异常偏南时,最低纬度到 15°,距正常位置 8 个纬度之多,是历史同期所罕见的。同时副高也明显西伸,完整的副高控制了台湾海峡至南海北部。

研究表明,1998 年长江流域夏季降水可分 4 个阶段:6 月 12 日至 28 日为长江流域梅雨期;7 月 1 日至 19 日,副高北跳,雨带移至黄淮流域,为长江流域降水间隙期,这时淮河流域出现强暴雨(也有文章把这个时段定为 6 月 28 日至 7 月 3 日);7 月 20 日至 31 日副高南撤西伸,雨带又南退至长江流域,形成二度梅;8 月 1 日以后,副高再次北跳和西伸,造成华北和东北地区的降水。其中第三阶段的二度梅对长江流域特大洪涝的形成有重要作用。它使已超过警戒水位的长江再次经受暴雨的袭击,造成持续的洪涝灾害。由此可以看出,1998 年度西太平洋副热带高压的异常变化,特别是它的非季节性南落是造成梅雨过程长,洪涝严重的主要原因之一。

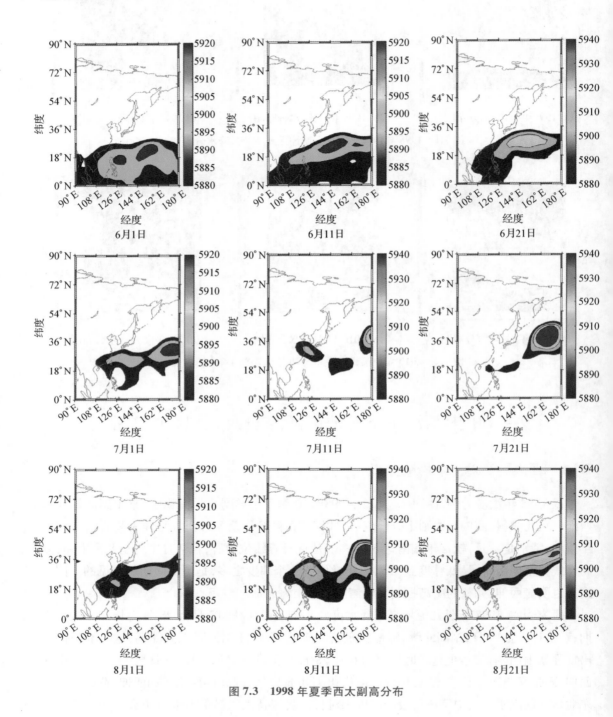

图 7.3　1998 年夏季西太副高分布

以 2010 年干旱为例,由图 7.4 可知,2010 年夏季太平洋副高轴线也是大体呈西南—东北倾斜,可以看出,自 6 月至 7 月西太平洋副高脊线有一个明显的向北跳变,超过北纬 20°,在北纬 20°~25°之间徘徊。7 月中旬出现第二次跳跃,高压脊线迅速跳过北纬 25°,以后摆动在北纬 25°~30°之间。约在 7 月底至 8 月初,高压脊线跨过北纬 30°到达最北位置。当副高长期控制某一地区时,会造成该地区的高温酷暑和伏旱,这也是 2010 年干旱的主要原因。

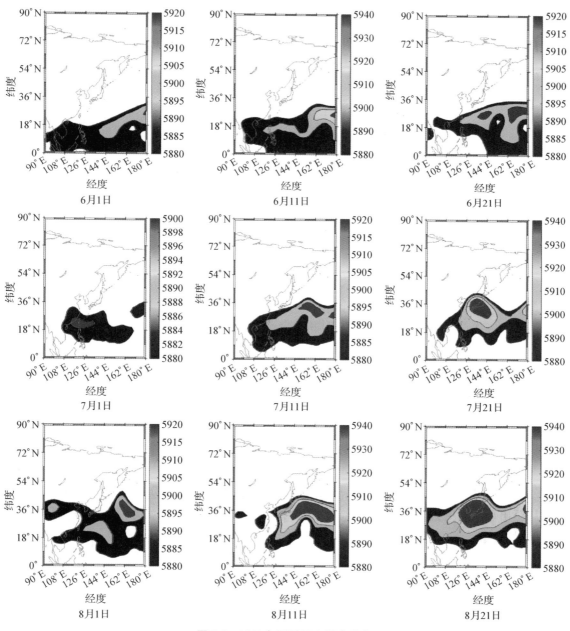

图 7.4　2010 年夏季西太副高分布

7.4.2　ANFIS 分析西太副高与华南地区降水关系

使用 1980 至 2020 年逐日 500 hPa 气压场数据,可以发现西太副高各项指数年变化没有普遍规律,所以使用 ANFIS 方法模糊推理。对于模糊推理,需要大量数据作为支撑,因前文使用的夏季平均值只有 42 组数据,效果很差,故在下面使用 1980 至 2020 年中 5 月至 9 月每月数据与月总降水量进行模糊推理。

对于给定的气压场数据,从上文可以清楚地看到每日西太副高的位置强度不尽相同,故采用月平均进行分析。经过计算得出副高相关指数距平值与当月总降水量的数据集,设置相关参数,得出模糊推理值与实际值之间的关系如图 7.5 所示。

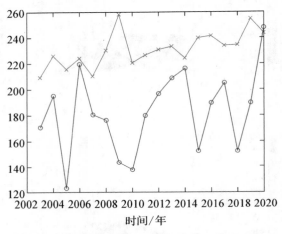

图 7.5　ANFIS 模糊推理降水值(蓝)和预测值(红)

其中红色为模糊推理预报值,而蓝色为当年对应月份实际降水值,可以看出因为副高与我国南方地区降水为非线性关系,所以相关性不是很好,需要更多的数据支撑。

7.5　本章小结

根据上述研究与分析,西太副高对于降水确实有较大影响。西太副高的强弱与我国降水特别是长江中下游地区降水有着密切联系,西太副高较强的年份,我国降水有明显的增多,甚至出现洪涝灾害。西太副高减弱的年份我国降水会有明显的减少,并很大程度上会伴有干旱的现象。

但是,在本次分析时,由于数据有限,且精确度不够高,导致分析结果存在一定误差,结果大部分实际符合很好,但是也有部分地方存在明显差异。这是本实验接下来需要改进的地方。在后续的处理中,我们会进一步改进数据精度,采用每日降水数据和西太副高相关指数进行半月平均或者旬平均,以取得更好的模糊推理效果。

第八章　基于 WPSH 指数相关分析的长江三角洲夏季极端高温回归预报

8.1　背　　景

西太平洋副热带高压(Western Pacific Subtropical High，简称 WPSH)是连接中高纬度和低纬地区环流系统的中间纽带,其位置和强度的年际、季内异常会造成东亚天气气候的异常,尤其关系到东亚季风的建立、旱涝灾害发生以及台风活动路径等。另一方面,由于 WPSH 控制面积巨大,并且在对流层中层以下最突出,从而对近地面的气候影响更为直接和显著,所以历来受到气象科研工作者和业务人员的普遍重视。作为影响中国天气气候一个非常重要的环流系统,WPSH 脊线南北位置的异常变化与中国主要雨带分布关系密切,夏季 WPSH 脊线异常偏南或脊点异常偏西时,东亚季风环流偏弱,江淮流域汛期降水偏多。WPSH 的西进东退与中国长江流域降水也有十分密切的关系,当副高偏东时,长江流域降水偏少,反之降水则偏多。夏季 WPSH 的面积和强度与长江中下游降水也存在很高的相关,当 WPSH 指数强时,长江中下游地区降水偏多。相对于降水而言,中国学者对夏季气温受 WPSH 的影响关注较少。在长江流域及其以南地区,进入 21 世纪来几乎每年都会出现持续 10 d 以上强度大、范围广的高温天气。高温已成为夏季严重影响人民群众生活和工农业生产的主要灾害性天气之一。对长江中下游和江南地区分析表明,WPSH 的控制或其边缘影响是夏季高温天气形成的主要原因,WPSH 越强盛,控制时间越长,高温天气越严重越持久,尤其在 WPSH 西伸北跳持续期,长江中下游地区易出现高温酷暑天气。WPSH 的偏强和西伸也是中国南方 2003 年异常高温的重要原因。然而,已有的对高温与 WPSH 关系的研究多是针对特定过程或时段,从天气动力学角度开展高温成因事后分析,因而研究结果缺乏代表性和普遍性,这在一定程度上限制了对气候预测和天气预报的指示作用。从气候学角度对高温与 WPSH 异常和演变的关系开展长时间序列的分析,目前还少有研究。鉴于此,本章利用长江三角洲气象站逐日最高气温数据、国家气候中心 WPSH 指数、NCEP/NCAR 再分析资料以及上海近年来逐日《天气报告》中的天气形势分析结果,开展长江三角洲极端高温与 WPSH 的长时间序列统计关系分析,并以上海为案例,分析近 8 年来高温发生与 WPSH 系统的对应关系,以期为区域极端高温天气的预测预报提供理论依据。

8.2　资料与方法

8.2.1　资料来源

美国国家环境预测中心/国家大气环境中心（NCEP/NCAR）的逐月再分析高度场、风场资料；美国国家海洋和大气管理局（National Oceanic and Atmospheric Administration，NOAA）2°×2°逐月海表气温资料；中国气象局国家气候中心（National Climate Cnter，NCC）提供的逐月 WPSH 强度、脊线、西脊点指数；CPC（Climate Preipitation Center）合并月降水分析资料，分辨率为 2.5°×2.5°。

8.2.2　相关性分析

线性相关分析，就是用线性相关系数来衡量的相关关系和密切程度。给定二元总体(X, Y)，总体相关系数用ρ来表示：

$$\rho_{X,Y} = \frac{\mathrm{cov}(X,Y)}{\sqrt{\mathrm{var}(X)\mathrm{var}(Y)}} = \frac{E[(X-\mu X)(Y-\mu Y)]}{\sqrt{\sigma_X^2 \sigma_Y^2}} \tag{8.1}$$

其中，σ_X^2是X的总体方差；σ_Y^2是Y的总体方差；$\mathrm{cov}(X,Y)$是X与Y的协方差。

8.2.3　逐步回归法

本章采用逐步分析法中的逐步筛选法。是在第一个的基础上做一定的改进，当引入一个变量后，首先查看这个变量是否使得模型发生显著性变化（F检验），若发生显著性变化，再对所有变量进行t检验，当原来引入变量由于后面加入的变量的引入而不再显著变化时，则剔除此变量，确保每次引入新的变量之前回归方程中只包含显著性变量，直到既没有显著的解释变量选入回归方程，也没有不显著的解释变量从回归方程中剔除，最终得到一个最优的变量集合。

具体步骤如下：

（1）建立全部$x_1, x_2, \cdots, x_m$对因变量y的回归方程，对方程中的m个自变量进行F检验，取最小值为$F_{k_1}^1 = \min\{F_1^1, F_2^1, \cdots, F_m^1\}$，若$F_{k_1}^1 > F_\alpha(1, n-m-1)$，则没有自变量可剔除，此时回归方程就是最优的；否则剔除x_{k_1}，在此时可令x_{k_1}为x_m，进入步骤（2）。

（2）建立$x_1, x_2, \cdots, x_m$与因变量y的回归方程，对方程中的回归系数进行F检验，取最小值$F_{k_2}^2 = \min\{F_1^2, F_2^2, \cdots, F_{m-1}^2\}$，若$F_{k_2}^2 > F_\alpha(1, n-(m-1)-1)$，则无变量需要剔除，此时方程就是最优的，否则将$x_{k_2}$剔除，此时设$x_{k_2}$为$x_{m-1}$，一直迭代下去，直到各变量的回归系数$F$值均大于临界值，即方程中没有变量可以剔除，此时的回归方程就是最优的回归方程。

8.2.4　多元线性回归

当预报量序列为 $Z_k(k=1,2,\cdots,n)$，预报因子有 m 个，$x_{ik}(i=1,2,\cdots,m;k=1,2,\cdots,n)$，且满足统计学理论要求的 n 远大于 m 时，建立多元线性回归方程

$$\hat{Z}_k = a_0 + a_1 X_{1k} + a_2 X_{2k} + \cdots + a_m X_{mk} \tag{8.2}$$

把数据变为标准化变量，上式变为：

$$\hat{Z}_k = b_1 X_{1k} + b_2 X_{2k} + \cdots + b_m X_{mk} \tag{8.3}$$

由最小二乘准则可知，要求得式(8.2)中各系数的值，应使残差平方和 Q 达到最小，即

$$Q = \sum_{k=1}^{n} (Z_k - \hat{Z}_k)^2 \tag{8.4}$$

$$\frac{\partial Q}{\partial b_i} = 0 \tag{8.5}$$

将(8.2)、(8.3)代入(8.4)得：

$$\begin{cases} \sum_{k=1}^{n} (Z_k - b_1 X_{1k} - b_2 X_{2k} - \cdots - b_m X_{mk}) X_{1k} = 0 \\ \sum_{k=1}^{n} (Z_k - b_1 X_{1k} - b_2 X_{2k} - \cdots - b_m X_{mk}) X_{2k} = 0 \\ \qquad\qquad \cdots\cdots\cdots\cdots \\ \sum_{k=1}^{n} (Z_k - b_1 X_{1k} - b_2 X_{2k} - \cdots - b_m X_{mk}) X_{mk} = 0 \end{cases} \tag{8.6}$$

对于标准化变量，有法方程：

$$\begin{cases} r_{11}b_1 + r_{12}b_2 + \cdots + r_{1m}b_m = r_{1z} \\ r_{21}b_1 + r_{22}b_2 + \cdots + r_{2m}b_m = r_{2z} \\ \qquad\qquad \cdots\cdots\cdots\cdots \\ r_{m1}b_1 + r_{m2}b_2 + \cdots + r_{mm}b_m = r_{mz} \end{cases} \tag{8.7}$$

以 i,j 分别表示法方程系数矩阵的行和列，s 表示施行迭代消去的次数，则有

$$r_{ij}^{(s)} = \begin{cases} r_{ij}^{(s-1)} - r_{is}^{(s-1)} \cdot r_{sj}^{(s-1)} / r_{ss}^{(s-1)} \\ 0 \end{cases} \tag{8.8}$$

其中 $s=1,2,\cdots,m-1;i=s+1,s+2,\cdots,m;j=s+1,s+2,\cdots,m,m+1$。

相关系数 $r_{ij}(i,j=1,2,\cdots,m)$ 及 r_{iz} 可由预报量和预报因子的观测资料根据公式(8.7)计算出来，于是问题变为如何准确地求解方程(8.6)，以下采用正规方程法求解。

同样,假设有 n 组数据,其中目标值(因变量)与特征值(自变量)之间的关系为:

$$f(x^{(i)}) = \theta_0 + \theta_1 x_1^{(i)} + \cdots + \theta_n x_n^{(i)} \qquad (8.9)$$

其中 i 表示第 i 组数据,这里先直接给出正规方程的公式:

$$\theta = (X^{\mathrm{T}}X)^{-1}X^{\mathrm{T}}y \qquad (8.10)$$

推导过程如下:

记矩阵

$$X = \begin{pmatrix} 1 & x_1^{(1)} & \cdots & x_n^{(1)} \\ \vdots & \vdots & & \vdots \\ 1 & x_1^{(n)} & \cdots & x_n^{(n)} \end{pmatrix} \qquad (8.11)$$

向量

$$\boldsymbol{\theta} = \begin{pmatrix} \theta_0 \\ \theta_1 \\ \vdots \\ \theta_n \end{pmatrix} \qquad (8.12)$$

$$\boldsymbol{y} = \begin{pmatrix} y^{(1)} \\ \vdots \\ y^{(n)} \end{pmatrix} \qquad (8.13)$$

则

$$f(x^i) = \boldsymbol{X\theta} \qquad (8.14)$$

损失函数为:

$$J(\theta) = \sum_{i=1}^{n} (f(x^{(i)}) - y^{(i)})^2 = (\boldsymbol{X\theta} - \boldsymbol{y})^{\mathrm{T}}(\boldsymbol{X\theta} - \boldsymbol{y}) \qquad (8.15)$$

对损失函数求导并令其为 0,有

$$\frac{\partial J(\theta)}{\partial \theta} = 2\boldsymbol{X}^T\boldsymbol{X\theta} - 2\boldsymbol{X}^{\mathrm{T}}, \boldsymbol{y} = 0 \qquad (8.16)$$

解得

$$\boldsymbol{\theta} = (\boldsymbol{X}^T\boldsymbol{X})^{-1}\boldsymbol{X}^{\mathrm{T}}\boldsymbol{y} \qquad (8.17)$$

8.3 结果与分析

8.3.1 夏季高温日数与 WPSH 指数的关系

(1)高温日数与 WPSH 指数的相关关系

1951—2012 年期间,长江三角洲夏季高温日数与当年夏季 WPSH 面积指数呈显著正相关,相关系数为 0.3426,与当年夏季西伸脊点指数呈显著负相关,相关系数为 -0.3696,高温日数与当年 WPSH 脊线相关不显著(表 8.1)。夏季高温日数与当年 8 月份 WPSH 面积指数也显著正相关,与 WPSH 西伸脊点显著负相关,而与当年 6 月份面积指数呈弱显著正相关,与 WPSH 西伸脊点指数弱显著负相关。此外,夏季高温日数与上年夏季西伸脊点指数呈弱显著负相关。

表 8.1 1951~2012 年夏季高温日与不同时间 WPSH 指数的相关系数

年	季(月)	WPSH 指数		
		面积指数	脊线	西伸脊点指数
上年	夏季	0.1930	−0.1055	−0.2663
	6 月份	0.1916	−0.0962	−0.2379
	7 月份	0.1829	−0.0691	−0.2336
	8 月份	0.1358	−0.0534	−0.1149
当年	夏季	0.3426	0.0453	−0.3696
	6 月份	0.2899	−0.1089	−0.3142
	7 月份	0.2459	0.0413	−0.1763
	8 月份	0.3734	0.1041	−0.3401

注:$r \geqslant 0.26, P < 0.05$,弱显著;$r \geqslant 0.34, P < 0.01$,显著;$r \geqslant 0.43, P < 0.001$,极显著,以下同。

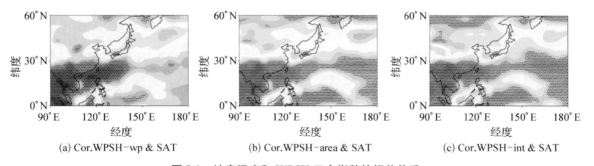

(a) Cor.WPSH-wp & SAT   (b) Cor.WPSH-area & SAT   (c) Cor.WPSH-int & SAT

图 8.1 地表温度和 WPSH 三个指数的相关关系

由图 8.1 得知,长江中下游地区地表温度与三个因子相关关系较好,颜色越深,相关关系越强。

（2）7—8月高温日数较多和较少时(表8.2)WPSH 指数差异

表8.3为长江三角洲7月或8月高温日数较多和较少的前10位WPSH指数平均值,分别与多年(1951—2012年期间)7或8月WPSH指数平均值的差值对应,可以看出,7月高温日数较多时,WPSH面积、强度、脊线和北界指数与多年平均值的差值都为正,西伸脊点指数与多年平均值的差值为负;高温日数较少时正好相反。8月高温日数较多时,WPSH面积、强度指数与多年平均值的差值也为正,西伸脊点指数与多年平均值的差值为负,而高温日数较少时也相反。WPSH脊线和北界指数在8月高温日数较多和较少时与多年平均值的差值虽然都为正,但在高温日数较多时较高温日数较少时差值大。也就是说,7或8月高温日数较多时,WPSH面积较大、强度较强、脊线和北界都偏北,西伸脊点偏西。

表 8.2　历年高温日数统计

7月高温日数较多		7月高温日数较少		8月高温日数较多		8月高温日数较少	
年份(年)	高温日(d)	年份(年)	高温日(d)	年份(年)	高温日(d)	年份(年)	高温日(d)
1964	12	1969	0	1959	7	1955	0
1990	13	1976	0	1967	7	1957	0
2008	13	1997	0	1971	7	1960	0
1971	14	1999	0	2005	7	1961	0
1988	14	1954	1	2006	7	1964	0
2003	14	1955	1	1966	10	1965	0
2001	15	1963	1	2003	11	1968	0
2004	16	1973	1	1998	12	1972	0
2007	16	1981	1	2010	15	1975	0
1953	17	1968	2	1953	22	1979	0

表 8.3　WPSH 指数与高温日数相关关系

逐月及高温特征	WPSH 指数		
	面积	脊线	西伸脊点
7月高温日数较多	2.5529	0.0219	−5.3774
7月高温日数较少	−18.0671	−0.7781	12.4026
8月高温日数较多	16.1242	0.6361	−13.17
8月高温日数较少	−23.3958	−1.1361	5.95

（3）物理动力学解释

西太平洋副高对我国天气的影响十分重要,夏半年更为突出,这种影响一方面在于西太平洋副高本身;另一方面在于西太平洋副高与其周围天气系统间的相互作用。在西太平洋高压控制下的地区,有强烈的下沉逆温,使低层水汽难以成云致雨,造成晴空万里的稳定天气,时间长久了可能出现大范围干旱。

8.3.2 西太副高指数的多元回归分析

(1) 逐步回归选择预报对象

如图 8.2 所示,利用逐步回归法逐个引入当年夏季 WPSH 面积指数、当年夏季西伸脊点指数、当年 8 月份 WPSH 面积指数、当年 6 月份面积指数、WPSH 西伸脊点指数和上年夏季西伸脊点指数六个预报因子。通过逐步筛选引入了三个主要因子:当年夏季西伸脊点指数(x_1)、当年 8 月份 WPSH 面积指数(x_2)和上年夏季西伸脊点指数(x_3)。

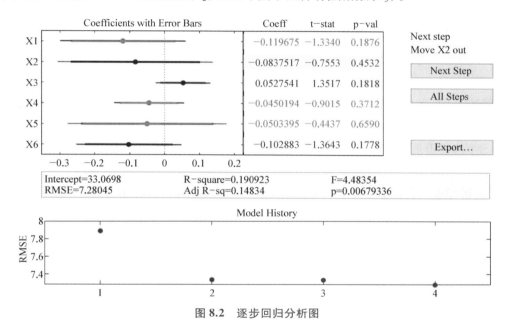

图 8.2 逐步回归分析图

得到预报方程为:

$$y = -0.0837517x_1 + 0.0527541x_2 - 0.102883x_3 + b$$

其中 $b = 33.0697$。

于是回归方程为

$$y = -0.0837517x_1 + 0.0527541x_2 - 0.102883x_3 + 33.0697$$

将此方程记为预报方程 I。

考虑到影响因子要挑选及时,即因子资料应比预报资料有相当的提前量,我们需要对当年夏季西伸脊点指数、当年 8 月份 WPSH 面积指数两个量作出预报。

(2) 因子筛选

根据已有研究,夏季风系统要素较多,与副高关系密切的因子有 21 个。另外,也有研究指出,亚洲中高纬度环流系统(如阻塞高压)对副高的中期变化有重要影响,特别是梅雨期间。受海气相互作用的影响,ENSO、赤道印度洋海温和赤道东太平洋海温状况冷暖变化以及变化快慢对副高活动产生影响的可能性较大。考虑到计算的复杂性,建立模型的变量数不能太多,一般 3 到 4 个因子最佳,如果建立的模型方程变量超过 4 个,计算量会很大,而且当模型变量数超过 4 时,预报的准确率随着变量数目的增大却并未明显增加。但如果选择比较少的因子,会由于太少的重构参数,造成模型中有很多重要信息丢失,模型的精度会降低,影响预报的准确性。综上所述,一般 3 到 4 个因子进行建模效果比较好。

鉴于此,对于当年夏季西伸脊点指数、当年 8 月份 WPSH 面积指数两个预报量,本章在对副高有影响的众多因子中挑出 3 个因子作为预报因子(表 8.4 和表 8.5):

① ENSO(Nino3.4)

Nino1+2、Nino3、Nino4 和 Nino3.4 指数分别定义为 Nino1+2 区($90°W \sim 80°W, 10°S \sim 0°$)、Nino3 区($150°W \sim 90°W, 5°S \sim 5°N$)、Nino4 区($160°E \sim 150°W, 5°S \sim 5°N$)和 Nino3.4($170°W \sim 120°W, 5°S \sim 5°N$)区域平均海温距平,气候平均值是 1981—2010 年。NinoZ 指数由 Nino1+2、Nino3 和 Nino4 指数所对应三个海区的面积加权平均得到。NinoEP 和 NinoCP 分别为太平洋东部型和中部型 Nino 指数,分别定义为 $NinoEP = Nino3 - \alpha \times Nino4$,$NinoCP = Nino4 - \alpha \times Nino3$,当 $Nino3 \times Nino4 > 0$ 时,$\alpha = 0.4$;当 $Nino3 \times Nino4 \leq 0$ 时,$\alpha = 0$。本章中使用 Nino3.4 指数进行相关性分析。根据已有研究,ENSO 因子对西太副高指数具有比较显著的影响。

② 热带印度洋海温偶极子(TIOD)

热带印度洋海温偶极子(Tropical Indian Ocean Dipole, TIOD)定义为热带西印度洋($10°S \sim 10°N, 50° \sim 70°E$)的海温距平与热带东南印度洋($10°S \sim 0°, 90° \sim 110°E$)的海温距平差。这一模态表现出显著的季节位相锁定的特征,通常在夏季开始发展,秋季达到峰值,冬季很快衰减。中国工程院院士丁一汇认为,长江流域的持续暴雨就与印度洋海温偶极子正位向的强烈发展有关,并梳理出一条清晰的逻辑链——印度洋强烈增温引发印度季风偏强,导致西南风下产生的暖平流加压,使得西太平洋和南海副高加强。如图 8.3 所示为印度洋海温偶极子对西太副高运动变化的影响。

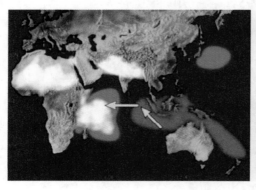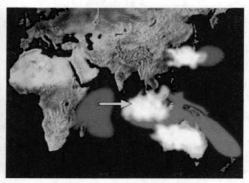

图 8.3　西太副高运动变化图

由图得知,当印度洋海域表现为正偶极子模态时,西太平洋副热带高压加强;表现为负偶极子模态时,西太平洋副热带高压减弱。

③ 热带印度洋全区一致海温模态(IOBW)

热带印度洋全区一致海温模态(Indian Ocean Basin-Wide, IOBW)定义为热带印度洋($20°S \sim 20°N, 40° \sim 110°E$)区域平均的海温距平。这一模态是热带印度洋海温变化的最主要模态,它通常在冬季开始发展,第二年春季达到最强。已有研究指出,通过"大气桥"或印度尼西亚贯穿流等机制,当赤道中东太平洋厄尔尼诺(拉尼娜)事件发展时,在冬季至次年春、夏季,热带印度洋海温往往表现为全区一致增暖(偏冷)。大量研究表明,热带印度洋全区一致海温模态(IOBW)对西太副高指数具有较显著的影响。如图 8.4 和图 8.5 所示,分别为冬季和次年春季海温距平与冬季 Nino3 指数的偏相关,彩色区表示相关通过95%和99%的信度检验。

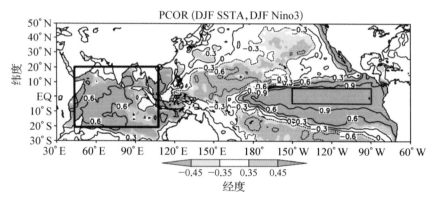

图 8.4　冬季海温距平与冬季 Nino3 指数的偏相关

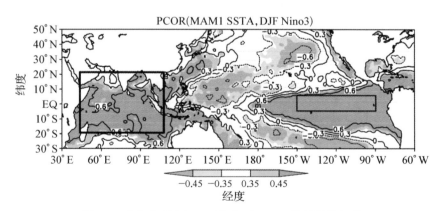

图 8.5　次年春季海温距平与冬季 Nino3 指数的偏相关

由图得知,热带印度洋全区一致海温模态与西太平洋副热带高压联动变化。

表 8.4　当年 8 月份 WPSH 面积指数与三个因子的时滞相关系数

序号	主要影响因子	相关系数
1	当年春季 ENSO(Nino3.4)	0.573
2	去年秋季热带印度洋海温偶极子(TIOD)	0.587
3	当年春季热带印度洋全区一致海温模态(IOBW)	0.716

表 8.5　当年夏季西伸脊点指数与三个因子的时滞相关系数

序号	主要影响因子	相关系数
1	当年春季 ENSO(Nino3.4)	−0.563
2	去年秋季热带印度洋海温偶极子(TIOD)	−0.490
3	当年春季热带印度洋全区一致海温模态(IOBW)	−0.782

（3）西太副高指数趋势预测方程

设三个因子分别为 x_1、x_2、x_3，通过多元回归分析法求得。

当年 8 月份 WPSH 面积指数趋势预测方程 $H(1)$ 为（拟合优度为 0.7314）：

$$H(1) = -77.633 + 5.1179\,x_1 + 11.9835\,x_2 + 69.4487\,x_3$$

当年夏季西伸脊点指数趋势预测方程 $H(2)$ 为（拟合优度为 0.7645）：

$$H(2) = 223.4659 - 3.4617\,x_1 + 0.0825\,x_2 - 27.908\,x_3$$

8.3.3　西太副高指数周期项方差分析

（1）获取差值序列

利用需要预报的西太副高两个指数的实际序列减去趋势预测序列，可以获得差值序列，差值序列部分数据如表 8.6 所示。

表 8.6　西太副高指数差值序列

当年 8 月面积指数	当年西伸脊点指数	当年 8 月面积指数	当年西伸脊点指数
10.3	2.866666667	−16.18	3.973333333
5	2.833333333	−1.98	0.966666667
4.58	−2.446666667	1.32	−8.86
−7.06	15.00666667	49.6	−12.78
−16.74	3.24	−49.24	14.96
−14.26	−4.486666667	−24.6	−1.28
12.88	−7.04	59.14	−17.38

当年 8 月面积指数	当年西伸脊点指数	当年 8 月面积指数	当年西伸脊点指数
12.66	4.68	−16.96	20.14666667
−23.1	−2.333333333	−4.96	−1.953333333
0.96	−5.88	−48.26	13.44666667
6.38	7.993333333	48.66	−14.80666667
36.24	−4.826666667	22.4	−7.986666667
−24.1	8.113333333	−34.28	8.633333333
−4.98	2.053333333	20.82	−3.92
−6.74	−8.813333333	−27.6	4.026666667
8.4	−4.646666667	8.6	2.506666667
−10.08	13.80666667	14.46	−8.2
−5.22	4.026666667	−9.08	8.333333333
17.6	−13.35333333	27.54	−9.553333333
10.58	−9.173333333	−67.4	8.066666667
−30.58	4.633333333	−11.92	8.44
−5.52	9.32	99.14	−23.18
45.92	−8.913333333	0.22	5.233333333
−24.76	17.65333333	−45.3	7.486666667
−16.82	−7.08	−30.32	5.013333333
23.3	0.453333333	−9.32	2.18

（2）差值序列方差分析

对所获得的插值序列进行方差分析,设置置信度为 90%。

对于当年 8 月面积指数,在获取 6 个显著周期后,第 7 个显著周期不再满足显著性检验;对于当年西伸脊点指数,在获取 5 个显著周期后,第 6 个周期不再满足显著性检验。

表 8.7 分别给出两个差值序列的第一显著周期,其余显著周期格式相同。

表 8.7　当年 8 月面积指数差值序列第一显著周期分量（10 个月）

序号	1	2	3	4	5
周期分量	−22.0943	3.7000	17.8843	−4.3557	8.0743

表 8.8　当年西伸脊点指数差值序列第一显著周期分量（10 年）

序号	1	2	3	4	5
周期分量	7.2419	2.7486	−6.5200	10.1571	−2.1610

续　表

序号	6	7	8	9	10
周期分量	−1.0924	−0.2162	1.0714	−2.0952	−7.9152

其拟合结果及对于后两个值的预报如图 8.6 和 8.7 所示。

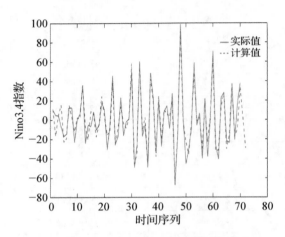

图 8.6　当年 8 月面积指数差值序列拟合与预报　　图 8.7　当年西伸脊点指数差值序列拟合与预报

将两个变量的各显著周期序列 C_{T_i} 相加,得到原序列的估计值,分别表示为:

当年 8 月面积指数差值序列

$$C_{AREA} = \sum_1^6 C_{T_i}(t) \tag{8.18}$$

当年西伸脊点指数差值序列

$$C_{WP_{now}} = \sum_1^5 C_{T_i}(t) \tag{8.19}$$

以上两个序列即可作为西太副高两个指数的周期预报项。

将需要预报的西太副高两个指数的趋势预测与周期预报项相加,记当年夏季西伸脊点指数为 WP_{now},当年 8 月份 WPSH 面积指数表示为 $AREA$,得到

当年 8 月份 WPSH 面积指数预报方程为:

$$AREA = H(1) + C_{AREA} = \sum_1^6 C_{T_i}(t) \tag{8.20}$$

当年西伸脊点指数预报方程为:

$$WP_{now} = H(2) + C_{WP_{now}} = \sum_1^5 C_{T_i}(t) \tag{8.21}$$

8.3.4　高温日预报

设当年长江中下游高温日数为 HD_s，上年西伸脊点指数表示为 WP_{last}；当年春季 ENSO（Nino3.4）指数表示为 $Nino_{3.4}$，去年秋季热带印度洋海温偶极子（TIOD）表示为 $TIOD$，当年春季热带印度洋全区一致海温模态（IOBW）表示为 $IOBW$。

长江中下游高温日数综合预报方程表示为：

$$\begin{cases} HD_s = 33.0697 - 0.0084WP_{now} + 0.0528AREA - 0.1029WP_{last} \\[2mm] AREA = H(1) + C_{AREA} = \sum_1^6 C_{T_i}(t) \\[2mm] WP_{now} = H(2) + C_{WP_{now}} = \sum_1^5 C_{T_i}(t) \\[2mm] H(1) = 223.4659 - 3.4617Nino_{3.4} + 0.0825TIOD - 27.908IOBW \\[2mm] H(2) = -77.633 + 5.1179Nino_{3.4} + 11.9835TIOD + 69.4487IOBW \end{cases} \tag{8.22}$$

8.4　本章小结

为探究 WPSH 与长江三角洲高温极端天气日数关系，并利用前者进行后者的预报，本章利用相关关系分析和逐步回归法筛选出当年夏季西伸脊点指数、当年 8 月份 WPSH 面积指数及上年夏季西伸脊点指数三个预报因子建立预报方程。

为解决引入两个当年参量无法实现当年高温天气预报的问题，本章利用多元线性回归方法，考虑到海—气相互作用的滞后性，选择当年春季 ENSO（Nino3.4）指数、去年秋季热带印度洋海温偶极子（TIOD）指数和当年春季热带印度洋全区一致海温模态（IOBW）三个预报因子，建立当年夏季西伸脊点指数和 8 月份 WPSH 面积指数的趋势预测模型，同时利用方差分析法，对两个量的周期项进行预报，将趋势预测和周期预报相加，获得了上述两个预报量的预防方程，将此带入高温日预报方程，从而建立了对长江中下游极端高温的综合预报方程。

第 三 篇

基于人工智能的副高中长期预测研究

第九章　模糊聚类与遗传优化的副高诊断预测

9.1　引　　言

西太平洋副高作为东亚夏季风系统的重要成员,与东亚夏季风系统成员之间存在着相互作用、互为反馈的相关性。西太副高异常与东亚夏季风活动的异常经常相伴随,导致了长江流域出现洪涝和干旱灾害。弄清副高与东亚夏季风系统成员关联的天气事实和变化规律,对预测副高活动具有十分重要的意义。黄荣辉等[1]的研究强调了热带西太平洋对流对副高活动的影响;喻世华等[2]研究指出,副高在东亚副热带地区的活动与东亚大陆季风雨带和南海季风槽雨带关系密切,强对流降水凝结潜热的热力强迫作用对副高有明显的反馈作用;张韧[3-4]基于变分原理和不稳定理论从系统能量角度论证了上述观点,提出了东亚雨带和季风槽雨带及环流分布影响副高稳定性的动力机理和能量判据,随后用小波包分解重构方法讨论了印度洋和南海地区的夏季风活动对西太副高的影响,揭示了两者之间的一些相关特性[5-6]。

上述研究多是针对副高与夏季风系统中某些重要因子进行分析讨论,由于副高活动受多种因子的共同影响制约,彼此共处于非线性系统之中,因此,讨论副高与有限的季风系统因子之间的相互作用,用单个因子讨论结果的累加来替代多因子的作用是有缺陷或是不完整的。

针对上述问题,本章通过统计分析,选择了多个显著的季风影响因子,将其构成高维特征空间映射点集,随后引入遗传算法、模糊 C 均值聚类和模糊减法聚类等方法,取其优势互补的研究思想,通过对季风影响因子的特征空间聚类和映射落区判别,实现了副高强度的聚类判别以及诊断预测。

9.2　研究资料与影响因子选择

9.2.1　研究资料与影响因子

本章所用研究资料为 NCEP/NCAR 提供的 2.5°×2.5°网格 10 年平均逐候再分析资料,包括 1958—1967、1968—1977、1978—1987 以及 1988—1997 年四个时间段 10 年平均的逐候再分析资料,每个时段序列长度为 73 候。参照中央气象台副高面积指数的定义[7]计算了上述四个时段之和时间序列(计 4×73 = 292 候)的副高面积指数,并选择上述相同时段序列中若干重要区域夏季风系统要素格点平均值作为候选因子。

通过将若干影响因子与副高面积指数作时滞相关分析,在相关性显著的条件下,基于预报目的考虑,选择超前副高面积指数 1 候的 11 个因子作为初始影响因子。

（1）马斯克林冷高强度指数（A）：$[40°\sim60°E,15°\sim25°S]$ 区域范围内的海平面气压格点平均值；

（2）澳大利亚冷高强度指数（B）：$[120°\sim140°E,15°\sim25°S]$ 区域范围内的海平面气压格点平均值；

（3）中南半岛感热通量（C1）：$[95°\sim110°E,10°\sim20°N]$ 区域范围内的感热通量格点平均值；

（4）索马里低空急流（D）：$[40°\sim50°E,5°S\sim5°N]$ 区域范围内 850 hPa 经向风格点平均值；

（5）南海低空急流 E1：$[105°\sim118°E,4°\sim21°N]$ 区域范围内的 850 hPa 经向风格点平均值；

（6）印度季风潜热通量 FLH：$[70°\sim85°E,10°\sim20°N]$ 区域范围内的潜热通量；

（7）印度季风 OLR 指标 FULW：$[70°\sim85°E,10°\sim20°N]$ 区域范围内的外逸长波辐射 OLR 格点平均值；

（8）江淮梅雨对流降水率（M）：$[115°\sim120°E,28°\sim34°N]$ 区域范围内对流降水率（MCP）；

（9）青藏高压活动指数（XZ）：200 hPa 位势高度 $[95°\sim104°E,28°\sim38°N]$—$[75°\sim95°E,28°\sim33°N]$ 范围格点平均值；

（10）孟加拉湾纬向风环流指数（J1U）：$[80°\sim100°E,0°\sim20°N]$ 区域范围内的 J1U = U850—U200 格点平均值；

（11）孟加拉湾经向风环流指数（J1V）：$[80°\sim100°E,0°\sim20°N]$ 区域范围内的 J1V = V850—V200 格点平均值。

上述初始影响因子与副高面积指数的时滞相关分析结果如表 9.1 所示。

表 9.1　各初始影响因子与副高面积指数的时滞相关分析

副高面积指数 SI	显著相关（0.01 置信水平）	极值
马斯克林高压 A	−1—0 候正相关显著（>0.65）	0 候时达到 0.694
澳大利亚高压 B	−4—−2 候正相关显著（>0.5）	−3 候时达到 0.559
中南半岛感热 C1	−2—0 候负相关显著（>−0.5）	−1 候时达到−0.518
索马里低空急流指标 D	−1—0 候正相关显著（>0.6）	0 候时达到 0.720
南海低空急流指标 E1	−2—0 候正相关显著（>0.6）	−1 候时达到 0.671
印度季风潜热通量 FLH	−1—0 候正相关显著（>0.6）	0 候时达到 0.644
印度季风（OLR）FULW	0—1 候负相关显著（>−0.6）	0 候时达到−0.684
江淮梅雨（降水量）MCP	−1—0 候正相关显著（>0.65）	0 候时达到 0.677
青藏高压 XZ（东部型）	−1—1 候负相关显著（>−0.69）	0 候时达到−0.764
孟加拉湾纬向季风环流 J1U	−1—1 候正相关显著（>0.8）	0 候时达到 0.942
孟加拉湾经向季风环流 J1V	−1—1 候正相关显著（>0.8）	0 候时达到 0.915

考虑到 20 世纪 70 年代末—80 年代初大气环流与副高系统存在较明显的年代际突

变[5],为便于分析对比,本章将 1958—1997 年资料分为 1958—1977 前二十年和 1978—1997 后二十年两段来分别进行处理,将 1958—1977 前 20 年时段的副高面积指数划分成以下五类:异常偏弱 A1(面积指数 0—40)、偏弱 A2(面积指数 41—80)、正常 A3(面积指数 81—120)、偏强 A4(面积指数 121—160)、异常偏强 A5(面积指数 161—200)。1978 年以后的副高面积指数有增强的变化趋势[5],故 1978—1997 后二十年时段的副高面积指数参照以上标准,每段数值做适当放大后予以划分。

上述 11 个影响因子与副高面积指数存在较好时滞相关性,但能否有效诊断和区分不同强度的副高面积指数尚需要做进一步的统计分析,为此我们针对不同强度的副高面积指数,分别制作上述 11 个影响因子的统计线箱图,以选择能够较好区分和判别不同副高面积指数情况的季风影响因子。

9.2.2　影响因子的聚类选择

分别进行 1958—1977 年期间前述 11 个初始季风影响因子与 5 类副高面积指数的统计箱线图分析(图略)。从资料可知样本总数是 145,图中盒子中间的线为样本中位数,分别表示 5 类副高面积指数的统计中值,盒子的上底和下底间为内四分位间距,盒子上下的两条线分别为样本的 25% 和 75% 分位数,表示中值附近 50% 样本的分布域;虚线贯穿盒子上下,表明样本其余部分(野值例外)。

从图中可以看出,对马斯克林高压(A)来说,A1、A2、A3 三类副高强度与 A4、A5 两类副高强度基本没有交叉,可以完全区分开;A1、A2、A3 三类副高强度之间虽有部分重合,但中位数相对独立,故亦有一定程度的可分性,A4、A5 情况类似,故马斯克林高压(A)可以较好区分5 类不同强度的副高面积指数,选其为聚类分析因子。图中所示的青藏高压东部型因子(XZ)亦有类似情况,能较好区分 5 类副高强度指数(尤其是 A2、A3、A4 三类),亦选其为聚类分析因子。图中的江淮梅雨对流降水率(MCP)在 A1、A2、A3 三类副高强度之间存在明显重合现象,很难区分,不适合做聚类分析因子,故予剔除。同理,孟加拉湾经圈环流因子(J1V)对应的 5 类副高强度之间亦存在较明显的重合现象,不适宜做聚类分析因子,也予以剔除。

基于上述类似的分析判别原则,通过统计箱线图分析,最后选取得到 7 个较好的季风影响因子:马斯克林高压、澳大利亚高压、中南半岛感热、索马里急流 D、印度季风 OLR 值、青藏高压东部型、孟加拉湾纬圈环流指数。

对 1978—1997 后 20 年的影响因子,通过相同的方法分析,亦可找到能够较好区分 5 类副高强度的 7 个季风因子:马斯克林高压、澳大利亚高压、中南半岛感热、南海低空急流、印度季风 OLR 值、孟加拉湾纬圈环流指数、孟加拉湾经圈环流指数。

9.2.3　FCM-GA 聚类思想和映射分析

（1）基本思想

采用上述 7 个季风影响因子构成 7 维特征空间,分别将 5 类副高强度对应的季风影响因子的 7 维样本序列点集进行特征空间投影,然后进行聚类分析,以划分出各类副高强度对应的高维季风影响样本点集在特征空间中的投影映射域,进而实现对副高强度的划分。针对不同聚类方法存在的优缺点,我们基于以下综合优化方法思路进行聚类分析。

模糊 C 均值聚类(Fuzzy C-Means,FCM)是一种局部搜索和目标逼近能力强、应用广泛的聚类算法。由于各类强度的副高面积指数之间并无严格的界限,加上观测资料本身存在不可避免的一些误差,因此 FCM 算法及其隶属度概念,适宜刻画和描述副高指数分类的上述模糊特征。但 FCM 方法存在两个固有缺点:迭代收敛过程中的误差局部极小和聚类结果对初值敏感;遗传算法(Genetic Algorithm,GA)是一种基于生物自然选择与自然遗传机理的全局优化算法,具有全局搜索优势,但其局部优化能力有限。因此,FCM 与 GA 算法存在很好的优势互补。但是,无论 FCM 算法还是 GA 算法,都需要预先人为给出聚类数目,这既缺乏充分的客观性,也不利于副高指数强度的自动分类实现。为此可以借助于模糊减法聚类(Fuzzy Subtractive Clustering,FSC),该方法将每个数据点均作为可能的聚类中心,根据该数据点周围的样本数据点密度来估算该点作为聚类中心的可能性,第一个聚类中心选出后,继续采用类似方法选择下一个聚类中心,直到所有剩余数据点作为聚类中心的可能性低于某一阈值。减法聚类的上述思想使其适宜实时副高强度聚类数的客观估算,但由于 FSC 只是单次判别算法,用它来搜索和逼近各聚类中心的最佳位置,效果并不好。

综合 FCM、GA 和 FSC 方法各自的优势和缺点,我们提出如下技术途径和解决方案:首先用 FSC 方法客观估算出各类强度的副高面积指数样本在特征空间中的聚类数,之后利用遗传算法全局搜索优势进行聚类分析,确定出具有较好全局结构特性的聚类结果,随后利用FCM 局部寻优特性对 GA 聚类结果进行局部调整优化,最后得出副高面积指数综合优化聚类结果,以及各类副高强度对应的季风影响因子在特征空间中的映射区域,以此作为副高强度分类的判据。模糊 C 均值聚类、遗传算法和模糊减法聚类均是成熟可靠的计算方法,其算法原理可参考相关的文献专著,在此不再赘述。

(2) 映射分析

以 1959—1977 二十年 5 类副高面积指数及其对应的 7 维季风影响因子的样本点集进行聚类映射分析。由于副高活动的复杂性与观测资料误差,各类副高面积指数对应影响因子的高维样本点在特征聚类空间中的投影分布表现得较为散乱,影响因子样本点集若未经处理就汇集映射于同一特征空间,则各类投影点将交叉重叠,变得杂乱无章,根本无法进行聚类分析(图略)。

为此,我们基于(1)节所述的方法思路,首先对各类副高面积指数样本作独立聚类分析,在此基础上将各类副高指数独立的聚类结果进行集成并作必要的分割处理,最后得到 7 维特征空间中各类副高面积指数分别对应的特征隶属区域(每类副高强度可以有多个独立的特征隶属区域),并以影响因子在特征空间中投影点的落区位置属性作为副高强度划分的依据。

第一阶段:先对各类副高面积指数的影响因子样本在 7 维特征空间中的投影点集单独进行

聚类,找出其空间分布特征,确定各类副高指数的影响因子样本在特征空间中的聚类中心和隶属范围,并通过设定适当临界隶属度,将远离聚类中心的疏散点作为噪声去除。具体实施步骤:

① 先对 7 维特征空间中的影响因子样本数据进行模糊减法聚类,客观确定出聚类中心数目。经减法聚类确定的每类副高强度对应的影响因子的聚类数均为 2 类,即每类副高强度对应的影响因子在 7 维特征空间中均有两个聚类中心和隶属映射区域。

② 引入遗传算法(GA)分别对每类副高强度的影响因子样本进行聚类中心搜索,确定出各聚类中心对应的隶属范围,通过设定适当的临界隶属度,滤除边远零散点。遗传算法的聚类结果从全局意义上较好地找出以及确定了每类副高强度的聚类中心和隶属范围,但聚类结果的局部效果仍有待改进完善。

③ 采用模糊 C 均值聚类(FCM)方法对 GA 的聚类结果进行局部调整,即用 GA 确定的聚类中心替代常规 FCM 算法中随机产生的初始聚类中心,再作进一步的 FCM 聚类优化。

经上述步骤处理后,可得到 5 类副高强度各自对应的高维特征空间中影响因子的聚类中心和隶属域分布。显然,这些独立特征空间中的聚类中心和隶属区域尚不能用于实况副高面积指数的判别划分,必须将它们放入同一特征空间中集成,并作必要界定和分割处理后方可用作聚类分析判据。

第二阶段:将上述 5 类副高强度对应的 5 个独立特征空间以及空间中的聚类中心和隶属域合并于同一特征空间,旨在最终界定和分割出每类副高强度在同一高维特征空间中各自的类属区域范围。为便于直观显示,每类副高强度对应的聚类中心和隶属域分别被分解为若干三维图像表示。

经上述步骤综合处理后的结果表明,高维特征空间中,5 类副高强度的聚类中心位置彼此相互分离,各类副高强度的隶属域基本处于相对独立的位置(图 9.1—图 9.4),表明所选的影响因子能够较好地甄别和区分 5 类副高强度,所建立的特征空间聚类结果具有较好的代表性和可分性。

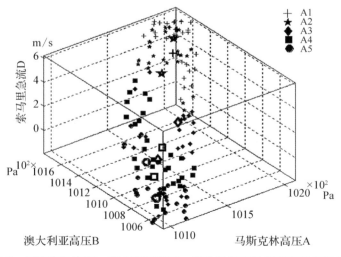

图 9.1 马斯克林高压—澳大利亚高压—索马里急流三维特征空间聚类图

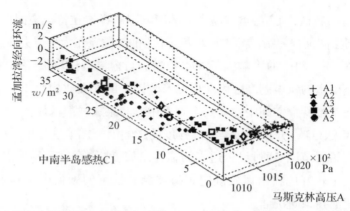

图 9.2　马斯克林高压—中南半岛感热—孟加拉湾经向环流三维特征空间聚类图

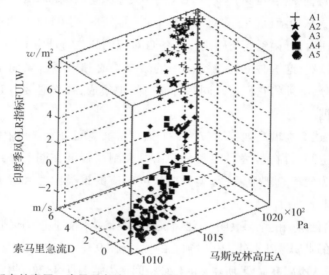

图 9.3　马斯克林高压—索马里急流—印度季风 OLR 指标 FULW 三维特征空间聚类图

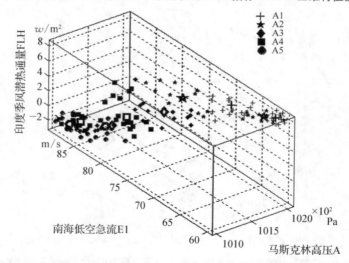

图 9.4　马斯克林高压—南海低空急流—印度季风潜热通量 FLH 三维特征空间聚类图

对 7 个影响因子组合可以得到 13 幅类似图 9.1—9.4 的三维聚类图(其余 9 幅略),经同样步骤处理的 1978—1997 后二十年资料可以得到 12 幅类似的聚类图(图略)。经以上两个阶段处理后所得的 7 维特征空间的聚类中心和隶属区域,即可作为实际副高面积指数强度划分的判据。

9.2.4　基于综合聚类的副高活动预测

为检测和验证所建特征空间聚类模型的副高分类预报效果,我们将 1958—1977 年和 1978—1997 年两个时段每类副高强度的影响因子样本分别带回相应的特征空间分类模型进行判别,以检验模型的分类效果,由于每类副高强度对应的季风影响因子均超前副高 1 候,因此判别结果有 1 候的预报意义。具体判别步骤:选择副高最弱的 31 候(分别对应的是第 1—3,7—8,10,12—16,20—22,24,66,72—84,95—96 候;也就是对应于 1958—1967 年的 1 月 1 日—1 月 15 日,1958—1967 年的 1 月 31 日—2 月 9 日,1958—1967 年的 2 月 16 日—2 月 19 日,1958—1967 年的 2 月 24 日—3 月 21 日,1958—1967 年的 4 月 5 日—4 月 19 日,1958—1967 年的 4 月 26 日—4 月 30 日,1958—1967 年的 11 月 22 日—11 月 26 日,1958—1967 年的 12 月 22 日,1968—1977 年的 2 月 24 日,1968—1977 年的 12 月 16 日—12 月 25 日)和副高最强的 13 候(分别对应的是第 38—39,44—45,107—108,111,116,118—121,127 候;也就是对应于 1958—1967 年的 7 月 4 日—7 月 13 日,1958—1967 年的 8 月 1 日—8 月 10 日,1968—1977 年的 5 月 14 日—5 月 23 日,1968—1977 年的 6 月 4 日—6 月 8 日,1968—1977 年的 6 月 29 日—7 月 3 日,1968—1977 年的 7 月 8 日—7 月 27 日,1968—1977 年的 8 月 21 日—8 月 25 日)7 个影响因子的时间序列,构成 7 维特征点序列并映射投影到特征聚类空间,通过判断该特征映点在特征聚类空间中落区位置的属性,即可判定相应的副高强度类别,进而实现对副高面积指数的诊断预测。

表 9.2 是 1958—1977 年样本所建的副高聚类模型的判别效果。表中五种强度类型的副高面积指数判别正确率均大于 60%,特别是最弱和最强两种类型的副高判别准确率更是高于 80%。上述结果表明,该时段模型的副高判别预报效果是准确可行的。

表 9.2　1958—1977 年时段模型的判别拟合效果比较

判别值 实际值	最弱	较弱	正常	较强	最强	判定的正确率
最弱	25	5	1	0	0	80.6%
较弱	4	25	1	3	0	75.8%
正常	1	3	16	5	0	64%
较强	0	0	5	31	7	72.1%
最强	0	0	0	2	11	84.6%

1978—1997 年样本所建聚类判别模型的副高判别预报准确率均大于 70%,其中最弱类型副高判别效果达到 100%,总体判别预报效果优于 1958—1977 年聚类判别模型的副高分类效果(表 9.3)。

表 9.3　1978—1997 年时段模型的判别拟合效果比较

实际值 ＼ 判别值	最弱	较弱	正常	较强	最强	判定的正确率
最弱	9	0	0	0	0	100%
较弱	5	34	5	0	0	77.3%
正常	0	4	21	1	1	77.7%
较强	0	0	4	33	4	80.5%
最强	0	0	0	3	21	87.5%

为进一步验证所建聚类模型的副高分类效果,我们将 1978—1997 年样本序列代入 1958—1977 年样本所建的分类模型进行预报判别。结果表明,模型对最强和最弱两种极端情况的副高面积指数的判别预报效果依然很好,属性判别基本正确,只有个别最弱/最强的样本被误判为较弱/较强(图略)。实验判别结果如表 9.4 所示,平均判别正确率大于 70%,但略低于同期分类模型的判别准确率(表 9.3)。

表 9.4　1958—1977 年时段模型的独立样本判别效果比较

实际值 ＼ 判别值	最弱	较弱	正常	较强	最强	判定的正确率
最弱	7	2	0	0	0	77.8%
较弱	6	33	5	0	0	75%
正常	0	4	20	2	1	74.1%
较强	0	0	4	32	5	78%
最强	0	0	0	3	21	87.5%

将 1958—1977 年的样本代入 1978—1997 年样本所建的判别模型中进行判别试验。判别结果尽管略低于同期模型的拟合效果(表 9.2),但平均判别准确率大于 60%(表 9.5),仍然有较好的适用性和有效性。

表 9.5　1978—1997 年时段模型的独立样本判别效果比较

实际值 ＼ 判别值	最弱	较弱	正常	较强	最强	判定的正确率
最弱	26	2	3	0	0	83.9%
较弱	6	22	5	0	0	66.7%
正常	1	4	15	4	1	60%
较强	0	0	5	31	7	72.1%
最强	0	0	0	3	10	76.9%

9.3 基于模糊系统的西太平洋副高与东亚夏季风 系统的关联性分析和动力模型反演预报

西太平洋副高是东亚夏季风系统的重要成员,它与季风环流相互作用、互为反馈,共处于非线性系统之中,其异常活动经常导致我国江淮流域出现洪涝和干旱灾害。如1998年8月的长江流域特大洪涝灾害就是由于副高的异常南落所致,2006年盛夏重庆、川东地区出现的持续高温伏旱天气以及2007年7月淮河流域普降暴雨也是由于季节内副高持续偏北偏西的结果,2008年1月10日以来发生在我国南方的大范围持续性低温雨雪冰冻极端天气灾害也与副高异常偏强偏北,并多次向西伸展的反常行为有关。这些灾害均由副高的异常活动所致,因此关于副高的研究历来被气象学家们所重视[8]。

西太平洋副高是高度非线性的动力系统,它的发展演变和异常活动通常是夏季风系统中众多因子通过非线性过程共同制约。前人对此做了大量的研究,如张庆云等[9]指出夏季副高脊线的二次北跳与赤道对流向北移动及低层赤道西风二次北跳关系密切;徐海明等[10-11]认为孟加拉湾对流的增强发展,一方面中断西太平洋——南海周边的对流活跃,同时又促使副高西部脊西伸增强;任荣彩等[12]的研究认为副高中短期变异的热力和动力机制与南亚高压异常活动和中高纬度环流异常都有着密切的关系;张韧等分别从季风降水、太阳辐射加热和季风槽降水对流凝结潜热等热力因素,对副高稳定性和形态变化的影响进行了诊断分析和研究[3,13];对东—西太平洋副高的遥相关等现象开展了分析和动力机理的讨论[14]。但是到目前为止,对副高这样的复杂天气系统,仍然很难准确弄清到底是哪些因子影响它,这些因子之间存在着怎样的非线性关系,以及不同因子对副高系统影响程度的大小等。如何从有限的观测资料中客观有效地提取出副高异常的主要夏季风影响因子[6],以及将观测资料中定性经验规则和隐含映射关系等进行提炼和归纳,升华成为定量控制系统与诊断预测模式,模糊系统方法提供了一条简捷而又有效的途径。由于自适应网络模糊推理系统(Adaptive-Netwook-Based Fuzzy Inference System,ANFIS)具有容错性、自适应学习和非线性等特性,因此适合模拟和研究副热带高压等动力学问题。本章首先用模糊系统ANFIS模型,讨论副高异常的2010年夏季风系统主要成员对副热带高压异常的影响和贡献,找出其影响最显著的三个因子分别是马斯克林冷高指数,印度季风潜热通量,青藏高压活动指数。

在副高与季风系统的诊断事实基础上,如何建立"精确"的副高及夏季风影响因子的非线性动力模型(非线性微分方程组)是进一步要考虑的问题。每一年副高的季节性转换都不同,副高异常进退与形态突变又是一个极为复杂的过程,因此,建立"精确"的副高及影响因子的非线性动力模型非常困难,而从实际年份副高及夏季风影响因子的时间序列资料中反演副高及其影响因子的动力学模型,是对副高形态变异进行机理研究和异常活动动力延伸预报的有益探索。张韧等[15]针对反演过程计算量偏大、误差和局部收敛等问题,利用遗传算法改进了模型参数的寻优效率;开展了副高指数的非线性动力预报模型重构的研究和应用[16];但由于副高是一个复杂的系统,影响制约因素众多,所以建模要素的单一化制约了模型的合理性和健壮性。因此,本章基于前面所揭示的关于副高与季风系统的诊断事实,选取副高以及与之密切相关的马斯克林冷高指数、印度季风潜热通量和青藏高压活动指数,运用遗传算法和动力模型反演相结合的方法对副高及其影响因子的非线性动力模型反演以及模型参数优化,克服了建模要素单一化的问题,最后进行动力延伸预报实验。

9.3.1 资料与方法

（1）资料说明

利用美国国家环境预报中心（NCEP）和国家大气研究中心（NCAR）提供的 2010 年 5—10 月逐日的再分析资料。包括:（1）850 hPa、200 hPa 水平风场和位势高度场,500 hPa 位势高度场,海平面气压场资料,分辨率为 2.5°×2.5°;（2）地表感热和对流降水率资料的高斯网格资料;（3）NOAA 卫星观测的外逸长波辐射（OLR）资料。

（2）ANFIS 模糊推理系统

自适应网络模糊推理系统可以通过自适应和训练,实现在传统模糊系统中依靠经验调整隶属函数来提高逼近效率和减小误差。以复合式学习为基础,分别运用梯度下降法和最小二乘法来识别线性和非线性的参数,进而建立一系列"IF…THEN…"规则的模糊推理系统（图 9.5）。

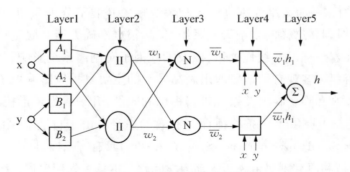

图 9.5 ANFIS 模糊系统结构图

并且逐渐调配出合适的隶属函数来满足模糊推理的输入和输出关系,基本意义如下:

Rule1: If x is A_1 and y is B_1, then $h_1 = p_1 x + q_1 y + r_1$;

Rule2: If x is A_2 and y is B_2, then $h_2 = p_2 x + q_2 y + r_2$;

其中 A_i，B_i 是隶属度函数映射值; x，y 为模糊推理系统的假设及训练输入; p_i，q_i，r_i 是模糊推理结论（ $i = 1,2$ ）。采用加权平均法非模糊化,这样模糊推理的输出是 $h = \dfrac{w_1}{w_1 + w_2} h_1 +$ $\dfrac{w_2}{w_1 + w_2} h_2$，$w_i$ 是第 i 个节点的输出权重。模糊推理系统则表现成 Takagi-Sugeno 形式:

$$h = \overline{w}_1 h_1 + \overline{w}_2 h_2 = (\overline{w}_1 x) p_1 + (\overline{w}_1 y) q_1 + (\overline{w}_1) r_1 + (\overline{w}_2 x) p_2 + (\overline{w}_2 y) q_2 + (\overline{w}_2) r_2 \qquad (9.1)$$

在复合式学习过程中，由于前提和推理参数已经解耦（decoupled），并且 ANFIS 又是放射性的网络，所以其学习效率比神经网络要高。对于进一步的模糊逼近和信号去噪方面的知识，这里就不再详细阐述，具体可见相关文献[17-18]。

9.3.2　异常活动年份的副高强度的影响因子检测分析

（1）2010 年夏季副高活动的基本事实

不同年份的副高季节内变化与平均状况相比会有很大出入，特别是一些年份出现的副高"异常"活动经常造成东亚地区副热带环流异常和我国的极端天气事件。基于此，我们先对典型副高活动个例进行筛选和分析。2010 年是副高活动异常较为突出的年份，该年从 5 月开始到 9 月，副高面积指数均在均值以上，且在 7 到 8 月达到近 10 年来的最大峰值。正是由于副高强度的这种异常，造成了 2010 年我国气候异常，全年气温偏高，降水偏多，极端高温和强降水事件发生频繁。特别是 6 月至 8 月间出现的有气象记录以来最为强大的西太平洋副热带高压，直接造成了华南、江南、江淮、东北和西北东部出现罕见的暴雨洪涝灾害；5 月至 7 月华南、江南遭受 14 轮暴雨袭击，7 月中旬至 9 月上旬北方和西部地区遭受 10 轮暴雨袭击。因此，本章选取 2010 年夏季副高异常变化过程作为典型案例来分析其副高增强与季风系统成员的关联性。

（2）时滞相关分析

为了进一步揭示 2010 年的亚洲夏季风系统成员和副高的相关特征，本章研究对象采用中央气象台[7]定义的表征副高范围和强度形态的副高面积指数（SI），即在 2.5°×2.5°网格的 500 hPa 位势高度图上，10°N 以北，110°E~180°E 的范围内，平均位势高度大于 588 dagpm 的网格点数。其值越大，所代表的副高范围越广或者强度越大。

夏季风系统成员较多，与副高关系密切的因子也多。考虑到复杂性，首先将这些因子与副高面积指数进行时滞相关分析。筛选出其中相关性最好的 5 个因子进一步研究。分别是

（1）马斯克林冷高强度指数（MH）：[40°~60°E，25°~35°S]区域范围海平面气压格点的平均值；

（2）索马里低空急流（D）：[40°~50°E，5°S~5°N]区域范围 850 hPa 经向风格点平均值；

（3）印度季风潜热通量（FLH）：[70°~85°E，10°~20°N]区域范围潜热通量；

（4）青藏高压活动指数（XZ）：[95°~105°E，28°~38°N]—[75°~95°E，28°~33°N]范围 200 hPa 位势高度格点平均值；

（5）孟加拉湾经向风环流指数（J1V）：[80°~100°E，0~20°N]区域范围内 J1V = V850—V200 格点平均值；

其与副高面积指数（SI）的时滞相关结果如表 9.6 所示。

表 9.6　5 个主要影响因子与副高面积指数的时滞相关分析表

序号	夏季风系统主要成员	最大相关系数(时间)
1	马斯克林高压(MH)	0.85(8d)
2	索马里低空急流指标(D)	0.90(6d)
3	印度季风潜热通量(FLH)	0.87(4d)
4	青藏高压 XZ(东部型)	−0.86(−2d)
5	孟加拉湾经向季风环流(J1V)	0.91(2d)

（注:时延天数中正数表示季风成员变化超前副高面积指数变化;负数表示滞后）

　　从表中可以看出,相关性最好的五个因子与副高面积指数的相关系数均达到 0.85 以上。南半球马斯克林高压在早期就对副高增强产生影响,两者关系十分密切,而且是正相关,这与前人所做的研究基本一致[19]。索马里低空急流指标(D),印度季风潜热通量 FLH、青藏高压 XZ(东部型)以及孟加拉湾经向季风环流(J1V)与副高强度关系密切,与前人做的研究也基本相符[20-21]。

　　（3）副高与夏季风系统的模糊推理系统映射特征

　　ANFIS 利用一个有 2^N 个规则的 Sugeno-FIS(Fuzzy Inference System)来训练输入数据,其中 N 是输入数据的维数(一般 $N < 7$)。模糊系统训练后以 FIS 矩阵形式返回。本章采用由 5 个输入和 1 个输出网络构成的 ANFIS 模糊推理系统。模型的训练建立以及推理仿真均用 Matlab 语言,在 Fuzzy Toolbox 的仿真环境中实现。根据上节时滞相关的分析结果,分别将超前 8 天的马斯克林冷高强度指数(MH)、超前 6 天的索马里低空急流指标(D)、超前 4 天的印度季风潜热通量(FLH)、滞后 2 天的青藏高压 XZ(东部型)以及孟加拉湾经向季风环流(J1V)作为 5 个输入数据集,而副高面积指数(SI)作为 1 个输出数据集用于训练(副高面积指数的训练时段为 2010 年 5 月 1 日到 10 月 31 日,共 184 天)。经过 250 次训练迭代之后,到达指定的误差量级(10^{-2}),建立起五个影响因子与副热带高压面积指数的模糊推理系统和模糊映射关系。(为便于绘图和比较,计算中的马斯克林冷高强度指数(MH)取距平值且统一除以 1000,索马里低空急流(D)取距平值且统一除以 10,印度季风潜热通量(FLH)取距平值且统一除以 100,青藏高压 XZ(东部型)取距平值且统一除以 10,孟加拉湾经向季风环流(J1V)取距平值且统一除以 10,而副高面积指数(SI)距平值已统一除以 200)建立的模糊推理系统为一个多维系统,为了显示方便,本节取其不同的 3 维剖面来进行分析和比较,一共有 10 个三维剖面,这里举其中最有代表性的 4 个三维面来分析。

　　图 9.6 是超前 8 天的 MH 和超前 6 天的 D 与 SI 之间的输入、输出映射关系,图中 input1、input2 分别是超前 6 天的 D 和超前 8 天的 MH 输入,output 为滞后的 SI 输出。从图中可以明显看出,只要提前 8 天的马斯克林高压增强爆发(正距平),无论提前 6 天的索马里低空急流增强爆发或者减弱(正距平或者负距平),副高都会增强爆发(正距平),如图 A、B 点。如果提前 8 天的马斯克林高压很弱(负距平),无论提前 6 天的索马里低空急流是很强还是很弱

（正距平或者负距平），副高强度都会很弱（负距平），如图 C、D 点。所以就影响副高强度而言，马斯克林高压比索马里低空急流更显著。

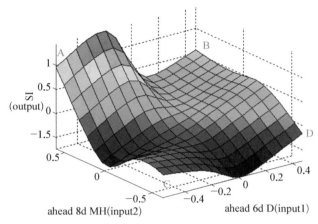

图 9.6　超前 8 天（input2）的马斯克林高压（MH）和超前 6 天（input1）的索马里
低空急流（D）与副热带高压面积指数（SI）（output）的模糊推理映射

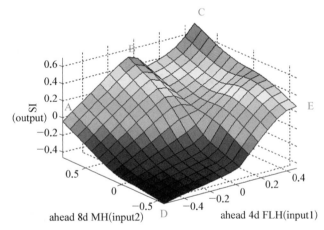

图 9.7　超前 8 天（input2）的马斯克林高压（MH）和超前 4 天（input1）的印度季风
潜热通量（FLH）与副热带高压面积指数（SI）（output）的模糊推理映射

与图 9.6 不相同，从图 9.7 中可以看出，当提前 8 天的马斯克林高压增强爆发（正距平），这时如果提前 4 天的印度季风潜热通量很弱（负距平），副高此时强度变化不大，不会增强爆发（在 0 值附近），如图 A 点。随着提前 4 天的印度季风潜热通量从最小负距平增大到 0 再继续增大到最大正距平，相应的副高强度也会出现一个有意思的变化，从 0 增大，再忽然降到 0，再继续增大，直到达到副高的强度最高点（最大正距平），如图 B、C 点。提前 8 天的马斯克林高压很弱（负距平），如果提前 4 天的印度季风潜热通量相应也很弱（负距平），那么副高强度也会很弱（负距平），如图 D 点。但如果提前 4 天的印度季风潜热通量增强爆发（正距平），则有可能抵消马斯克林高压对副高的作用，使副高强度恢复正常，如图 E 点。所以，就影响副高强度而言，马斯克林高压与印度季风潜热通量都比较显著，需要共同作用对副高的影响效果才明显。

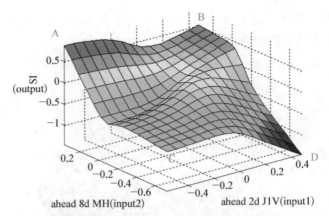

图 9.8　超前 8 天（input2）的马斯克林高压（MH）和超前 2 天（input1）的孟加拉湾经向
季风环流（J1V）与副热带高压面积指数（SI）（output）的模糊推理映射

与图 9.6 索马里低空急流情况比较类似，从图 9.8 中可以看出，只要提前 8 天的马斯克林高压增强爆发（正距平），无论提前 2 天的孟加拉湾经向季风环流是否增强爆发或者减弱（正距平或者负距平），副高都会增强爆发（正距平），如图 A、B 点。与图 9.6 不同的是，程度变化不大。如果提前 8 天的马斯克林高压很弱（负距平），无论提前 2 天的孟加拉湾经向环流很强还是很弱（正距平或者负距平），副高强度都会很弱（负距平），如图 C、D 点。但与图 9.6 不同的是，随着孟加拉湾经向季风环流逐渐增大，副高强度反而越来越弱，但综合起来，对于影响副高强度而言，马斯克林高压比孟加拉湾经向季风环流更显著。

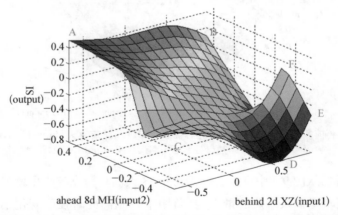

图 9.9　超前 8 天（input2）的马斯克林高压（MH）和滞后 2 天（input1）的青藏高压
XZ（东部型）与副热带高压面积指数（SI）（output）的模糊推理映射

从图 9.9 中可以看出，由于青藏高压与副高是负相关，所以当提前 8 天的马斯克林高压增强爆发（正距平），而相对应的青藏高压处于最低气压控制（负距平最大）时，副高强度的增强爆发最明显，如图 A 点。当青藏高压处于最高气压控制（正距平最大）时，虽然副高强度也较大，但增强爆发并不明显，如图 B 点。如果提前 8 天的马斯克林高压很弱，则随着滞后 2 天的青藏高压从最小负距平增大到 0 再继续增大到最大正距平，相应的副高强度距平值也会出现一个变化,从 0 减小到最小值,再继续增大,如图 C、D、E、F 点。但滞后 2 天的青藏高压达到最大正距平时,副高强度距平值可能会出现两种结果,一种是回到 0 附近,也就是回归正常;还有一种仍然很小,也就是副高强度仍然很弱。所以,就影响副高强度而言,马斯克林高压与青藏高压都比较显著,影响的方面不同(一个正相关,一个负相关),需要共同作用对副高的影响效果才明显。

其他 6 个三维剖面也与前面的 4 幅图类似,由于篇幅关系,这里就不再详细描述,综合比较所有的模糊推理映射结果,分析可知,马斯克林高压(MH)、印度季风潜热通量(FLH)、青藏高压 XZ(东部型)相较其他两个因子而言,对于 2010 年副高强度的影响更加显著。

上面推理映射特征大致反映了 2010 年的副热带高压与五个夏季风相关因子之间对应关系的基本事实和主要特征,由于该模糊推理系统的建立是完全基于五个夏季风相关因子指数与副高面积指数对应的时间序列数据集合,因而是比较客观可信的。

9.3.3　异常活动年份的副高及其相关因子的非线性动力模型反演

Takens 在其重构相空间理论中对从观测资料时间序列中重构动力系统的基本思想予以严格的证明和阐述,认为系统中任一分量的演变是由于其互相作用的其他分量所决定,因此这些相关分量的信息都可以隐含在任一分量发展过程之中[22]。这样,能够从有限的观测数据时间序列中反演重构出系统演变的动力学模型。为此,在前面对于异常年份检测诊断出马斯克林高压(MH)、印度季风潜热通量(FLH)、青藏高压 XZ(东部型)对副高强度影响最为显著的基础上,本节拟用副高面积指数、马斯克林冷高强度指数、印度季风潜热通量和青藏高压东部型这四个时间序列,通过动力系统反演思想和模型参数优化途径,反演重构异常活动年份的副高及其相关因子的动力预报模型。

(1) 动力模型的重构思想

设任意一个非线性的系统随时间变化的物理规律为如下形式:

$$\frac{\mathrm{d}q_i}{\mathrm{d}t} = f_i(q_1, q_2, \cdots, q_i, \cdots, q_N), \quad i = 1, 2, \cdots, N \tag{9.2}$$

其中,f_i 为 $q_1, q_2, \cdots, q_i, \cdots, q_N$ 个变量组成的广义非线性函数,N 为其中变量的个数。上式的差分形式可表示为

$$\frac{q_i^{(j+1)\Delta t} - q_i^{(j-1)\Delta t}}{2\Delta t} = f_i(q_1^{j\Delta t}, q_2^{j\Delta t}, \cdots, q_i^{j\Delta t}, \cdots, q_N^{j\Delta t}), \quad j = 2, 3, \cdots, M-1 \tag{9.3}$$

其中,M 是所观测到资料的时间序列大小,从观测数据中可以通过反演和计算获取模型的参数和系统的结构。$f_i(q_1^{j\Delta t}, q_2^{j\Delta t}, \cdots, q_i^{j\Delta t}, \cdots, q_N^{j\Delta t})$ 为未知非线性函数,设 $f_i(q_1^{j\Delta t}, q_2^{j\Delta t}, \cdots, q_i^{j\Delta t}, \cdots, q_N^{j\Delta t})$ 由 G_{jk} 个包含变量 q_i 的函数展开项和对应的 P_{ik} 个参数 ($i = 1, 2, \cdots, N; j = 1, 2, \cdots, M; k = 1, 2, \cdots, K$) 组成,即

$$f_i(q_1, q_2, \cdots, q_n) = \sum_{k=1}^{K} G_{jk} P_{ik},$$ 方程(9.3)的矩阵形式可表示为 $\boldsymbol{D} = \boldsymbol{GP}$,其中

$$D = \begin{Bmatrix} d_1 \\ d_2 \\ \cdots \\ d_M \end{Bmatrix} = \begin{Bmatrix} \dfrac{q_i^{3\Delta t} - q_i^{\Delta t}}{2\Delta t} \\ \dfrac{q_i^{4\Delta t} - q_i^{2\Delta t}}{2\Delta t} \\ \cdots \\ \dfrac{q_i^{M\Delta t} - q_i^{(M-2)\Delta t}}{2\Delta t} \end{Bmatrix}, G = \begin{Bmatrix} G_{11} & G_{12} & \cdots & G_{1K} \\ G_{21} & G_{22} & \cdots & G_{2,K} \\ \vdots & \vdots & & \vdots \\ G_{M1} & G_{M2} & \cdots & G_{M,K} \end{Bmatrix}, P = \begin{Bmatrix} P_{i1} \\ P_{i2} \\ \cdots \\ P_{iK} \end{Bmatrix} \qquad (9.4)$$

可通过实际数据的反演来确定前面叙述的未知方程组的系数项,也就是已知向量 D,来求得一个向量 P 来满足上式。从 q_i 的角度来看,上式是一个非线性的系统,但从另外一个角度,即 P 的角度看(也就是认为 P 是未知数),这则是一个线性的系统,用最小二乘法来估计,这样可以让残差平方和 $S = (D - GP)^T(D - GP)$ 达到最小,进一步得到正则方程 $G^T GP = G^T D$。

因为 $G^T G$ 是奇异矩阵,所以可求出其特征向量与特征值,除去其中值为 0 的点,特征矩阵 U_L 将由余下的 $\lambda_1, \lambda_2, \cdots, \lambda_i$ 组成的对角矩阵 Λ_k 和相对应的特征向量组成。

$V_L = \dfrac{GU_i}{\lambda_i}, H = U_L \Lambda^{-1} V_L^t$,继续求得 $P = HD$,最终得到参数 P。

用前面叙述的方法,便可将非线性动力系统中的各个未知系数反演出来,进一步得到与观测数据对应的非线性动力方程组。

(2)基于遗传算法搜索的副高及其相关因子的动力模型反演

普遍的参数估计方法(如最小二乘法和邻域搜索法等)都是单向搜索参数空间,需要将整个参数空间遍历一遍,效率较低,且由于依赖初始解和局限于误差梯度收敛的速度,参数的估计容易陷入局部的最优解、而并不是全局的最优解[23]。近年来发展起来的遗传算法是一种得到广泛应用的优化仿生方法,其优点在于并行计算能力和全局搜索效率,因此具有较好的误差收敛速度和参数优化能力。为此,本节拟以 T_1, T_2, T_3, T_4 表征选定的副高面积指数、马斯克林冷高强度指数、印度季风潜热通量指数和青藏高压东部型指数为时间序列,引入遗传算法进行动力模型重构和模型参数优化。

模型反演途径是基于上一节的基本思想,以残差平方和 $S = (D - GP)^T(D - GP)$ 最小为约束,同时模型参数种群(多解)和并行方式在参数空间中作最优参数搜索。设如下形式广义的二阶非线性常微方程组为拟反演重构的动力学模型,副高面积指数选择的时间是 2010 年 5 月 1 日至 7 月 31 日;马斯克林冷高强度指数由前面的分析可知,提前 8 天相关性最好,所以选择 2010 年 4 月 23 日至 7 月 23 日;同样印度季风潜热通量提前 4 天相关性最好,选择 2010 年 4 月 27 日至 7 月 27 日;青藏高压东部型滞后 2 天相关性最好,选择 2010 年 5 月 3 日至 8 月 2 日。

这四个时间序列的总长都是 92 天,将这四个时间序列作为模型输出的"期望数据",来进行模型参数的优化反演。

$$
\begin{cases}
\dfrac{\mathrm{d}T_1}{\mathrm{d}t} = a_1T_1 + a_2T_2 + a_3T_3 + a_4T_4 + a_5T_1^2 + a_6T_2^2 + a_7T_3^2 + a_8T_4^2 + a_9T_1T_2 + \\
\qquad a_{10}T_1T_3 + a_{11}T_1T_4 + a_{12}T_2T_3 + a_{13}T_2T_4 + a_{14}T_3T_4 \\[4pt]
\dfrac{\mathrm{d}T_2}{\mathrm{d}t} = b_1T_1 + b_2T_2 + b_3T_3 + b_4T_4 + b_5T_1^2 + b_6T_2^2 + b_7T_3^2 + b_8T_4^2 + b_9T_1T_2 + \\
\qquad b_{10}T_1T_3 + b_{11}T_1T_4 + b_{12}T_2T_3 + b_{13}T_2T_4 + b_{14}T_3T_4 \\[4pt]
\dfrac{\mathrm{d}T_3}{\mathrm{d}t} = c_1T_1 + c_2T_2 + c_3T_3 + c_4T_4 + c_5T_1^2 + c_6T_2^2 + c_7T_3^2 + c_8T_4^2 + c_9T_1T_2 + \\
\qquad c_{10}T_1T_3 + c_{11}T_1T_4 + c_{12}T_2T_3 + c_{13}T_2T_4 + c_{14}T_3T_4 \\[4pt]
\dfrac{\mathrm{d}T_4}{\mathrm{d}t} = d_1T_1 + d_2T_2 + d_3T_3 + d_4T_4 + d_5T_1^2 + d_6T_2^2 + d_7T_3^2 + d_8T_4^2 + d_9T_1T_2 + \\
\qquad d_{10}T_1T_3 + d_{11}T_1T_4 + d_{12}T_2T_3 + d_{13}T_2T_4 + d_{14}T_3T_4
\end{cases}
\tag{9.5}
$$

设上述方程组中的参数矩阵 $\boldsymbol{P} = [a_1,a_2,\cdots,a_9;b_1,b_2,\cdots,b_9;c_1,c_2,\cdots,c_9]$ 为种群,残差平方和 $S = (\boldsymbol{D}-\boldsymbol{GP})^T(\boldsymbol{D}-\boldsymbol{GP})$ 为目标函数值,遗传个体适应值取 $l_i = \dfrac{1}{S}$,总的适应值是 $L = \sum_{i=1}^{n} l_i$,具体的遗传操作步骤包括编码和种群生成、种群的适应度估算、父本选择、遗传交叉与基因变异等,计算原理以及详细说明可参考相关文献[24-25],此处不再赘述。计算取迭代步长为 1 天,经 45 次左右遗传操作的优化搜索,可迅速收敛于目标适应值,反演得到动力学方程组各项优化参数。剔除量级系数极小的较弱项后,可以反演得到如下副高面积指数及其相关因子指数时间序列的非线性动力模型。所得反演方程如下所示:

$$
\begin{cases}
\dfrac{\mathrm{d}T_1}{\mathrm{d}t} = -27.6498T_1 + 0.0086T_2 - 8.5884\times10^{-8}T_2^2 + 2.7297\times10^{-4}T_1T_2 + \\
\qquad 1.3376\times10^{-5}T_2T_3 \\[4pt]
\dfrac{\mathrm{d}T_2}{\mathrm{d}t} = 320.4070T_1 - 0.0389T_2 - 48.2412^3T_3 + 131.0975T_4 + 4.0568\times \\
\qquad 10^{-7}T_2^2 - 0.0033T_1T_2 + 4.6539\times10^{-4}T_2T_3 - 0.0013T_2T_4 \\[4pt]
\dfrac{\mathrm{d}T_3}{\mathrm{d}t} = -33.3558T_1 + 3.4796T_3 - 10.7552T_4 + 3.0873\times10^{-4}T_1T_2 - \\
\qquad 3.3682\times10^{-5}T_2T_3 + 1.047\times10^{-4}T_2T_4 \\[4pt]
\dfrac{\mathrm{d}T_4}{\mathrm{d}t} = 0.1235T_2 + 19.1364T_4 + 0.0258T_1^2 + 0.0025T_3^2 + 0.0016T_4^2 + \\
\qquad 0.0093T_1T_4 + 7.7674\times10^{-5}T_3T_4
\end{cases}
\tag{9.6}
$$

对其进行拟合检验,其中副高面积指数和印度季风潜热通量的时间序列拟合效果比较好,达到 0.9045 和 0.8977,而马斯克林冷高强度指数和青藏高压东部型的时间序列拟合效果稍微弱一些,相关系数是 0.8432 和 0.8651,但也达到了 0.8 以上。

9.3.4　副高及其相关因子的非线性建模预报实验

为检验上述模型的实际预测效果,选用未参加反演建模时段(2010 年 8 月 1 日—2010 年 9 月 5 日)的副高面积指数、马斯克林冷高强度指数、印度季风潜热通量指数和青藏高压东部型指数的时间序列来检验模型的预报效果。取 2010 年 8 月 1 日的副高面积指数、7 月 24 日的马斯克林冷高强度指数(超前 8 天)、7 月 28 日的印度季风潜热通量指数(超前 4 天)和 8 月 3 日的青藏高压东部型指数(滞后 2 天)的值作为初值,代入以上非线性动力模型方程组,进行模型的数值积分运算,得到 2010 年 8 月 1 日至 2010 年 9 月 5 日共 35 天的副高面积指数数值积分预测结果,如图9.10(a)所示。而其他三个因子的 35 天数值积分预测结果也如图 9.10(b)、(c)、(d)所示。由于篇幅关系,这里把 15,25,35 天的短、中、长期预报效果集中于一幅图中表示。

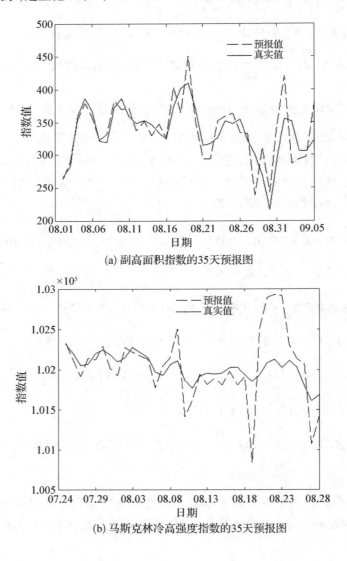

(a) 副高面积指数的35天预报图

(b) 马斯克林冷高强度指数的35天预报图

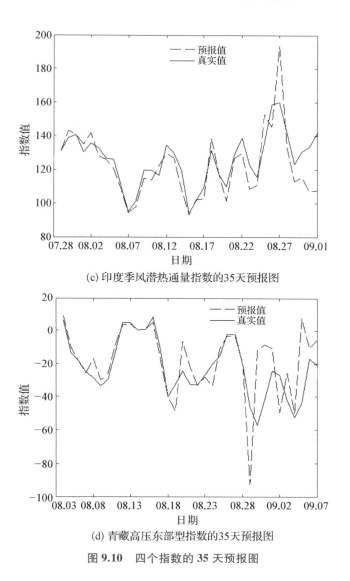

(c) 印度季风潜热通量指数的35天预报图

(d) 青藏高压东部型指数的35天预报图

图 9.10　四个指数的 35 天预报图

　　从图 9.10(a)中可以看出,副高面积指数的预报效果很好,在前 15 天,不仅趋势预报准确,相关系数达到 0.9762,而且预报值与真实值之间的相对误差很小,只有2.12%。在 15—25 天时,趋势预报准确,相关系数达到 0.9146,误差不大,是 3.76%。在接近 25 天时,误差增大,但是在 25—35 天时,趋势预报还很准确,高峰和低谷都预报了出来,相关系数为 0.8861,预报发散也不厉害,只有 9 月 1 日和 2 日的高峰值预报略为偏大一些,其余值预报都较为准确,35 天内的误差也较好的控制在 5.24%。而从图9.10(b)、(c)、(d)这三幅图中可以看出,马斯克林冷高强度指数、印度季风潜热通量指数和青藏高压东部型指数也与副高面积指数类似,预报效果在 25 天之内,趋势预报很好,都在0.85以上,预报值与真实值的误差也都控制在 6%以内。但是 25 天以后,这三个因子较副高面积指数而言其发散程度增加(这与数值积分后期易发散的特性有关),误差也增大,基本达到了 10%—15%左右。特别是图 9.10(b)的马斯克林冷高强度指数在 25 天之后发散更为明显,这可能是与其量级相较其他几个指数比较大有关。而印度季风潜热通量相较其他 2 个因子,25 天后发散不是很明显,这与前面拟合时印度季风潜热通量的拟合效果较好是相吻合的。

综合图 9.10 的四幅图可以看出,副高面积指数、马斯克林冷高强度指数、印度季风潜热通量指数和青藏高压东部型指数虽然长期预报会有发散现象,但是在 25 天以内的中短期预报效果还是很好的,误差基本不超过 7%,也很好地将指数的变化趋势预报了出来。

9.4　本章小结

针对传统聚类方法存在的缺点,本章采用了模糊 C 均值聚类(FCM)、遗传算法(GA)和模糊减法聚类(FSC)优势互补的思想方法,得到高维特征空间中各类副高面积指数强度的优化聚类中心和隶属区域判据。实际应用时,通过计算和判断 7 个季风影响因子映射点在特征聚类空间中的落区位置类属,即可确定其所对应的副高面积指数强度类别,进而实现副高面积指数强度的自动分类。实验结果表明,本章提出的副高分类判别预报思想和算法模型能较为客观准确地分析判别副高面积指数的强度类型,判别结果与实际情况基本相符,对分析和诊断、预测副高活动具有参考应用意义。此外,本章方法途径还可应用于建立副高脊点和副高脊线等其他副高指数的分类判别模型,具有较好的普适性和实用性。

基于模糊系统的检测分析与普通基于频率结构等滤波方法并不相同,本章利用模糊推理识别和逼近具体影响因子而产生扰动或贡献,进而有针对性地滤去其生成的干扰。因此,这种方法能够针对性地分析和检测出不同影响因子对大气或海洋系统变化及异常所起的作用或影响程度。本章正是利用模糊系统的容错性、自适应学习和非线性等优越性,讨论副高异常的 2010 年夏季风主要成员对副热带高压异常的贡献和影响,找出了对 2010 年副高异常作用最显著的三个因子:马斯克林高压、印度季风潜热通量、青藏高压东部型。

在此基础上,针对东亚夏季风环流演变与副热带高压活动极为复杂,动力模型难以准确建立的情况,提出用遗传算法从 2010 年实际观测资料中反演重构副高面积指数与三个显著因子动力模型的方法途径,客观合理地反演重构了副高面积指数与东亚夏季风影响因子的非线性动力模型,并进一步做了动力延伸预报实验。实验结果表明副高面积指数预报效果最好,不仅趋势预报准确,而且 35 天内的误差也较好地控制在 5.24%。马斯克林冷高强度指数、印度季风潜热通量指数和青藏高压东部型虽然长期预报(25 天以后)会有发散现象,但是在 25 天以内的中短期预报效果较好,误差基本不超过 7%,也很好预报了指数的变化趋势。但是在一些低谷值和高峰值的预报上仍然还有欠缺,这是下一步的工作方向。对比可以看出,反演模型的可操作性及预报时效明显优于常规统计预报方法(比如神经网络等)[25-26],为复杂的天气气候系统(尤其是无法获取其"精确"动力模型)的动力学研究及诊断预测提供了新的途径。

此外,本章模型在预报实验时,只需要提供动力方程组的初始值,不必像神经网络与统计回归预报那样提供众多的预报因子;模型亦可提供多个时效的预报,无须像统计方法需要建立多个的时效预报模型。因此,反演动力-统计预报模型的方法兼具了统计预报与数值预报方法的众多优点。

参考文献

[1] 黄荣辉,李维京.夏季热带西太平洋上空的热源异常对东亚上空副热带高压的影响及其物理机制.大气科学,1989,特刊:107－116.

[2] 喻世华,杨维武.副热带季风环流圈特征及其与东亚夏季环流的关系[J].应用气象学报,1991,2(3):242－247.

[3] 张韧,史汉生,喻世华.西太平洋副热带高压非线性稳定性问题研究[J].大气科学,1995,19(6):687－700.

[4] 张韧,史汉生,沙文钰.夏季东亚副热带反气旋进退的非线性机理讨论[J].应用数学和力学,1999,20(4):418－426.

[5] 张韧,余志豪,蒋全荣,等.南海夏季风活动与季内副高形态和西伸[J].热带气象学报,2003,2:113－121.

[6] 张韧,何金海,董兆俊,等.南亚夏季风影响西太副高活动的小波包能量诊断[J].热带气象学报,2004,2:113－121.

[7] 中央气象台长期预报组.长期天气预报技术经验总结(附录)[M].北京:气象出版社,1976.

[8] 黄露,何金海,卢楚翰.关于西太平洋副热带高压研究的回顾与展望[J].干旱气象,2012,30(2):255－260.

[9] 张庆云,陶诗言.夏季西太平洋副热带高压北跳及异常的研究[J].气象学报,1999,57(5):539－548.

[10] 徐海明,何金海,周兵.江淮入梅前后大气环流的演变特征和西太平洋副高北跳西伸的可能机制[J].应用气象学报,2001,12(2):150－158.

[11] 许晓林,徐海明,司东.华南6月持续性致洪暴雨与孟加拉湾对流异常活跃的关系[J].南京气象学院学报,2007,4:463－471.

[12] 任荣彩,吴国雄.1998年夏季副热带高压的短期结构特征及形成机制[J].气象学报,2003,61(2):180－195.

[13] ZHANG R, YU Z H. Numerical dynamical analyses of heat source forcing and restricting subtropical high activity[J]. Advance in Atmospheric Science, 2000, 17(1):61－71.

[14] 张韧,王继光,余志豪,等.Rossby惯性重力孤立波与东、西太平洋副高活动的遥相关[J].应用数学和力学,2002,23(7):707－714.

[15] 张韧,洪梅,孙照渤,等.经验正交函数与遗传算法结合的副热带高压位势场非线性模型反演[J].应用数学与力学,2006,27(12):1439－1446.

[16] 张韧,洪梅,王辉赞,等.基于遗传算法优化的ENSO指数的动力预报模型反演[J].地球物理学报,2008,51(5):1346－1353.

[17] ZADEH L A. Fuzzy Sets[J]. Information and Control, 1965,8(3):338－353.

[18] TAKAGI T, SUGEON M. Fuzzy identification of systems and its application to modeling and Control[J]. IEEE Transactions on systems, Man, and Cybernetics, 1985,15(1):116－132.

[19] 薛峰,王会军,何金海.马斯克林高压和澳大利亚高压的年际变化及其对东亚夏季风降水的影响[J].科学通报,2003,3:287－291.

[20] 王会军,薛峰.索马里急流的年际变化及其对半球间水汽输送和东亚夏季降水的影响[J].地球物理学报,2003,1:18－25.

[21] 余丹丹,张韧,洪梅,等.亚洲夏季风系统成员与西太平洋副高的相关特征分析[J].热带气象学报,2007,1:78－84.

[22] TAKENS F. Detecting strange attractors in fluid turbulence. Lecture Notes in Mathematics, 1981, 898(2): 366－381.

[23] 王凌.智能优化算法及其应用[J].北京:清华大学出版社,2001.

[24] 王小平,曹立明.遗传算法理论应用与软件实现[M].西安:西安交通大学出版社,2003.

[25] 刘科峰,张韧,洪梅,等.基于递阶遗传算法优化的副热带高压BP神经网络预报模型[C].2007年中国智能自动化会议论文集,2007:895－899.

[26] 邹立维,周天军,吴波,等.GAMIL CliPAS试验对夏季西太平洋副高的预测[J].大气科学,2009,33(5):959－970.

第十章　混合递阶遗传—径向基网络副高预报优化

10.1　引　　言

径向基函数神经网络(Radial Basis Function Neyral Network，RBFNN)由于具有非线逼近能力强、网络结构简单、学习速度快等优点，被广泛应用于函数逼近、模式识别、预测和控制等[1]领域。然而对于有效地确定 RBF 神经网络的结构和参数仍然没有系统的规律可循。在 RBF 神经网络中需要确定的参数有隐层节点数、隐层节点的中心参数和宽度、隐层到输出层的连接权值。这些参数，特别是中心参数的选取对网络的函数逼近能力具有很大影响，不恰当地选取这些参数会使网络收敛速度变慢甚至会造成网络发散，如何确定这些参数一直以来都是 RBF 网络研究的焦点问题。

目前大气科学中也开展了一些用遗传算法优化神经网络权值和结构的研究[2]，但大部分研究局限于 BP 网络，因此本章尝试采用混合递阶遗传算法(Hyrid hierarchy genetic algorithms，HHGA)优化径向基网络结构和参数的方法，进行西太副高的预报优化研究。

10.2　径向基函数网络的数学模型

径向基网络(RBF)与人的视觉信息处理系统的原理相似，其中的隐单元传输函数所选取的核函数类似于视觉神经系统中视细胞与神经节之间的耦合函数，也就是"感受野"。它是视觉细胞对外界激励产生反应而接收信息所涉及的视网膜范围。满足径向对称分布，且只对视野范围内的输入产生响应。

径向基函数网络是将输入矢量扩展到或预处理到高维空间中的神经网络学习方法。RBF 神经网络结构类似于多层感知器(Multilayer Perceptron，MLP)，属于多层静态前向网络的范畴，是一种三层前向网络。输入层由信号源结点组成；第二层为隐含层，单元数视所描述的问题而定；第三层为输出层，它对输入模式的作用做出响应。

构成 RBF 网络的基本思想：用 RBF 函数作为隐层神经元的"基"构成隐含层空间，这样就可将输入矢量直接映射到隐空间。当 RBF 函数的中心确定后，这种映射关系也就确定了。而隐含层空间到输出层空间的映射是线性的，即网络的输出是隐层神经元输出的线性加权和，此处的权为网络的可调参数。由此可见，网络由输入到输出的映射是非线性的，而网络对可调参数而言是线性的。这样网络的权就可由线性方程组解出或用 RLS(递推最小二乘)方法递推计算，从而大大加快了学习速度，避免局部极小问题。

输入样本 $X = [x_1, x_2, \cdots, x_N]^T$，将具有 N 个隐层神经元的 RBF 网络的输出层对隐层基函数的输出进行线性加权组合，并增加一个偏移量 b_0，则网络映射输出为

$$f(x) = \sum_{i=1}^{N} w_i \Phi_i(x) \tag{10.1}$$

式中 $i = 1, 2, \cdots, M, M$ 为隐节点个数；

$\quad X \in \mathbf{R}^N$ 为输入矢量；

$\quad w_i$ 为输出层神经元和隐层第 i 个节点之间的连接权；

$\quad \Phi_i(x)$ 为隐层第 i 个节点的归一化输出；

其中的 $\Phi_i(x)$ 一般取为高斯函数：

$$\Phi(\parallel X - C_i \parallel) = \exp\left(\frac{\parallel X - C_i \parallel^2}{2\sigma_i^2}\right) \tag{10.2}$$

式中的 σ_i 称为高斯函数的宽度，决定着高斯函数的形状，也决定了该中心点对应基函数的作用范围。

由上式可见 RBF 神经网络是通过非线性基函数组合来实现 $\mathbf{R}^N \rightarrow \mathbf{R}^M$ 的非线性映射。隐节点输出值的范围在 0—1 之间，对于与基函数中心 C_i 的径向距离相等的输入，隐节点产生相同的输出，隐层神经元的变换作用也可以看作是对输入数据进行特征提取。

10.3　RBF 网络的混合递阶遗传优化

10.3.1　混合递阶遗传算法

递阶遗传算法是根据生物染色体的层次结构提出的。它的染色体由两部分构成：①控制基因；②参数基因。控制基因由二进制数构成，每一位对应一个隐层神经元，控制基因若为"0"，表示该位置隐层节点不存在。若为"1"，表示该位置对应的隐层节点存在。对隐层神经元相关的中心参数和扩展参数（σ_i, c_i）以及对应的输出层权值 w_i，按实数编码得到参数基因。控制基因若为"0"，则其控制的参数基因解码后为 0，表示与该节点有关的参数和权值不存在。若为"1"，直接解码其控制的参数基因得到相应的中心参数、扩展参数和连接权。其训练径向基神经网络递阶染色体设计如图 10.1 所示。

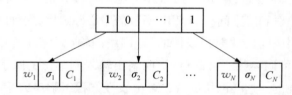

图 10.1　递阶遗传算法训练径向基神经网络的递阶染色体结构

　　虽然递阶遗传算法的径向基神经网络能够根据样本数据确定径向基神经网络的结构和参数,但在学习过程中,算法的收敛速度较慢。分析径向基神经网络的结构可知,径向基神经网络输出层为线性神经元,其权值可以采用最小二乘法求取。而基于递阶遗传算法的径向基神经网络学习算法将输出层神经元的连接权放到染色体中用遗传算法进行搜索,忽略了径向基神经网络的这一特点。另外,从遗传算法的角度来看,在进行编码时,必须遵循这样的原则:编码中的信息不应当超出表示可行解必需的信息。但就递阶遗传算法的编码而言,其参数基因编码信息中包含了冗余的信息,这大大降低了遗传算法的搜索效率。

　　为此,本章将递阶遗传算法与最小二乘法相结合,采用混合递阶遗传算法优化径向基神经网络。在混合递阶遗传算法中,染色体编码只包含隐层神经元的参数信息,即中心参数和扩展参数,而不包含输出层的权值信息(输出层权值是通过最小二乘法来确定的)。其染色体的编码如图 10.2 所示。

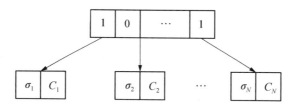

图 10.2　混合递阶遗传算法训练径向基神经网络递阶染色体结构

　　混合递阶遗传算法在优化径向基神经网络过程中,将优化问题的解空间 Θ 分解成为两个子空间 $\Theta_1 = \{n_c, C, \sigma\}$ 和 $\Theta_2 = \{w\}$ 进行设计。与递阶遗传径向基神经网络学习算法相比,一方面保留了递阶遗传算法训练径向基神经网络的优点,在确定神经网络结构的同时确定隐层神经元的参数,利用遗传算法的隐含并行性对解空间进行多点搜索,在全局范围内进行参数寻优。另一方面,混合递阶遗传算法减少了染色体参数数量。输出层权值由最小二乘法确定,递阶遗传算法只对隐层参数寻优。极大地提高了递阶遗传算法训练径向基网络的效率,使递阶遗传算法优点能够真正发挥出来。

10.3.2　算法设计与操作

　　(1)采用二进制对控制基因进行编码,在初始化时预设一个最大隐层节点数 N(本章取 $N = 2 \times IN + 10$,IN 为 RBF 网络输入节点的个数),则隐层编码是一长为 N 的 0、1 二进制码串,对径向基网络的神经元中心和宽度两个参数分别采用实数编码,则参数基因是长为 $N \times (IN + 1) + 2$ 的实数码串。

　　(2)在二值空间中随机生成控制基因种群,在中心参数和扩展参数的搜索空间 $[-2, 2]$,中心参数和扩展参数学习率的搜索空间 $[0.001, 0.005]$ 随机生成参数基因种群,种群大小取为 60。

　　(3)计算当前群体中所有遗传个体的适应度时,首先确定控制基因中为 1 的编码位置,进而确定隐层神经元的个数及其对应参数基因中相应位置的中心和宽度参数值。输入训练样本集中的训练样本,然后将训练样本集中的测试样本输入训练好的网络模型,按照适应度函数计算每个遗传个体的适应度。本章采用如下的适应度函数:

$$f = \frac{1}{k}\left(\sum_{i=1}^{k} \frac{1}{m} \sum_{j=1}^{m} \left| \frac{\hat{y}_j - y_j}{y_j} \right| \right) \tag{10.3}$$

其中 k(本章取 $k = 10$)为交叉检验的折数。m 为 k-折交叉检验中检验样本的个数。y_j 为训练集中的期望值,$\hat{y}_j$ 为混合递阶遗传神经网络模型的输出值。f 越小,个体的适应值越小。

(4)根据个体的适应度,对群体进行交叉和变异操作。控制基因采用单点交叉和离散变异,参数基因采用混合交叉和实值变异。本章取控制基因和参数基因的交叉概率为 0.8,变异概率为 0.0009。

(5)反复进行(3)和(4),每进行一次,群体就进化一代,一直进化到第 T 代(T 为总进化代数,本章 $T = 30$)。

(6)最终进化到 T 代时,全部进化结果结束。

(7)利用解码后的 RBF 网络信息(RBF 网络隐层神经元的个数、中心参数、扩展参数以及学习率)构建 RBF 网络,输入训练样本训练网络,然后输入检验样本进行预报。

10.4   应用实验及结果分析

10.4.1   实验资料

研究资料为美国国家预报中心(NECP)和美国国家大气研究中心(NCAR)提供的 1995—2005(11 年)年夏季月份(每年 5 月 1 日—8 月 31 日)共计 1353 天的 500 hPa 位势高度场、200 hPa 高度场、海平面气压场、850 hPa 风场、200 hPa 风场潜热、感热通量场序列逐日再分析资料。预报优化对象和模型训练目标为 500 hPa 位势场计算所得的逐日副高形态指数(面积指数、脊线指数、西脊点指数)。亚洲夏季风系统各成员指标:

(1)马斯克林冷高强度指数:

[40°E~60°E,25°~35°S]区域范围内的海平面气压格点平均值。

(2)澳大利亚冷高强度指数:

[120°E~140°E,15°~35°S]区域范围内的海平面气压格点平均值。

(3)北半球感热作用指数:

中南半岛:[95°E~110°E,10°~20°N]区域范围内的感热通量格点平均值;

印度半岛:[75°E~80°E,10°~20°S]区域范围内的感热通量格点平均值。

(4)索马里低空急流指数:

[40°E~50°E,5°S~5°N]区域范围内的 850 hPa 经向风格点平均值。

（5）南海低空急流指标：

E1：[105°E~118°E,4°~21°N]区域范围内的 850 hPa 经向风格点平均值；

E2：[110°E~118°E,4°~21°N]区域范围内的 850 hPa 经向风格点平均值。

（6）印度季风活动指标：

[70°E~85°E,10°~20°N]区域范围内的 850 hPa 经向风、纬向风、潜热通量。

（7）南海、东亚季风活动指标：

[105°E~120°E,10°~20°N]区域范围内的 850 hPa 经向风、纬向风、潜热通量。

（8）青藏高压活动指标：

青藏高压正常位置：[80°E~100°E,28°~35°N]区域范围内的 200 hPa 位势高度格点平均值；

青藏高压偏东位置：[100°E~120°E,25°~50°N]区域范围内的 200 hPa 位势高度格点平均值；

青藏高压偏西位置：[65°E~75°E,30°~45°N]区域范围内的 200 hPa 位势高度格点平均值。

（9）季风环流指数：

孟加拉湾地区纬向季风环流指数、经向季风环流指数：

[80°E~100°E,0°~20°N]区域范围内的 du=u850—u200、dv=v850—v200 格点平均值。

南海地区纬向季风环流指数、经向季风环流指数：

[105°E~120°E,4°~20°N]区域范围内的 du=u850—u200、dv=v850—v200 格点平均值。

印度半岛地区纬向季风环流指数、经向季风环流指数：

[60°E~80°E,0°~20°N]区域范围内的 du=u850—u200、dv=v850—v200 格点平均值。

（10）东西向环流指标：

青藏高压东西向环流指标：

[140°E~160°E,30°N]区域范围内的 200 hPa 纬向风格点平均值；

太平洋副高信风环流指标：

[140°E~160°E,15°N]区域范围内的 850 hPa 纬向风格点平均值。

（11）江淮梅雨指标：

[115°E~120°E,28°N~34°N]区域范围内的潜热通量（MLH）。

（12）纬向风指数：

[20°N~25°N,121°E~126°E]区域内 500 hPa 高度场的平均值。

根据时滞 1 天、3 天、5 天的格点相关分析结果，然后用基于逐步回归的最优子集回归方法，最终选取如表 10.1、表 10.2、表 10.3 中带星号的预报因子和副高面积指数，分别构建副高面积指数 1 天、3 天、5 天的遗传 RBF 网络的预报优化模型；选取如表 10.4、表 10.5、表 10.6 中带星号的预报因子和副高脊线指数，构建副高脊线指数 1 天、3 天、5 天的遗传 RBF 网络的预报优化模型；选取如表 10.7、表 10.8、表 10.9 中带星号的预报因子和副高西脊点指数，构建副高西脊点指数 1 天、3 天、5 天的遗传 RBF 网络的预报优化模型。

表 10.1 时滞 1 天全部可能回归的最优子集 $(m=15)$ 及相应的 $\overline{R}$、σ^2 和 S_p

	最优子集	$R \times 10^{-1}$	$\overline{R} \times 10^{-1}$	σ^2	$S_p \times 10^{-4}$
1	x_{32}	7.335	7.309	4.378	3.02
2	$x_{26}\ x_{32}$	7.579	7.531	4.068	2.83
3	$x_8\ x_{27}\ x_{32}$	7.667	7.598	3.975	2.78
4	$x_8\ x_{26}\ x_{27}\ x_{32}$	7.760	7.672	3.868	2.73
5	$x_8\ x_{26}\ x_{27}\ x_{32}\ x_{35}$	7.811	7.703	3.823	2.72*
6	$x_8\ x_{19}\ x_{26}\ x_{27}\ x_{32}\ x_{35}$	7.838	7.709	3.814	2.74
7	$x_7\ x_8\ x_{19}\ x_{26}\ x_{27}\ x_{32}\ x_{35}$	7.861	7.710	3.813	2.77
8	$x_7\ x_8\ x_{19}\ x_{26}\ x_{27}\ x_{32}\ x_{34}\ x_{35}$*	7.883	7.711*	3.811*	2.79
9	$x_5\ x_7\ x_8\ x_{21}\ x_{26}\ x_{27}\ x_{32}\ x_{34}\ x_{35}$	7.900	7.707	3.817	2.81
10	$x_1\ x_5\ x_7\ x_8\ x_{21}\ x_{26}\ x_{27}\ x_{32}\ x_{34}\ x_{35}$	7.921	7.706	3.819	2.85
11	$x_1\ x_5\ x_7\ x_8\ x_{19}\ x_{21}\ x_{26}\ x_{27}\ x_{32}\ x_{34}\ x_{35}$	7.935	7.698	3.831	2.88
12	$x_1\ x_5\ x_7\ x_8\ x_9\ x_{21}\ x_{26}\ x_{27}\ x_{29}\ x_{32}\ x_{34}\ x_{35}$	7.948	7.689	3.843	2.92
13	$x_1\ x_5\ x_7\ x_8\ x_9\ x_{19}\ x_{21}\ x_{26}\ x_{27}\ x_{29}\ x_{32}\ x_{34}\ x_{35}$	7.958	7.676	3.863	2.96
14	$x_1\ x_5\ x_7\ x_8\ x_9\ x_{19}\ x_{21}\ x_{26}\ x_{27}\ x_{28}\ x_{29}\ x_{32}\ x_{34}\ x_{35}$	7.971	7.666	3.878	2.99
15	$x_1\ x_5\ x_7\ x_8\ x_9\ x_{15}\ x_{19}\ x_{21}\ x_{26}\ x_{27}\ x_{28}\ x_{29}\ x_{32}\ x_{34}\ x_{35}$	7.976	7.646	3.907	3.04

表 10.2 时滞 3 天全部可能回归的最优子集 $(m=15)$ 及相应的 $\overline{R}$、σ^2 和 S_p

	最优子集	$R \times 10^{-1}$	$\overline{R} \times 10^{-1}$	σ^2	$S_p \times 10^{-4}$
1	x_{27}	2.896	2.759	8.808	6.27
2	$x_{16}\ x_{26}$	3.789	3.591	8.304	5.96
3	$x_{16}\ x_{26}\ x_{27}$	4.053	3.777	8.173	5.92
4	$x_{16}\ x_{26}\ x_{27}\ x_{35}$	4.236	3.885	8.093	5.91*
5	$x_7\ x_{16}\ x_{26}\ x_{27}\ x_{35}$	4.369	3.942	8.052	5.93
6	$x_7\ x_{19}\ x_{16}\ x_{26}\ x_{27}\ x_{35}$	4.473	3.970	8.032	5.97
7	$x_7\ x_9\ x_{16}\ x_{26}\ x_{27}\ x_{31}\ x_{35}$*	4.557	3.977*	8.026*	6.02
8	$x_7\ x_9\ x_{16}\ x_{26}\ x_{27}\ x_{31}\ x_{33}\ x_{35}$	4.611	3.948	8.049	6.09
9	$x_7\ x_9\ x_{15}\ x_{16}\ x_{17}\ x_{26}\ x_{27}\ x_{31}\ x_{33}\ x_{35}$	4.692	3.954	8.048	6.15
10	$x_7\ x_9\ x_{15}\ x_{16}\ x_{17}\ x_{26}\ x_{27}\ x_{31}\ x_{33}\ x_{35}$	4.771	3.959	8.043	6.20
11	$x_7\ x_9\ x_{15}\ x_{17}\ x_{21}\ x_{23}\ x_{26}\ x_{27}\ x_{31}\ x_{33}\ x_{35}$	4.829	3.938	8.059	6.27
12	$x_7\ x_9\ x_{12}\ x_{15}\ x_{17}\ x_{21}\ x_{23}\ x_{26}\ x_{27}\ x_{31}\ x_{33}\ x_{35}$	4.884	3.914	8.078	6.35
13	$x_7\ x_9\ x_{12}\ x_{15}\ x_{17}\ x_{21}\ x_{23}\ x_{24}\ x_{26}\ x_{31}\ x_{33}\ x_{35}$	4.921	3.863	8.115	6.44
14	$x_7\ x_9\ x_{12}\ x_{15}\ x_{17}\ x_{20}\ x_{21}\ x_{23}\ x_{24}\ x_{26}\ x_{27}\ x_{31}\ x_{33}\ x_{35}$	4.954	3.805	8.157	6.53
15	$x_7\ x_9\ x_{12}\ x_{15}\ x_{16}\ x_{17}\ x_{20}\ x_{21}\ x_{23}\ x_{24}\ x_{26}\ x_{27}\ x_{31}\ x_{33}\ x_{35}$	4.979	3.734	8.208	6.64

表 10.3　时滞 **5** 天全部可能回归的最优子集（$m=14$）及相应的 $\bar{R}$、σ^2 和 S_p

	最优子集	$R \times 10^{-1}$	$\bar{R} \times 10^{-1}$	σ^2	$S_p \times 10^{-4}$
1	x_{32}	3.467	3.356	8.566	6.31
2	$x_{28}\ x_{32}$	3.812	3.612	8.393	6.24*
3	$x_{28}\ x_{32}\ x_{33}$	3.908	3.612	8.393	6.29
4	$x_{23}\ x_{28}\ x_{32}\ x_{34}$ *	4.046	3.662*	8.358*	6.32
5	$x_{23}\ x_{28}\ x_{32}\ x_{34}\ x_{35}$	4.133	3.658	8.359	6.38
6	$x_{23}\ x_{24}\ x_{26}\ x_{28}\ x_{32}\ x_{34}$	4.197	3.628	8.381	6.46
7	$x_{23}\ x_{24}\ x_{26}\ x_{28}\ x_{32}\ x_{34}\ x_{35}$	4.269	3.608	8.395	6.53
8	$x_{22}\ x_{23}\ x_{24}\ x_{26}\ x_{28}\ x_{32}\ x_{34}\ x_{35}$	4.329	3.575	8.418	6.61
9	$x_{22}\ x_{23}\ x_{24}\ x_{26}\ x_{28}\ x_{32}\ x_{33}\ x_{34}\ x_{35}$	4.384	3.534	8.446	6.68
10	$x_{15}\ x_{17}\ x_{21}\ x_{23}\ x_{24}\ x_{26}\ x_{29}\ x_{32}\ x_{34}\ x_{35}$	4.398	3.435	8.513	6.81
11	$x_{15}\ x_{17}\ x_{21}\ x_{23}\ x_{24}\ x_{26}\ x_{29}\ x_{32}\ x_{33}\ x_{34}\ x_{35}$	4.461	3.405	8.534	6.89
12	$x_{15}\ x_{17}\ x_{21}\ x_{23}\ x_{24}\ x_{26}\ x_{29}\ x_{32}\ x_{33}\ x_{34}\ x_{35}$	4.494	3.329	8.583	6.99
13	$x_{15}\ x_{17}\ x_{21}\ x_{23}\ x_{24}\ x_{26}\ x_{28}\ x_{29}\ x_{32}\ x_{33}\ x_{34}\ x_{35}$	4.514	3.228	8.646	7.11
14	$x_5\ x_{15}\ x_{17}\ x_{21}\ x_{22}\ x_{23}\ x_{24}\ x_{26}\ x_{28}\ x_{29}\ x_{32}\ x_{33}\ x_{34}\ x_{35}$	4.543	3.139	8.701	7.23

表 10.4　时滞 **1** 天全部可能回归的最优子集（$m=14$）及相应的 $\bar{R}$、σ^2 和 S_p

	最优子集	$R \times 10^{-1}$	$\bar{R} \times 10^{-1}$	σ^2	$S_p \times 10^{-4}$
1	x_{26}	7.508	7.483	3.969	2.7338
2	$x_{26}\ x_{35}$	7.298	7.888	3.408	2.3675
3	$x_8\ x_{26}\ x_{35}$	8.042	7.986	3.268	2.2894
4	$x_8\ x_{12}\ x_{26}\ x_{35}$	8.190	8.052	3.173	2.2417
5	$x_8\ x_{26}\ x_{33}\ x_{35}\ x_{36}$	8.259	8.103	3.099	2.209
6	$x_8\ x_{12}\ x_{26}\ x_{33}\ x_{35}\ x_{36}$	8.292	8.158	3.020	2.1716
7	$x_7\ x_8\ x_{12}\ x_{26}\ x_{33}\ x_{35}\ x_{36}$	8.317	8.176	2.993	2.1723
8	$x_7\ x_8\ x_{12}\ x_{15}\ x_{26}\ x_{33}\ x_{35}\ x_{36}$	8.345	8.184	2.983	2.1833
9	$x_7\ x_8\ x_{12}\ x_{15}\ x_{19}\ x_{26}\ x_{33}\ x_{35}\ x_{36}$ *	8.352	8.198*	2.965*	2.1894
10	$x_7\ x_8\ x_{12}\ x_{15}\ x_{19}\ x_{24}\ x_{26}\ x_{33}\ x_{35}\ x_{36}$	8.356	8.188	2.979	2.2205
11	$x_7\ x_8\ x_{12}\ x_{15}\ x_{19}\ x_{24}\ x_{26}\ x_{33}\ x_{34}\ x_{35}\ x_{36}$	8.362	8.174	2.999	2.2558
12	$x_7\ x_8\ x_{12}\ x_{15}\ x_{19}\ x_{23}\ x_{24}\ x_{26}\ x_{33}\ x_{34}\ x_{35}\ x_{36}$	8.367	8.161	3.019	2.2909
13	$x_7\ x_8\ x_{12}\ x_{15}\ x_{19}\ x_{23}\ x_{24}\ x_{26}\ x_{28}\ x_{33}\ x_{34}\ x_{35}\ x_{36}$	8.371	8.148	3.037	2.3264
14	$x_7\ x_8\ x_{12}\ x_{15}\ x_{19}\ x_{23}\ x_{24}\ x_{26}\ x_{28}\ x_{29}\ x_{33}\ x_{34}\ x_{35}\ x_{36}$	8.345	8.134	3.057	2.364

表 10.5　时滞 3 天全部可能回归的最优子集 $(m=14)$ 及相应的 $\overline{R}$、σ^2 和 S_p

	最优子集	$R \times 10^{-1}$	$\overline{R} \times 10^{-1}$	σ^2	$S_p \times 10^{-4}$
1	x_{26}	6.475	6.437	5.370	3.82
2	$x_8\ x_{26}$	7.066	7.005	4.669	3.35
3	$x_8\ x_{26}\ x_{36}$	7.143	7.054	4.607	3.34
4	$x_8\ x_{26}\ x_{33}\ x_{36}$	7.229	7.114	4.530	3.31
5	$x_8\ x_{26}\ x_{33}\ x_{35}\ x_{36}$	7.354	7.215	4.397	3.24*
6	$x_2\ x_8\ x_{26}\ x_{33}\ x_{35}\ x_{36}$	7.389	7.225	4.385	3.26
7	$x_2\ x_8\ x_{26}\ x_{32}\ x_{33}\ x_{35}\ x_{36}$ *	7.436	7.246*	4.356*	3.27
8	$x_2\ x_8\ x_{12}\ x_{26}\ x_{32}\ x_{33}\ x_{35}\ x_{36}$	7.456	7.239	4.366	3.31
9	$x_2\ x_6\ x_8\ x_{12}\ x_{26}\ x_{32}\ x_{33}\ x_{35}\ x_{36}$	7.481	7.236	4.369	3.34
10	$x_2\ x_6\ x_8\ x_{12}\ x_{24}\ x_{26}\ x_{32}\ x_{33}\ x_{35}\ x_{36}$	7.505	7.234	4.372	3.37
11	$x_2\ x_6\ x_8\ x_{12}\ x_{19}\ x_{24}\ x_{26}\ x_{32}\ x_{33}\ x_{35}\ x_{36}$	7.528	7.229	4.379	3.41
12	$x_2\ x_6\ x_8\ x_{12}\ x_{15}\ x_{19}\ x_{24}\ x_{26}\ x_{32}\ x_{33}\ x_{35}\ x_{36}$	7.559	7.233	4.374	3.44
13	$x_2\ x_6\ x_8\ x_{12}\ x_{13}\ x_{15}\ x_{19}\ x_{24}\ x_{26}\ x_{32}\ x_{33}\ x_{35}\ x_{36}$	7.560	7.205	4.412	3.50
14	$x_2\ x_6\ x_8\ x_{10}\ x_{12}\ x_{13}\ x_{15}\ x_{19}\ x_{24}\ x_{26}\ x_{32}\ x_{33}\ x_{35}\ x_{36}$	7.574	7.189	4.434	3.55

表 10.6　时滞 5 天全部可能回归的最优子集 $(m=11)$ 及相应的 $\overline{R}$、σ^2 和 S_p

	最优子集	$R \times 10^{-1}$	$\overline{R} \times 10^{-1}$	σ^2	$S_p \times 10^{-4}$
1	x_{31}	6.449	6.411	5.487	4.04
2	$x_{19}\ x_{26}$	6.700	6.629	5.223	3.88
3	$x_{19}\ x_{26}\ x_{31}$	6.834	6.730	5.096	3.82*
4	$x_{19}\ x_{26}\ x_{31}\ x_{36}$	6.889	6.754	5.067	3.83
5	$x_2\ x_{19}\ x_{26}\ x_{31}\ x_{32}$	6.953	6.786	5.026	3.84
6	$x_6\ x_{19}\ x_{26}\ x_{31}\ x_{33}\ x_{36}$	6.989	6.788	5.024	3.87
7	$x_2\ x_6\ x_{19}\ x_{24}\ x_{26}\ x_{31}\ x_{32}$	7.036	6.803	5.003	3.89
8	$x_2\ x_6\ x_{19}\ x_{26}\ x_{31}\ x_{32}\ x_{33}\ x_{36}$	7.073	6.808	4.998	3.92
9	$x_2\ x_6\ x_{19}\ x_{24}\ x_{26}\ x_{31}\ x_{32}\ x_{33}\ x_{36}$ *	7.105	6.809*	4.997*	3.96
10	$x_2\ x_5\ x_6\ x_{19}\ x_{24}\ x_{26}\ x_{31}\ x_{32}\ x_{33}\ x_{36}$	7.111	6.778	5.036	4.03
11	$x_2\ x_5\ x_6\ x_{19}\ x_{24}\ x_{26}\ x_{27}\ x_{31}\ x_{32}\ x_{33}\ x_{36}$	7.111	6.741	5.083	4.10

表 10.7　时滞 1 天全部可能回归的最优子集（$m=15$）及相应的 $\bar{R}$、σ^2 和 S_p

	最优子集	$R \times 10^{-1}$	$\bar{R} \times 10^{-1}$	σ^2	$S_p \times 10^{-4}$
1	x_{29}	6.376	6.338	5.820	4.01
2	$x_{26}x_{29}$	6.649	6.578	5.521	3.84*
3	$x_{24}x_{26}x_{29}$	6.681	6.575	5.527	3.87
4	$x_{15}x_{17}x_{26}x_{29}$	6.739	6.599	5.491	3.88
5	$x_{15}x_{17}x_{26}x_{29}x_{31}$	6.759	6.584	5.511	3.93
6	$x_{15}x_{17}x_{26}x_{29}x_{31}x_{32}$*	6.805	6.596*	5.496*	3.95
7	$x_{15}x_{17}x_{24}x_{26}x_{29}x_{31}x_{32}$	6.817	6.571	5.529	4.01
8	$x_{10}x_{15}x_{17}x_{24}x_{26}x_{29}x_{31}x_{32}$	6.823	6.539	5.568	4.08
9	$x_{15}x_{16}x_{17}x_{21}x_{24}x_{26}x_{29}x_{31}x_{32}$	6.830	6.509	5.607	4.14
10	$x_7x_{15}x_{16}x_{17}x_{21}x_{24}x_{26}x_{29}x_{31}x_{32}$	6.837	6.477	5.648	4.21
11	$x_7x_{10}x_{15}x_{16}x_{17}x_{21}x_{24}x_{26}x_{29}x_{31}x_{32}$	6.844	6.444	5.690	4.28
12	$x_7x_8x_{10}x_{15}x_{16}x_{17}x_{21}x_{24}x_{26}x_{29}x_{31}x_{32}$	6.849	6.409	5.734	4.35
13	$x_7x_8x_9x_{10}x_{15}x_{16}x_{17}x_{21}x_{24}x_{26}x_{29}x_{31}x_{32}$	6.855	6.372	5.778	4.43
14	$x_7x_8x_9x_{10}x_{15}x_{16}x_{17}x_{20}x_{21}x_{24}x_{26}x_{29}x_{31}x_{32}$	6.858	6.333	5.827	4.51
15	$x_7x_8x_9x_{10}x_{11}x_{15}x_{16}x_{17}x_{20}x_{21}x_{24}x_{26}x_{29}x_{31}x_{32}$	6.858	6.288	5.881	4.59

表 10.8　时滞 3 天全部可能回归的最优子集（$m=10$）及相应的 $\bar{R}$、σ^2 和 S_p

	最优子集	$R \times 10^{-1}$	$\bar{R} \times 10^{-1}$	σ^2	$S_p \times 10^{-4}$
1	x_{29}	3.353	3.239	8.849	6.30
2	$x_{12}x_{29}$	3.629	3.418	8.733	6.27
3	$x_{16}x_{29}x_{31}$	4.040	3.763	8.491	6.15*
4	$x_7x_{16}x_{29}x_{31}$	4.203	3.846	8.431	6.16
5	$x_7x_{14}x_{16}x_{29}x_{31}$*	4.268	3.854*	8.431*	6.23
6	$x_7x_{12}x_{14}x_{16}x_{29}x_{31}$	4.305	3.769	8.489	6.32
7	$x_7x_{10}x_{13}x_{14}x_{16}x_{29}x_{31}$	4.339	3.709	8.533	6.41
8	$x_7x_{10}x_{12}x_{13}x_{14}x_{16}x_{29}x_{31}$	4.380	3.6557	8.572	6.49
9	$x_7x_{10}x_{12}x_{13}x_{14}x_{16}x_{28}x_{29}x_{31}$	4.406	3.5804	8.625	6.59
10	$x_7x_{10}x_{12}x_{13}x_{14}x_{16}x_{24}x_{29}x_{31}$	4.417	3.4821	8.693	6.71

表 10.9　时滞 5 天全部可能回归的最优子集（$m=11$）及相应的 $\bar{R}$、σ^2 和 S_p

	最优子集	$R \times 10^{-1}$	$\bar{R} \times 10^{-1}$	σ^2	$S_p \times 10^{-4}$
1	x_{29}	3.098	2.969	9.144	6.74
2	$x_{16}\ x_{26}$	3.444	3.214	8.992	6.68
3	$x_{16}\ x_{29}\ x_{31}$	3.833	3.528	8.784	6.59
4	$x_{16}\ x_{26}\ x_{29}\ x_{31}$	3.985	3.592	8.737	6.61
5	$x_{16}\ x_{23}\ x_{26}\ x_{29}\ x_{31}$	4.132	3.657	8.688	6.63
6	$x_6 x_{16}\ x_{23}\ x_{26}\ x_{29}\ x_{31}$ *	4.211	3.665 *	8.688 *	6.70
7	$x_6\ x_{12}\ x_{16}\ x_{23}\ x_{26}\ x_{29}\ x_{31}$	4.248	3.582	8.744	6.79
8	$x_6\ x_{12}\ x_{16}\ x_{20}\ x_{23}\ x_{26}\ x_{29}\ x_{31}$	4.278	3.508	8.795	6.90
9	$x_7\ x_{10}\ x_{12}\ x_{13}\ x_{14}\ x_{16}\ x_{28}\ x_{29}\ x_{31}$	4.295	3.414	8.860	7.02
10	$x_7\ x_{10}\ x_{12}\ x_{13}\ x_{14}\ x_{16}\ x_{24}\ x_{28}\ x_{29}\ x_{31}$	4.312	3.315	8.928	7.14
11	$x_6\ x_7\ x_8\ x_{12}\ x_{16}\ x_{20}\ x_{23}\ x_{26}\ x_{28}\ x_{29}\ x_{31}$	4.322	3.199	9.004	7.27

　　为便于模型建立和预报结果的比较，将数据资料分为两部分：第一部分用于模型建立和拟合测试，所取数据为 1995—2003 年夏季（5 月 1 日至 8 月 31 日）共 1107 天；在建立模型的过程中，采用 k-折交叉检验方法，本章取 $k=10$。第二部分资料不参与建模，主要用于模型独立预报检验和预报效果评估，资料范围为 2003—2005 年夏季（5 月 1 日至 8 月 31 日）共 246 天。

10.4.2　副高面积指数的预报结果

　　图 10.3、图 10.5、图 10.7 分别给出了 1 天、3 天、5 天副高面积指数经过 30 次迭代后种群目标函数均值、最优解及 HHGA-RBF 网络隐节点个数的变化曲线。从图中可以看出解的收敛速度比较快，经过 30 代的遗传操作基本上趋于收敛。图 10.4、图 10.6、图 10.8 给出了混合递阶遗传 RBF 网络的预报结果。从预报结果来看，1 天的预报结果与真实结果的相关系数为 0.7489，平均绝对误差为 22.01，比较理想。虽然细节上有些出入，但副高面积指数的整体变化趋势还是比较吻合的。3 天、5 天的预报效果不是很理想。为了说明混合递阶遗传 RBF 网络的优势，本节用同样的预报因子建立了递阶遗传 RBF 网络的预报模型，其结果见表 10.10。表中 lrw 表示权值学习率，lrc 表示中心参数学习率，lrs 表示扩展参数学习率，R 表示相关系数，MAE 表示平均绝对误差。由于混合递阶遗传径向基网络的权值由最小二乘法求得，故不存在权值学习率。通过上面的比较可以看出，无论从搜索效率还是从预报结果来看，混合递阶遗传径相基网络均优于递阶遗传 RBF 网络。

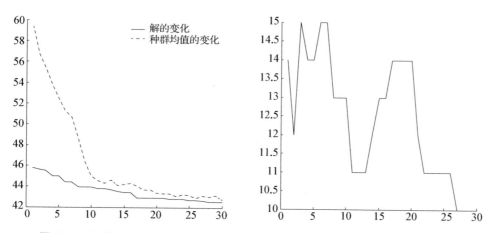

图 10.3　经过 30 次迭代后种群目标函数均值、最优解及隐节点个数的变化(1 天)

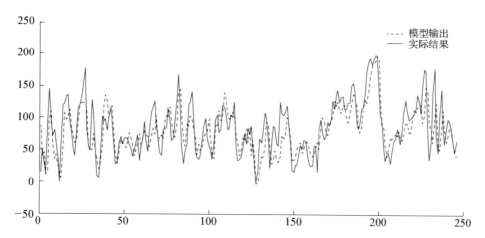

图 10.4　1 天面积指数的预报结果(点线:预报值,实线:实际值)

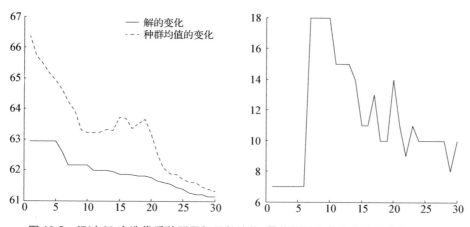

图 10.5　经过 30 次迭代后种群目标函数均值、最优解及隐节点个数的变化(3 天)

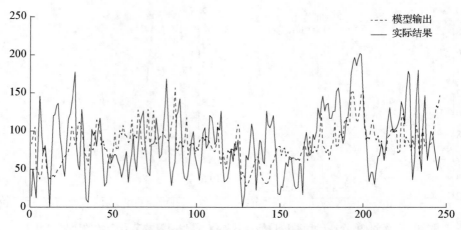

图 10.6　3 天面积指数的预报结果 (点线：预报值，实线：实际值)

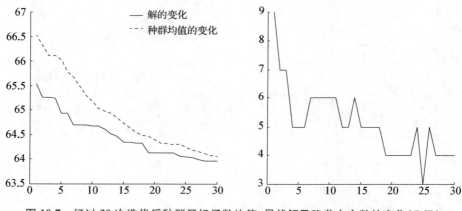

图 10.7　经过 30 次迭代后种群目标函数均值、最优解及隐节点个数的变化 (5 天)

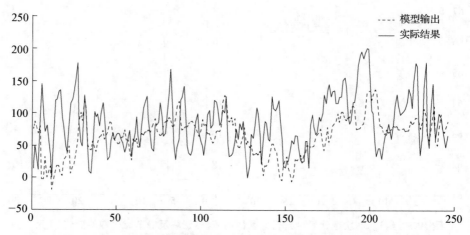

图 10.8　5 天面积指数的预报结果 (点线：预报值，实线：实际值)

表 10.10　递阶遗传 RBF 网络和混合递阶遗传 RBF 网络的参数信息及预报结果

	1 day		3 day		5 day	
	HGA—RBF	HHGA—RBF	HGA—RBF	HHGA—RBF	HGA—RBF	HHGA—RBF
lrw	0.0050		0.0017		0.0047	
lrc	0.0041	0.0046	0.0016	0.0025	0.0041	0.0036
lrs	0.0046	0.0045	0.0030	0.0032	0.0038	0.0025
R	0.7489	0.7503	0.3405	0.3612	0.2949	0.2960
MAE	22.1979	22.0154	32.865	32.022	33.551	32.023

10.4.3　副高脊线指数的预报结果

图 10.9、图 10.11、图 10.13 分别给出了 1 天、3 天、5 天副高脊线指数经过 30 次迭代后种群目标函数均值、最优解及 HHGA – RBF 网络隐节点个数的变化曲线。从图中可以看出解的收敛速度比较快,经过 30 次迭代的遗传操作基本上趋于收敛。图 10.10、图 10.12、图 10.14 给出了混合递阶遗传 RBF 网络的预报结果。从预报结果来看,1 天预报结果与实际结果的相关系数达到了 0.8265,5 天预报结果与实际结果的相关系数高于 0.6,预报结果比较理想。为了说明混合递阶遗传 RBF 网络的优势,本节用同样的预报因子建立了递阶遗传 RBF 网络的预报模型,其结果见表 10.11。从结果中可以看出混合递阶遗传 RBF 网络预报两个评价指标(平均绝对误差和相关系数)均优于递阶遗传 RBF 网络。

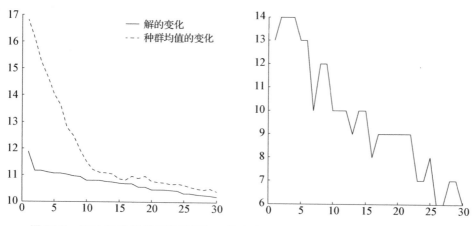

图 10.9　经过 30 次迭代后种群目标函数均值、最优解及隐节点个数的变化(1 天)

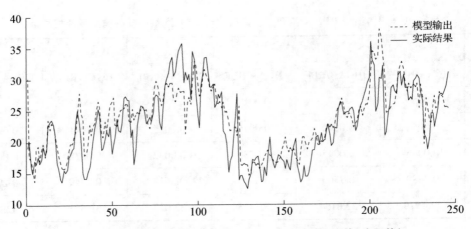

图 10.10　1 天脊线指数的预报结果（点线：预报值，实线：实际值）

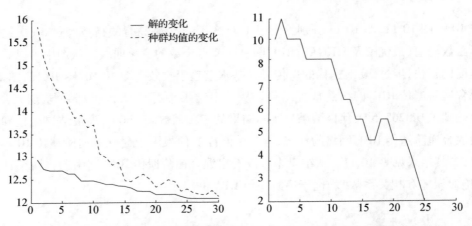

图 10.11　经过 30 次迭代后种群目标函数均值、最优解及隐节点个数的变化（3 天）

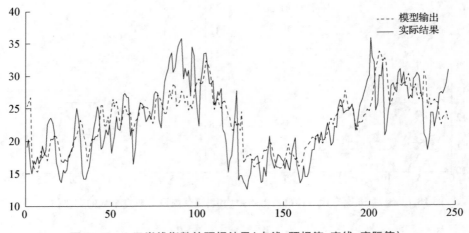

图 10.12　3 天脊线指数的预报结果（点线：预报值，实线：实际值）

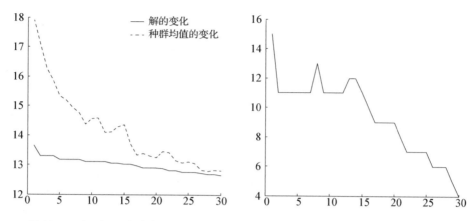

图 10.13 经过 30 次迭代后种群目标函数均值、最优解及隐节点个数的变化(5 天)

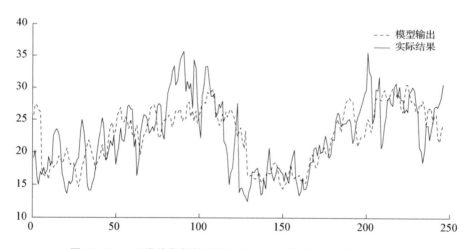

图 10.14 5 天脊线指数的预报结果(点线:预报值,实线:实际值)

表 10.11 递阶遗传 RBF 网络和混合递阶遗传 RBF 网络的参数信息及预报结果

	1 day		3 day		5 day	
	HGA—RBF	HHGA—RBF	HGA—RBF	HHGA—RBF	HGA—RBF	HHGA—RBF
lrw	0.0033		0.0043		0.0011	
lrc	0.0031	0.0036	0.0045	0.0038	0.0049	0.0042
lrs	0.0046	0.0039	0.0045	0.0043	0.0048	0.0040
R	0.8265	0.8503	0.7349	0.7400	0.6577	0.6710
MAE	2.4527	2.2554	2.9460	2.9320	3.3459	3.2655

10.4.4　副高西脊点指数的预报结果

图 10.15、图 10.17、图 10.19 分别给出了 1 天、3 天、5 天副高西脊点指数经过 30 次迭代后种群目标函数均值、最优解及隐节点个数的变化曲线。从图中也可以看出解的收敛速度比较快，经过 30 次迭代的遗传操作基本上趋于收敛。图 10.16、图 10.18、图 10.20 给出了递阶遗传 RBF 网络的预报结果。从预报结果来看，1 天的预报结果与真实结果的相关系数仅为 0.5162，3 天预报结果与真实结果的相关系数为 0.1605，这表明副高东进西退的变化异常复杂。尽管如此，我们仍然比较了混合递阶遗传 RBF 网络和递阶遗传 RBF 网络的预报结果，见表 10.12。通过比较可以看出，混合递阶遗传 RBF 网络的预报结果优于递阶遗传 RBF 网络。

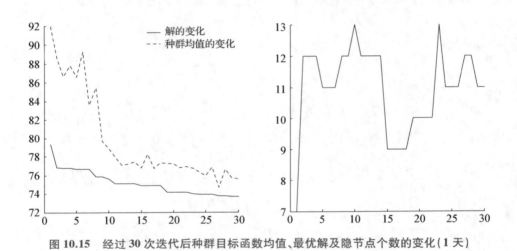

图 10.15　经过 30 次迭代后种群目标函数均值、最优解及隐节点个数的变化(1 天)

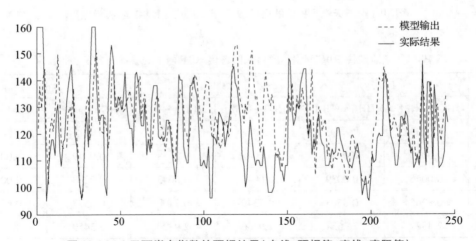

图 10.16　1 天西脊点指数的预报结果(点线:预报值，实线:实际值)

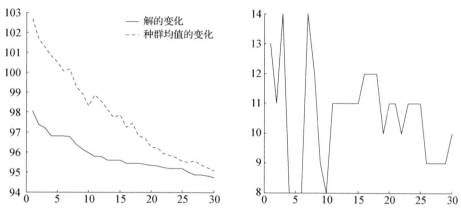

图 10.17　经过 30 次迭代后种群目标函数均值、最优解及隐节点个数的变化 (3 天)

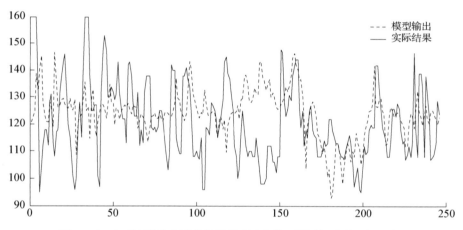

图 10.18　3 天西脊点指数的预报结果 (点线 : 预报值, 实线 : 实际值)

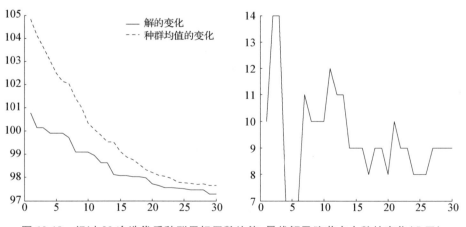

图 10.19　经过 30 次迭代后种群目标函数均值、最优解及隐节点个数的变化 (5 天)

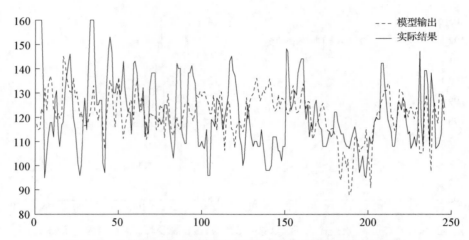

图 10.20　5 天西脊点指数的预报结果(点线:预报值,实线:实际值)

表 10.12　递阶遗传 RBF 网络和混合递阶遗传 RBF 网络的参数信息及预报结果

	1 day		3 day		5 day	
	HGA—RBF	HHGA—RBF	HGA—RBF	HHGA—RBF	HGA—RBF	HHGA—RBF
lrw	0.0045		0.0014		0.0035	
lrc	0.0048	0.0040	0.0024	0.0032	0.0035	0.0041
lrs	0.0048	0.0042	0.0050	0.0041	0.0048	0.0045
R	0.5162	0.5203	0.1453	0.1605	0.1572	0.2003
MAE	10.413	10.3123	12.7700	12.562	12.8055	12.3023

10.5　本章小结

　　径向基函数神经网络(RBFNN)由于具有非线性逼近能力强、网络结构简单、学习速度快等优点被广泛应用。然而有效确定 RBF 神经网络的结构和参数缺乏系统理论指导,仍无规律可循。大多情况下采用试凑法来选择网络结构和参数,不仅效率低且难以客观评价网络结构是否较优。针对 RBF 网络模型的参数和结构难以客观确定的问题,引入遗传算法全局寻优和并行计算优势,进行了 RBF 网络模型结构与参数的遗传优化研究和算法模型设计。基于递阶遗传算法的 RBF 网络算法能够客观确定 RBF 网络的结构和参数,但在学习过程中,算法的收敛速度较慢。分析 RBF 网络结构可知,RBF 网络输出层为线性神经元,可以采用最小二乘进行设计。而基于递阶遗传算法的 RBF 网络学习算法将输出层神经元的连接权放到染色体中用遗传算法进行搜索,忽略了 RBF 网络的这一特点。为此,本章将递阶遗传算法与最小二乘法相结合,采用混合递阶遗传算法客观确定 RBF 网络的结构和参数。即只对隐节点神经元的个数、中心参数和阈值进行混合编码,用遗传算法全局进行寻优,网络权值用最小二乘法确定。实验结果表明本章所设计的混合递阶遗传 RBF 网络模型的副高预报效率及效果较递阶遗传算法有明显改进和显著提高。

参考文献

［1］李冬梅,王正欧.基于 RBF 网络的混沌时间序列的建模与多步预测［J］.系统工程与电子技术.2002,24(6):81－83.

［2］刘亚营.改进型遗传算法及其在神经网络参数优化中的应用［D］.上海:上海海事大学,2005.

第十一章　LSSVM 与 Kalman 滤波结合的副高预报模型

11.1　引　言

目前,基于自适应和非线性的人工神经网络方法在副高的研究和预测中取得一定成功。但是神经网络方法存在着难以克服的缺陷,如隐层神经元的数目难以确定;容易陷入局部最优;神经网络的结构设计依赖于设计者的先验知识和经验,缺乏一种有理论依据的严格设计程序等。另外,从概率统计的角度,神经网络的学习算法基于经验风险最小化原理(Empirical Risk Minimization, ERM),仅试图使经验风险最小,并没有使期望风险最小,与传统的最小二乘法相比,在原理上缺乏实质性的突破,同时也缺乏理论依据。总之,神经网络学习算法缺乏定量的分析与机理完备的理论结果[1]。此外,副高的预测多见于月平均等大时间尺度的活动,基于中小时间尺度的副高预测活动研究相对较少。因此有必要引入新理论、新方法对中小尺度的副高预测活动做更深入的研究。

1995 年,由贝尔实验室的 Vapnik 等人在统计学习理论的基础上提出了模式识别的新方法——支持向量机(Support Vector Machine, SVM),它根据有限的样本信息在模型的复杂性和学习能力之间寻求最佳折中,使结构风险最小,即同时最小化经验风险与 VC 维的界,以期获得最好的泛化能力。与经典支持向量机相比,最小二乘支持向量机(Least Square Support Vector Machine, LSSVM)用等式约束代替不等式约束,求解过程变成了解一组等式方程,避免了求解耗时的 QP 问题,求解速度加快。相对于常用的不敏感损失函数[2],LSSVM 不再需要指定逼近的精度。

卡尔曼滤波是一种动态系统的优化分析方法,它以系统状态空间模型为分析对象,根据受噪声干扰的系统模型和包含噪声干扰的系统观测量,运用现代随机估计理论给出系统状态的无偏最小方差的递推估计值。无需太多的历史资料就可建立能适应数值模式变化的统计模型,其主要特征是通过对误差与实验数据间的处理来不断订正模型参数,组建出最优滤波方程。该方法由数学家卡尔曼(Rudolf Emil Kalman)于 1960 年创立,从 1987 年开始广泛应用到气象业务预报领域。它是继 MOS、PP 方法之后被越来越多国家采用的较好的数值产品预报方法。近年来,卡尔曼滤波方法被广泛应用于预报模型优化,并在气象要素的连续变化预报中得到成功的应用[3]。

11.2　最小二乘支持向量机

最小二乘支持向量机(LSSVM)是支持向量机的一种,它是将标准支持向量机算法中的不等式约束转化为等式约束而得到。

对非线性回归问题,设训练样本为

$$(x_i, y_i), \cdots, (x_i, y_1) \in \mathbf{R}^n \times R \tag{11.1}$$

非线性回归函数为

$$f(x) = w^T \Phi(x) + b \tag{11.2}$$

对于最小二乘支持向量机,在权 w 空间(原始空间)中的函数估计问题可以描述为求解下面问题

$$\min J(\mathbf{w}, \zeta) = \frac{1}{2} \|\mathbf{w}\|^2 + \gamma \frac{1}{2} \Big(\sum_i^p \zeta_i^2 \Big) \tag{11.3}$$

约束条件为 $y_i = w^T \Phi(x_i) + b + \zeta_i, \zeta_i \geq 0 (i = 1, \cdots, l)$。其中 $\Phi(\cdot): \mathbf{R}^n \to R^n$ 是核空间映射函数;权向量 $\mathbf{w} \in \mathbf{R}^n$(原始空间);误差变量 $\zeta_i \in \mathbf{R}$;b 是偏差量;γ 是可调参数。求解式(11.3)的优化问题,可以引入 Lagrange 函数

$$L = \frac{1}{2} \|\mathbf{w}\|^2 + \gamma \frac{1}{2} \Big(\sum_{i=1}^p \zeta_i^2 \Big) - \sum_{i=1}^l a_i (\mathbf{w}^T \Phi(x_i) + b + \zeta_i - y_i) \tag{11.4}$$

式中,Lagrange 乘子 $a_i \in \mathbf{R}$;常数 $\gamma > 0$,它控制对超出误差的样本的惩罚程度。最优的 a_i 和 b 可以根据 KKT(Karush-Kuhn-Tuchker) 条件得到

$$\begin{cases} \dfrac{\partial L}{\partial w} = 0 \to w = \sum_{i=1}^l a_i \Phi(x_i) \\[2mm] \dfrac{\partial L}{\partial b} = 0 \to \sum_{i=1}^l a_i = 0 \\[2mm] \dfrac{\partial L}{\partial \zeta} = 0 \to a_i = \gamma \zeta_i \\[2mm] \dfrac{\partial L}{\partial a} = 0 \to w^T \Phi(x_i) + b + \zeta_i - y_i = 0 \\[2mm] i = 1, \cdots, l \end{cases} \tag{11.5}$$

由式(11.5),消去 w、ζ 可得如下的线性方程

$$\begin{bmatrix} 0 & 1 & 1 & \cdots & 1 \\ 1 & K(X_1, X_1) + 1/\gamma & K(X_1, X_2) & \cdots & K(X_1, X_n) \\ 1 & K(X_1, X_2) & K(X_2, X_2) + 1/\gamma & \cdots & K(X_2, X_n) \\ \vdots & \vdots & \vdots & \ddots & \vdots \\ 1 & K(X_n, X_1) & K(X_n, X_2) & \cdots & K(X_n, X_n) + 1/\gamma \end{bmatrix} \begin{bmatrix} b \\ a_1 \\ a_2 \\ \vdots \\ a_n \end{bmatrix} = \begin{bmatrix} 0 \\ y_1 \\ y_2 \\ \vdots \\ y_n \end{bmatrix} \tag{11.6}$$

其中，$K(X_i,X_j)$ 为核函数。根据 mercer 条件，存在映射函数使得 $K(X_i,X_j) = \Phi(X_i)^T \Phi(X_j)$，从而得到非线性回归函数的解为

$$f(x) = w^T \Phi(x) + b = \sum_{i=1}^{l} a_i K(X_i,X) + b \tag{11.7}$$

其中 a、b 由式（11.6）求解，不为零的 a_i 对应的样本为支持向量。核函数的目的是从原始空间中抽取特征，将原始空间中的样本映射为高维特征空间中的一个向量，以解决原始空间中线性不可分的问题。

由于 $\gamma > 0$ 为一常数，不论误差的大小，它对超出误差的样本的惩罚程度是不变的。这样对超出误差的极端样本（较大的和较小的样本）的惩罚力度较弱，使得训练精度和泛化改善能力欠佳。

11.3　最小二乘支持向量机改进算法

将式（11.3）的优化泛函改进为如下形式

$$\min J(w,\zeta) = \frac{1}{2} \|w\|^2 + \gamma \frac{1}{2} \Big(\sum_{i}^{p} \lambda_i v_i \zeta_i^2 \Big) \tag{11.8}$$

$$s.t \quad y_i = w^T \Phi(x_i) + b + \zeta_i,$$
$$\zeta_i \geqslant 0, i = 1, \cdots, l \tag{11.9}$$

其中，$v_i = y_i / y_{\max}$ 为峰值识别系数；λ_i 为 v_i 的放大系数。

同样，求解式（11.8）的优化问题，可以引入 Lagrange 函数

$$L = \frac{1}{2} \|w\|^2 + \gamma \frac{1}{2} \Big(\sum_{i=1}^{p} \lambda_i v_i \zeta_i^2 \Big) - \sum_{i=1}^{l} a_i (w^T \Phi(x_i) + b + \zeta_i - y_i) \tag{11.10}$$

最优的 a_i 和 b 可以根据 KKT(Karush-Kuhn-Tucker) 条件得到

$$\begin{cases} \dfrac{\partial L}{\partial w} = 0 \to w = \sum_{i=1}^{l} a_i \Phi(x_i) \\[2mm] \dfrac{\partial L}{\partial b} = 0 \to \sum_{i=1}^{l} a_i = 0 \\[2mm] \dfrac{\partial L}{\partial \zeta} = 0 \to a_i = \gamma \lambda_i v_i \zeta_i \\[2mm] \dfrac{\partial L}{\partial a} = 0 \to w^T \Phi(x_i) + b + \zeta_i - y_i = 0 \\[2mm] i = 1, \cdots, l \end{cases} \tag{11.11}$$

由式（11.11），优化问题转化为求解如下的线性方程

$$\begin{bmatrix} 0 & 1 & \cdots & 1 \\ 1 & K(X_1,X_1)+1/\gamma\lambda_1 v_1 & \cdots & K(X_1,X_n) \\ 1 & K(X_1,X_2) & \cdots & K(X_2,X_n) \\ \vdots & \vdots & \cdots & \vdots \\ 1 & K(X_n,X_1) & \cdots & K(X_n,X_n)+1/\gamma\lambda_n v_n \end{bmatrix} \begin{bmatrix} b \\ a_1 \\ a_2 \\ \vdots \\ a_n \end{bmatrix} = \begin{bmatrix} 0 \\ y_1 \\ y_2 \\ \vdots \\ y_n \end{bmatrix} \tag{11.12}$$

从而得到非线性回归函数的解为

$$f(x) = w^T \boldsymbol{\Phi}(x) + b = \sum_{i=1}^{l} a_i K(X_i,X) + b \tag{11.13}$$

上式则称为峰值识别最小二乘支持向量机模型（$\lambda_i v_i$-SVM 模型）。

SVM 是一种有坚实理论基础的新颖的小样本学习方法。它基本上不涉及概率测度及大数定律等，因此不同于现有的统计方法。从本质上看，它避开了从归纳到演绎的传统过程，实现了高效地从训练样本到预报样本的"转导推理"，大大简化了通常的分类和回归等问题。

由于有较为严格的统计学习理论做保证，应用 SVM 方法建立模型具有较好的推广能力。SVM 可以给出所建模型的推广能力的严格的界，这是目前其他任何学习方法所不具备的。建立任何一个数据模型，干预越少越客观。与其他方法相比，建立 SVM 模型所需要的先验干预较少。

但核函数的选定及有关参数的优化、模型的训练和测试速度等问题仍是目前尚未解决的问题。SVM 通过核函数实现到高维空间的非线性映射，所以适合于解决本质上非线性的分类、回归和密度函数的估计等问题。副高预测问题具有显著的非线性特性，这一方法有望在副高预测研究中得到推广应用。

11.4　卡尔曼滤波

卡尔曼滤波是一种统计估算方法，通过处理一系列带有误差的实际测量数据而得到所需要的物理参数的最佳估算值。根据这一基本思想，同样可以用以处理一系列带有误差的预报值而得到预报值的最佳估算值，这对提高预报精度具有重要现实意义。

11.4.1　卡尔曼滤波动态预报方程

此处不详细讨论卡尔曼滤波基本原理，而是研究将它用于副高预报的基本方法。视回归方程为卡尔曼滤波中的量测方程：

$$\boldsymbol{Y}_i = \boldsymbol{X}_i \boldsymbol{\beta}_i + \boldsymbol{e}_i \tag{11.14}$$

其中 $\boldsymbol{Y}_i$ 是 n 维量测变量（预报量），$\boldsymbol{Y}_i = [y_1,y_2,\cdots,y_n]^T$，$\boldsymbol{X}_i$ 是预报因子矩阵。

$$X_i = \begin{bmatrix} x_{11} & x_{12} & \cdots & x_{1m} \\ x_{21} & x_{22} & \cdots & x_{2m} \\ \vdots & \vdots & & \vdots \\ x_{n1} & x_{n2} & \cdots & x_{nm} \end{bmatrix} \tag{11.15}$$

β_i 是回归系数, $\beta_i = [\beta_1, \beta_2, \cdots, \beta_m]_i^T$, e_i 为量测噪声, 是 n 维随机向量。

在卡尔曼滤波系统中, 将 β_i 作为状态向量, 它是变化的。用状态方程来描写其变化, 则有

$$\beta_t = \Phi_{t-1} \beta_{t-1} + \varepsilon_{t-1} \tag{11.16}$$

其中 Φ_{t-1} 是转移矩阵, ε_{t-1} 为动态噪声, 是 m 维随机误差向量。考虑到由季节和气候等原因所引起的 β 变化是渐进的, 且有随机性, 将状态变化过程假定为随机游动, 即假定 Φ_{t-1} 为单位矩阵, 这对实际过程是一种良好的近似。因此, 状态方程简化为

$$\beta_t = \beta_{t-1} + \varepsilon_{t-1} \tag{11.17}$$

式(11.17)表明, 从 $t-1$ 时刻变化到 t 时刻的过程中, 状态向量从 β_{t-1} 变化到 β_t 受到动态噪声 ε_{t-1} 影响。

动态噪声 ε_{t-1} 与量测噪声 e_t 都是随机向量, 并假定它们是互不相关的、均值为零、方差分别为 W、V 的白噪声。

根据上述对 ε_{t-1} 和 e_t 的假定, 应用广义最小二乘法, 可以得到下面一组公式:

$$\begin{cases} \hat{Y}_t = X_t \hat{\beta}_{t-1} & (11.18) \\ R_t = C_{t-1} + W & (11.19) \\ \sigma_t = X_t R_t X_t^T + V & (11.20) \\ A_t = R_t X_t^T \sigma_t^{-1} & (11.21) \\ \hat{\beta}_t = \hat{\beta}_{t-1} + A_t(Y_t - \hat{Y}_t) & (11.22) \\ C_t = R_t - A_t \sigma_t A_t^T & (11.23) \end{cases}$$

上面的公式组成了递推系统。其中式(11.18)是预报方程, $\hat{Y}_t$ 为预报值, X_t 为预报因子, $\hat{\beta}_{t-1}$ 为回归系数估算值。

式(11.19)中的 R_t 为递推值 $\hat{\beta}_t$ 的误差方差阵, C_{t-1} 为滤波值 $\hat{\beta}_{t-1}$ 的误差方差阵, W 是动态噪声的方差阵。R_t、C_{t-1} 和 W 均是 m 行 m 列的方阵。

式(11.20)中的 σ_t 是预报误差方差阵, X_t^T 为预报因子 X_t 的转置矩阵, V 是量测噪声的方差阵。σ_t 和 V 均是 n 行 n 列的方阵。

式(11.21)中的 A_t 是增益矩阵(m 行 n 列), σ_t^{-1} 是 σ_t 的逆矩阵。

式(11.22)为系数 $\hat{\beta}_t$ 的订正方程, Y_t 是预报量的实测值。

式(11.23)为 C_t 的递推方程。

以上基本特征描述了滤波对象中最为简单的一种线性随机动态系统。我们可视天气预报对象也是具有以上特征的线性随机动态系统,卡尔曼滤波的量测方程就是通常天气预报中的预报方程,状态向量就是预报方程中的系数,与一般 MOS 方程所不同的是其系数是随时间变化的。系数的理论值得不到,只能求出它的估算值,不需太多的 X_t、Y_t 样本,就可求回归方程系数的估算值,随后,每增加一次新的量测 Y_t、X_t 时,就应用上述递推系统推算一次方程系数的最佳估计值,以此适应数值模式的变更。

11.4.2　递推系统参数的计算方法

由式(11.18)—式(11.23)不难看出,需反复计算这些公式方可实现递推过程,必需首先确定初值 $\hat{\boldsymbol{\beta}}_0$ 和 $\boldsymbol{C}_0$。至今尚未有成熟的客观方法。有些国家使用人工经验方法确定,这不便于推广应用。本章采用陆如华[4]等提出的方法,其具体步骤如下:

(1)$\hat{\boldsymbol{\beta}}_0$ 的确定

用近期容量不大(2 个月左右)的样本,按照通常求回归系数估计值的办法很容易得到。当然,用小样本建立的预报方程,其统计特性差,若直接用于制作预报,其误差大。可通过其系数的不断更新来适应预报对象的统计特征,提高预报精度[4]。

(2)$\boldsymbol{C}_0$ 的确定

$\boldsymbol{C}_0$ 是 $\hat{\boldsymbol{\beta}}_0$ 的误差方差阵,为了免去用样本资料做复杂计算,一些文献上根据经验给出值,如果回归系数的初值严格取为系统真值,其误差方差为零。

由于 $\hat{\boldsymbol{\beta}}_0$ 由样本资料精确计算得到,可以假定它与理论值相等,所以 $\boldsymbol{C}_0$ 是 m 阶的零方阵,即

$$\boldsymbol{C}_0 = [\,0\,]_{m \times m} \tag{11.24}$$

(3)$\boldsymbol{W}$ 的确定

$\boldsymbol{W}$ 是动态噪声 ε_t 的方差阵,根据白噪声的假定,$\boldsymbol{W}$ 的非对角线元素均为零:

$$\boldsymbol{W} = \begin{bmatrix} w_1 & \cdots & \cdots & 0 \\ 0 & w_2 & \cdots & 0 \\ \vdots & \vdots & & \vdots \\ 0 & 0 & \cdots & w_m \end{bmatrix} \tag{11.25}$$

由于 ε 的期望值为零,所以

$$w_j = E\varepsilon_j^2, j = 1, 2, \cdots, m \tag{11.26}$$

因此,有

$$w_j \approx \Big[\sum_{t=1}^{T} (\varepsilon_j)_{t-1}^2 \Big] / T, j = 1, 2, \cdots, m \tag{11.27}$$

另一方面,从动态系统可知:

$$\boldsymbol{\varepsilon}_{t-1} = \boldsymbol{\beta}_t - \boldsymbol{\beta}_{t-1} \tag{11.28}$$

则

$$\sum_{t=1}^{T} (\varepsilon_j)_{t-1} = (\beta_j)_T - (\beta_j)_0 \tag{11.29}$$

对 ε 的每个分量 ε_j 均有:

$$\sum_{t=1}^{T} (\varepsilon_j)_{t-1} = (\beta_j)_T - (\beta_j)_0 \tag{11.30}$$

$$[(\beta_j)_T - (\beta_j)_0]^2 = \left[\sum_{t=1}^{T} (\varepsilon_j)_{t-1} \right]^2$$

$$= \sum_{t=1}^{T} (\varepsilon_j)_{t-1}^2 + 2 \sum_{1 \le t < \tau \le T} (\varepsilon_j)_{t-1} (\varepsilon_j)_{\tau-1} \tag{11.31}$$

上式右端第一项是平方和,必定为正数,第二项是各交叉项之和,由于 ε 是均值为零的随机序列,可知第二项远小于第一项,因此有

$$[(\beta_j)_T - (\beta_j)_0]^2 \approx \sum_{t=1}^{T} (\varepsilon_j)_{t-1}^2 \tag{11.32}$$

将式(11.32)代入式(11.27),则得到:

$$w_j = [(\beta_i)_T - (\beta_j)_0]^2 / T, j = 1, 2, \cdots, m \tag{11.33}$$

用 β 的变化来估算 $\boldsymbol{W}$ 值,得到 $\boldsymbol{W}$ 的估算式如下:

$$\boldsymbol{W} \approx \begin{bmatrix} (\Delta\beta_1)^2/\Delta T & 0 & \cdots & 0 \\ 0 & (\Delta\beta_2)^2/\Delta T & \cdots & 0 \\ \vdots & \vdots & & \vdots \\ 0 & 0 & \cdots & (\Delta\beta_m)^2/\Delta T \end{bmatrix} \tag{11.34}$$

利用样本资料对预报量 Y 的 n 个分量 $(y_1, y_2, \cdots, y_n)$ 建立回归方程后,可以求出 n 个残差 $(q_1, q_2, \cdots, q_n)$,从回归分析得知:

$q_1/(k-m-1), q_2/(k-m-1), \cdots, q_n/(k-m-1)$ 分别就是 $v_1, v_2, \cdots, v_n$ 的无偏估计值,其中 k 是样本的容量,m 是因子个数,$k > m+1$,因此有

$$\boldsymbol{V} = \begin{bmatrix} \dfrac{q_1}{k-m-1} & 0 & \cdots & 0 \\ 0 & \dfrac{q_2}{k-m-1} & \cdots & 0 \\ 0 & 0 & \cdots & \dfrac{q_n}{k-m-1} \end{bmatrix} \tag{11.35}$$

当 $n=1$ 时,Y_t 成了标量,V 也是一个数值,即 $V=q/(k-m-1)$。

综上所述,可以看出确定递推系统参数的客观方法虽不是十分精确,却是一个合理的计算方法,关系到天气预报的稳定性和预报精度。我们只要用少量(2 个月)的量测 (X_i,Y_i) 样本资料,就能得到这 4 个递推系数参数 $\boldsymbol{\beta}_0$、$\boldsymbol{C}_0$、$\boldsymbol{W}$ 和 $\boldsymbol{V}$。

分析式(11.18)可知,系数的更新原理是在已知前一时刻$(t-1)$的系数$(\hat{\boldsymbol{\beta}}_{t-1})$的基础上,加上订正项 $\boldsymbol{A}_t(Y_t-\hat{Y}_t)$。获取该订正项构成了递推的主要过程。$\boldsymbol{A}_t$ 项是通过计算式(11.19)得到 $\boldsymbol{R}_t$ 及计算式(11.20)得到 $\boldsymbol{\sigma}_t$ 之后,在获得预报因子值 X_t 的前提下由式(11.21)得到,而计算预报误差$(Y_t-\hat{Y}_t)$项十分简单,只要计算了预报方程获得预报值之后,又获得了该预报量的观测值就能得到。系数订正项 $\boldsymbol{A}_t(Y_t-\hat{Y}_t)$ 反映了 X_t、$\boldsymbol{C}_{t-1}$、$\boldsymbol{W}$、$\boldsymbol{V}$ 及预报误差等因素对系数变化的综合作用,其中,预报误差对方程系数更新的影响更为重要。一般预报方程如 MOS 方程或 PP 方程在制作预报的过程中,即使预报误差很大,也无法将预报误差反馈到预报方程,及时修正预报方程来提高预报精度,但卡尔曼递推系统有这种功能,这正是该方法有广泛应用前景的原因之一,除了预报误差对方程系数更新有重要影响之外,预报因子质量也是重要因素之一。

值得注意的是,在计算系数订正项 $\boldsymbol{A}_t$ 时,用到式(11.19),该式中的 $\boldsymbol{C}_{t-1}$ 也与 $\hat{\boldsymbol{\beta}}_{t-1}$ 一样,在递推过程中是需要更新的参数,直接计算式(11.18)就能获取。可以说,应用递推系统的过程是每增加一次新的量测 X_t 和 Y_t 时,利用 $\boldsymbol{W}$ 和 $\boldsymbol{V}$、前一次的系数 $\hat{\boldsymbol{\beta}}_{t-1}$ 及其误差 $\boldsymbol{C}_{t-1}$ 就可推算下时刻的 $\hat{\boldsymbol{\beta}}_t$ 及 $\boldsymbol{C}_t$,同时又做了要素预报,如此反复循环进行。

11.4.3　最小二乘支持向量机(LSSVM)副高预报模型

支持向量机可以看作是一个 3 层前向神经网络,其输出是若干中间层节点的线性组合,而每一个中间层节点对应于输入样本与一个支持向量的内积。网络结构图如图 11.1 所示。

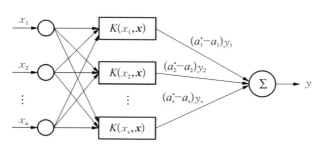

图 11.1　支持向量机网络结构示意图

其中 $K(x_s,\boldsymbol{x})$ 为核函数,$\boldsymbol{x}_s$ 为支持向量,$a_s^*-a_s$ 为网络权重(Lagrange 乘子),$x_1,x_2,\cdots,x_n$ 为输入变量,y 为网络输出,其隐节点个数即为支持向量机的个数。每个基函数中心对应一个支持向量,它们以及输出权值都是由算法自动确定的。建立模型的过程就是对输入的训练样本根据模型的期望输出,调节模型参数确定核函数和支持向量的过程。

由于支持向量机是通过内积函数定义的非线性变换将输入空间变换到一个高维空间,在这个高维空间中求最优回归函数。这样,核函数就反映了高维特征空间中任意两个样本点之间的位置关系,因而对样本点的拟合具有重要意义,核函数选取的好坏直接影响到 LSSVM 模型性能的优劣。但如何选择合适的核函数,目前还没有一个对特定问题选用最佳核函数的有效方法。此处,我们分别采用几种常用的核函数,例如多项式核函数、Sigmod 核函数和 RBF 核函数来构建预报优化模型,固定参数值进行预测,根据预测结果进行评定,从而选出最合适的核函数。经过大量的仿真试验,最终确定选用 RBF 核函数。所以,模型最终的回归函数形式为:

$$f(x) = w^T \Phi(x) + b = \sum_{i=1}^{l} a_i K(X_i, X) + b \tag{11.36}$$

核函数确定后,还需确定两个相关的参数:σ 和 γ,其中 σ 为核参数,调节核函数的平滑程度;γ 为正则化参数,控制模型的复杂度和函数逼近误差的大小。这两个模型参数在很大程度上决定了该模型的学习能力及泛化能力。如何确定模型参数,目前尚缺乏一个客观有效的方法。

遗传算法具有自适应性、全局寻优的特点,体现出很强的解决问题的能力。此处尝试引入遗传算法,通过全局搜索,优化确定支持向量机模型的参数 σ、γ,使该模型同时具有较好的学习能力和泛化能力。具体实现步骤如下:

① 对 σ 和 γ 进行十进制编码。每一个遗传个体由一个十进制码串组成。解的搜索空间为 $[0.001\ 1000]$。

② 在编码空间中,随机生成一个初始种群,并给定最大遗传代数 N。

③ 计算当前群体中所有遗传个体的适应度,定义目标函数为:

$$f(y, \sigma) = \frac{1}{k} \left(\sum_{i=1}^{k} \frac{1}{m} \sum_{j=1}^{m} | \hat{y}_j - y_j | \right) \tag{11.37}$$

其中 k 为交叉检验的折数。m 为 k-折交叉检验中检验样本的个数。y_j 为训练集中的样本,$\hat{y}_j$ 为支持向量机模型的拟合值。$f(\gamma, \sigma)$ 越小,个体的适应值越高。因此,个体的适应值函数可取 $1/f(\gamma, \sigma)$。

④ 根据个体的适应度,对群体进行遗传操作。其中选择采用赌轮法,交叉则采用多点交叉,生成新一代群体。

⑤ 反复进行③、④,每进行一次,群体就进化一代,一直进化到第 N 代。

对最佳个体进行解码,得到最小二乘支持向量机模型的参数 σ 和 γ。将求解的最优参数代入式即可得到支持向量的系数 a、b,将独立检测样本代入式(11.36)即可进行预报。

11.5　支持向量机-卡尔曼滤波组合优化预报模型

基于支持向量机的预报优化模型尽管能够取得比较好的预报结果,但由于预报对象(副高)本身比较复杂、模型优化因子不够充分以及优化模型的输入、输出基本上是一个静态映射结构,因此前一时刻的预测误差难以得到有效的反馈、调整和修正。

为考虑前一时刻预报误差的反馈信息,动态跟踪副高的变化趋势,我们拟引入卡尔曼滤波方法对支持向量机模型的输出结果做进一步的动态跟踪调试。即根据前一时刻支持向量机模型预测误差的大小来提高下一时刻的预报精度,这样不仅利用了样本提供的信息,同时也吸收了前一时刻预测误差的反馈信息,从而有利于提高模型的输出精度,表现出较强的自适应能力。

将支持向量机模型的输出结果作为卡尔曼滤波模型待选的输入变量,与支持向量机模型的输入因子一起构成卡尔曼滤波模型的输入矩阵。

预测的公式为卡尔曼滤波递推系统中的量测方程。设 $x_1(t), x_2(t), \cdots, x_{n-1}(t), x_n(t+1)$ 为卡尔曼滤波模型的输入因子,其中 $x_n(t+1)$ 为支持向量机模型预测结果。其量测方程为:

$$\hat{x}(t+m) = b_0(t) + b_1(t) \cdot x_1(t+3) + b_2(t) \cdot x_2(t) + \cdots +$$
$$b_{n-1}(t) \cdot x_{n-1}(t) + b_n(t) \cdot x_n(t+m) + e(t) \tag{11.38}$$

其中 $m = 1, 3, 5$,表示预报时效。

式中 $\hat{x}(t+m)$ 为卡尔曼模型的预测结果;$b_0(t), b_1(t), \cdots, b_n(t)$ 为随时间变化的订正系数;$e(t)$ 为订正误差。

卡尔曼滤波递推系统需要确定 4 个初始参数,这里采用文献[5]确定。由于选取了 n 个订正因子,所以递推公式中的向量是 $n+1$ 维的,矩阵是 $n+1$ 阶的。

① $b(0|0)$:样本取前 120 天值,用最小二乘法确定。

② $c(0|0)$:$c(0|0)$ 是 $b(0|0)$ 误差方差阵。假定 $b(0|0)$ 与理论相等,所以 $c(0|0)$ 是 $n+1$ 阶的零方阵。

③ w:据动态噪声及动态系统的性质可推得:

$$w = \begin{bmatrix} (\Delta b_0)^2/\Delta t & 0 & \cdots & 0 \\ 0 & (\Delta b_1)^2/\Delta t & \cdots & 0 \\ \vdots & & & \\ 0 & 0 & \cdots & (\Delta b_n)^2/\Delta t \end{bmatrix} \tag{11.39}$$

$\Delta b_t = b_{11t} - b_{1t}, \Delta b_t(i = 0, 1, \cdots, n)$ 为由两组样本分别求出的两个回归系数向量的分量差,Δt 为两组样本时间差。前 120 天的预报优化因子,用最小二乘法分别求出 $b_1, b_{11}, \Delta t$ 取 60。

④ v:v 是量测噪声的方差。当预报量只有一个时,v 则变成标量,为一个数值,用选取的前 120 天的预报因子,建立副高指数预报订正的回归方程,求出其残差平方和 q。$q/(k-m)$ 就是 v 的无偏估计值,其中 k 为样本个数 120,m 为矩阵阶数。

根据上述方法最终确定 4 个起步参数 b_0、C_0、W、V 后,然后按卡尔曼滤波的递推公式即可得每一步预报优化结果及下一步的参数值。

11.6 应用实验及结果分析

11.6.1 实验资料

研究资料为美国国家预报中心（NCEP）和美国国家大气研究中心（NCAR）提供的 1995—2005（11 年）夏季月份（每年 5 月 1 日—8 月 31 日）共计 1353 天的 500 hPa 位势高度场、200 hPa 高度场、海平面气压场、850 hPa 风场、200 hPa 风场潜热、感热通量场序列逐日再分析资料。预报优化对象和模型训练目标为 500 hPa 位势场计算所得的逐日副高形态指数（面积指数、脊线指数、西脊点指数）。根据时滞 1 天、3 天、5 天的格点相关分析结果，然后用基于逐步回归的最优子集回归方法，最终选取如表 3.2、表 3.3、表 3.4 中带星号的预报因子和副高面积指数，分别构建副高面积指数 1 天、3 天、5 天的支持向量机-卡尔曼滤波的预报优化模型；选取如表 3.6、表 3.7、表 3.8 中带星号的预报因子和副高脊线指数构建副高脊线指数 1 天、3 天、5 天的支持向量机-卡尔曼滤波的预报优化模型；选取如表 3.10、表 3.11、表 3.12 中带星号的预报因子和副高西脊点指数，构建副高西脊点指数 1 天、3 天、5 天的支持向量机-卡尔曼滤波的预报优化模型。

为便于模型建立和预报结果的比较，将数据资料分为两部分：第一部分用于模型建立和拟合测试，所取数据为 1995—2003 年夏季（5 月 1 日—8 月 31 日）共 1107 天；在建立模型的过程中，采用 k-折交叉检验方法，本节取 $k=10$。第二部分资料不参与建模，主要用于模型独立预报检验和预报效果评估，资料范围为 2004—2005 年 5 月 1 日—8 月 31 日共 246 天。

11.6.2 副高面积指数的预报结果

图 11.2、图 11.4、图 11.6 分别是支持向量机模型 1 天、3 天、5 天的预报结果。从图中可以看出支持向量机模型 1 天的预报结果（点线）与实际副高面积指数（实线）的变化尽管部分转折、升降与实际变化有些偏差，但总体趋势上能够较好地把握，相关系数为 0.7526。而 3 天、5 天的预报结果和实际副高面积指数的变化偏差比较大，5 天的相关系数仅为 0.27。图 11.3、图 11.5、图 11.7 分别是所建立的支持向量机-卡尔曼滤波模型 1 天、3 天、5 天的预报优化结果与实际副高面积指数的对比。从 1 天的预报结果来看，模型预报优化结果（点线）与实际副高面积指数（实线）时间序列的总体趋势上能够较好地把握，大部分升降、转折过程也基本表现正确。预报值和实际值的相关系数达到 0.77，平均绝对误差为 21.3。较支持向量机模型的预报效果不但总体趋势更加逼近实际副高强度的变化，而且数值上更加接近实际副高面积指数。3 天、5 天的预报结果较支持向量机模型的预报结果也有很大的改善。相关系数分别由原来的 0.38 和 0.27 提高到 0.48 和 0.54。不但总体趋势的预报上有比较大的改善，而且一些升降、转折过程较支持向量机模型得到了比较明显的修正，如表 11.1 所示。总之，支持向量

机-卡尔曼滤波模型较支持向量机模型有较好的预报效果,预报结果更符合实际副高强度的变化。

表 11.1　支持向量机和支持向量机-卡尔曼滤波模型预报结果

	1 天		3 天		5 天	
	LSSVM	KAL-LSSVM	LSSVM	KAL-LSSVM	LSSVM	KAL-LSSVM
R	0.7526	0.7735	0.3796	0.4855	0.2699	0.5372
MAE	21.9871	21.3020	31.9271	30.156	32.4011	30.7629

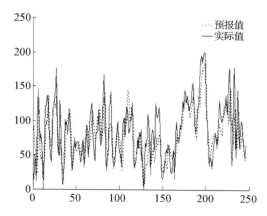

图 11.2　副高面积指数 1 天 Lssvm
模型的预测结果

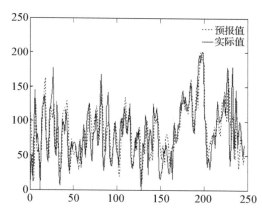

图 11.3　副高面积指数 1 天 Lssvm- Kalman
模型的预测结果

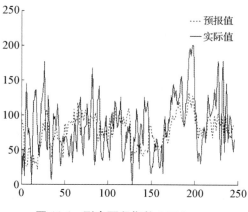

图 11.4　副高面积指数 3 天 Lssvm
模型的预测结果

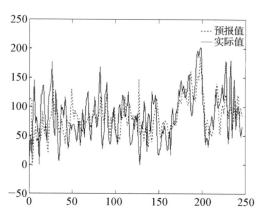

图 11.5　副高面积指数 3 天 Lssvm-Kalman
模型的预测结果

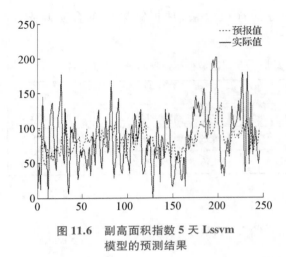

图 11.6　副高面积指数 5 天 Lssvm
模型的预测结果

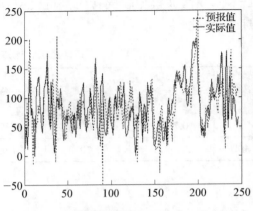

图 11.7　副高面积指数 5 天 Lssvm-Kalman
模型的预测结果

11.6.3　副高脊线指数的预报结果

　　图 11.8、图 11.10、图 11.12 分别是支持向量机模型 1 天、3 天、5 天的副高脊线指数的预报结果。从图中可以看出支持向量机模型 1 天的预报结果(点线)与实际副高脊线指数(实线)在一些转折性的变化上有较大的偏差,但总体趋势上能够较好地把握,相关系数为 0.8431。3 天、5 天的预报结果与实际结果的相关系数分别为 0.7526 和 0.6785,能够为副高南北移动的预报提供一定的参考。图 11.9、图 11.11、图 11.13 分别是所建立的支持向量机-卡尔曼滤波模型 1 天、3 天、5 天的预报优化结果与实际副高脊线指数的对比。从 1 天的预报结果来看,模型预报优化结果(点线)与实际副高脊线指数(实线)时间序列不但总体趋势上能够较好地把握,并且大部分升降、转折过程也基本表现正确。预报值和实际值的相关系数达到 0.8733,平均绝对误差为 2.388。较支持向量机模型的预报效果不但总体趋势上更加逼近实际副高脊线指数的变化,而且数值上更加接近实际副高脊线指数。3 天、5 天的预报结果较支持向量机模型的预报结果也有不同程度的改善,相关系数分别由原来的 0.7526 和 0.6785 提高到 0.7945 和 0.7391。预报结果不但总体趋势上有比较大的改善,而且一些升降、转折过程较支持向量机模型得到了比较明显的修正。特别是支持向量机模型预报结果中的一些峰值(最大值和最小值)得到了比较好的修正,如表 11.2 所示。总之,支持向量机-卡尔曼滤波模型较支持向量机模型有较好的预报效果,预报结果更符合实际副高脊线指数的变化。

表 11.2　支持向量机和支持向量机-卡尔曼滤波模型预报结果

	1 day		3 day		5 day	
	LSSVM	KAL-LSSVM	LSSVM	KAL-LSSVM	LSSVM	KAL-LSSVM
R	0.8431	0.8733	0.7526	0.7945	0.6785	0.7391
MAE	2.388	2.094	2.832	2.675	3.2707	2.986

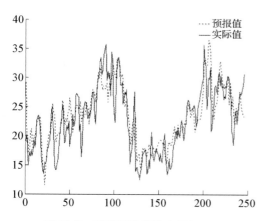

图 11.8　副高脊线指数 1 天 Lssvm
模型的预测结果

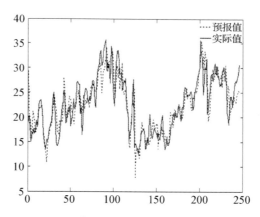

图 11.9　副高脊线指数 1 天 Lssvm-Karlman
模型的预测结果

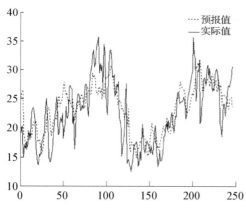

图 11.10　副高脊线指数 3 天 Lssvm
模型的预测结果

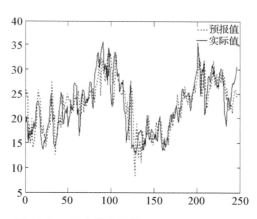

图 11.11　副高脊线指数 3 天 Lssvm-Kalman
模型的预测结果

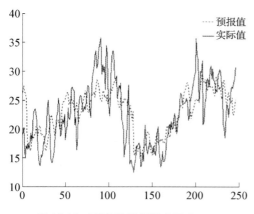

图 11.12　副高脊线指数 5 天 Lssvm
模型的预测结果

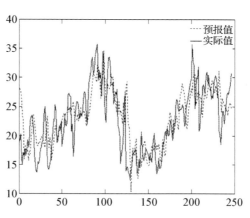

图 11.13　副高脊线指数 5 天 Lssvm-Kalman
模型的预测结果

11.6.4　副高西脊点指数的预报结果

　　图 11.14、图 11.16、图 11.18 分别是支持向量机模型 1 天、3 天、5 天的副高西脊点指数的预报结果。从图中可以看出支持向量机模型预报结果(点线)与实际副高西脊点指数(实线)有较大的偏差,总体预报效果不是很理想,1 天预报的相关系数仅为 0.5291。3 天、5 天的预报结果更差,相关系数分别仅为 0.2514 和 0.2258。图 11.15、图 11.17、图 11.19 分别是所建立的支持向量机-卡尔曼滤波模型 1 天、3 天、5 天的预报优化结果与实际副高西脊点指数的对比。从 1 天的预报结果来看,模型预报优化结果(点线)总体趋势上能够反映实际副高西脊点指数(实线)时间序列的变化趋势,大部分升降、转折过程也基本表现正确。预报值和实际值的相关系数达到 0.6263,平均绝对误差为 8.914。较支持向量机模型的预报效果不但总体趋势上更加逼近实际副高西脊点指数的变化,而且一些升降转折过程的变化也更逼近于实际副高西脊点指数的变化。3 天、5 天的预报结果较支持向量机模型的预报结果也有不同程度的改善,相关系数分别由原来的不足 0.3 提高到 0.4658 和 0.4390,尽管相关系数没有达到 0.5,但是主要的一些升降、转折过程较支持向量机模型得到了比较好的修正,更接近于实际副高西脊点指数的变化。特别值得注意的一点是,支持向量机-卡尔曼滤波模型 5 天预报结果的相关系数虽然较 3 天预报结果的相关系数低一些,但是 5 天的平均绝对误差(9.846)较 3 天的平均绝对误差也小。这说明虽然 3 天的预报结果总体变化趋势上与实际结果更接近,但是 5 天的预报结果与实际副高西脊点指数更接近,如表 11.3 所示。总之,支持向量机-卡尔曼滤波模型较支持向量机模型有较好的预报效果,预报结果更符合实际副高西脊点指数的变化。

表 11.3　支持向量机和支持向量机-卡尔曼滤波模型预报结果

	1 day		3 day		5 day	
	LSSVM	KAL-LSSVM	LSSVM	KAL-LSSVM	LSSVM	KAL-LSSVM
R	0.5291	0.6263	0.2514	0.4658	0.2258	0.4390
MAE	10.190	8.914	12.037	10.106	12.037	9.846

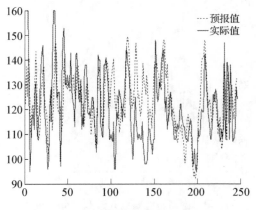

图 11.14　副高西脊点指数 1 天 Lssvm 模型的预测结果

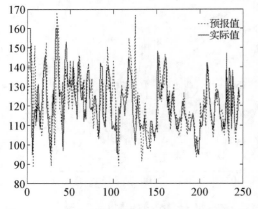

图 11.15　副高西脊点指数 1 天 Lssvm-Karlman 模型的预测结果

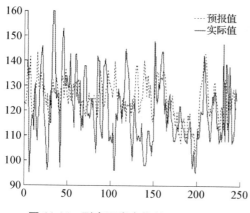

图 11.16　副高西脊点指数 3 天 Lssvm
模型的预测结果

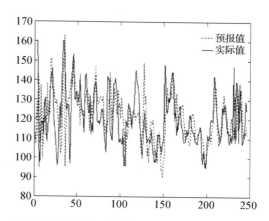

图 11.17　副高西脊点指数 3 天 **Lssvm-Kalman**
模型的预测结果

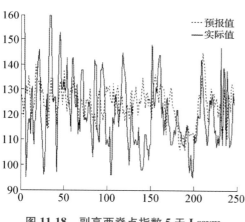

图 11.18　副高西脊点指数 5 天 **Lssvm**
模型的预测结果

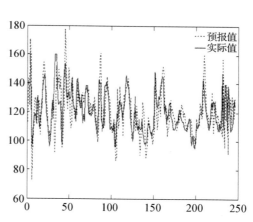

图 11.19　副高西脊点指数 5 天 **Lssvm-Kalman**
模型的预测结果

11.7　本章小结

针对常规神经网络方法存在的不足,引入了新的统计学习算法——支持向量机模型,详细介绍了最小二乘支持向量机算法的原理与优势。然而,传统的最小二乘支持向量机方法,对超出误差的样本的惩罚程度是不变的。这样对超出误差的极端样本(较大的和较小的样本)的惩罚力度较弱,使得训练精度和泛化改善能力欠佳。为此引入峰值识别系数,对超出误差极端的样本加大惩罚力度,从而提高训练精度、改善泛化能力。把引入峰值识别系数的最小二乘支持向量机模型称为峰值识别最小二乘支持向量机。随后,建立峰值识别最小二乘支持向量机的副热带高压预测模型。尽管基于峰值识别的最小二乘支持向量机预报优化模型能够取得比较好的预报结果,但由于预报对象(副高)本身比较复杂、模型优化因子不够充分以及优化模型的输入、输出基本上是一个静态映射结构,因此前一时刻的预测误差难以得到有效的反馈、调整和修正。为考虑前一时刻预报误差的反馈信息,动态跟踪副高的变化趋势,本章拟引入卡尔曼滤波方法,建立最小二乘支持向量机-卡尔曼滤波的预报模型,对支持向量机模型的输出结果做进一步的动态跟踪调试。即根据前一时刻支持向量机模型预测误差的大小来提高下一时刻的预报精度。最后,应用比较最小二乘支持向量机和最小二乘支持向量机-卡尔曼滤波模型的预报效果,实验结果表明:本章所提出的最小二乘支持向量机和卡尔曼滤波相结合的方法相比最小二乘支持向量方法,更能客观、有效地刻画副高的活动,优化和改进副高的预报效果。为副高等复杂天气系统的预报提供了一个更为有效和实用的预报方法及手段,该方法表现出泛化能力强、训练速度快、稳定性好、便于建模等优点,具有很强的移植性。

参考文献

[1] VAPINK V, GOLOWICH S E, SMOLA A. Support vector method for function approximation, regression estimation, and signal processing[M]. Cambridge:MIT Press, 1997: 281 - 287.

[2] VlAPNIK V V.统计学习理论的本质[M].张学工,译.北京:清华大学出版社,2000.

[3] 卢峰本.卡尔曼滤波在沿海冬半年风力预报中的应用[J].气象,1998,24(3):50 - 53.

[4] 陆如华,徐传玉,张玲,等.卡尔曼滤波的初值计算方法及其应用[J].应用气象学报,1997,8(1):34 - 43.

[5] 吴国雄.副热带高压形成和变异的动力学问题[M].北京:科学出版社,2002.

第十二章 小波分解与 LSSVM 结合的 副高指数预测

12.1 引　　言

在大量的统计预报方法中,尤其是在短期气候预测业务工作中,经常使用的是多元分析统计预报方法。该方法主要是利用对预报量未来变化有影响的一些外生变量作为预报因子,来建立预报量与预报因子间的统计预报方程或模型。然而,预报模型的好坏,与预报因子的优劣有很大的关系。并且在气象预报中,预报因子和预报变量之间大都是一种非线性的影响关系。可是目前预报因子的选取基本上都基于线性相关的基础之上,很难筛选出比较好的影响因子,特别是和预报变量相关的中短期影响因子,这样做不但费时而且效果不明显。并且,副高是一个非常复杂的系统,引起副高变化的影响因子很多,且错综复杂,一般很难肯定认为副高未来的变化只与一些高度场、风场等因子有关。实际的副高预测问题很可能不仅受到影响副高变化的众多外生变量因子影响,同时也必然会与副高自身的周期变化有关。

基于这样的分析,本章尝试利用最小二乘支持向量机结合小波分析的方法,研究和探讨仅利用副高自身的变化来预测其未来的变化趋势的途径方法。

12.2　小波分析

小波(Wavelet)分析是当前应用数学研究中一个迅速崛起的新领域,是泛函分析、傅立叶分析、样条理论、调和分析、数值分析等多学科相互交叉的结晶,是非平稳随机信号分析处理的强有力工具。近年来,小波分析在信号处理、语音合成、图像分析、数据压缩、故障诊断、模式识别、地球物理勘探和大气科学等研究领域都得到了广泛的应用。

小波分析是从傅里叶变换发展起来的,核心是多分辨率分析,其优于傅里叶变换的地方在于它在时域和频域同时具有良好的局部化性质,从而可以把分析重点聚焦到任意的细节,使我们能够揭示分析对象在不同层次上的详细结构。

1988 年 S.Mallat 在构造正交小波基时提出了多分辨率分析(Multi Resolution Analysis)概念,从空间的概念上形象地说明了小波的多分辨率特性,给出了正交小波的构造方法以及正交小波变换的快速算法,即 Mallat 算法[1]。小波分解旨在构造一个频率上高度逼近原始信号的正交小波基,这些频率分辨率不同的正交小波基相当于带宽各异的带通滤波器。小波变换的多分辨率分析主要是对信号的低频空间做细致的分解,使其低频部分的分辨水平越来越高,从而降低信号的复杂程度。

12.3　预报建模

11 年逐日的西太副高形态指数 $\{SI(t),RI(t),WI(t),t=1,2,\cdots,n\}$ 可看作一个复杂的信号,利用小波分解能够将复杂信号进行频率(周期)分离的特性,将副高形态指数序列

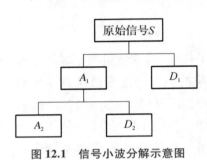

图 12.1　信号小波分解示意图

$\{SI(t),RI(t),WI(t)\}$ 分解为相对简单的低频信号和高频信号,其分解过程如图 12.1 所示。即将原始信号 $S(S$ 可取 $\{SI(t),RI(t),WI(t)\})$ 分解为低频信号 A_1 和高频信号 D_1,接着再对低频信号 A_1 分解,将其分解为低频信号 A_2 和高频信号 D_2。图中仅对原始信号进行了两层分解,实际应用中我们可以根据实际需要不断对分解后的低频信号进行再次分解,直到满足要求。考虑到分解重构会引起累积误差,因此分解水平不宜过高,本节用 sym5 小波基对信号进行 4 层分解,共得到 5 个频段的信号。

然后分别建立每个频段的信号的 LSSVM 预测模型。每个 LSSVM 预测模型均选用 RBF 核函数 $K(x_i,x_j)=\exp(-\sigma\|x_i-x_j\|^2),\sigma>0$。调节核函数平滑程度的核参数 σ 和控制模型复杂度以及函数逼近误差大小的正则化参数 γ,在很大程度上决定了 LSSVM 预测模型的学习能力和泛化能力。遗传算法具有自适应性、全局寻优的特点,体现出很强的解决问题的能力。本节尝试引入遗传算法,全局寻优客观确定 LSSVM 模型的参数 σ、γ,使 LSSVM 模型同时具有较好的学习能力和泛化能力。下面我们以副高面积指数为例,详细叙述一下整个建模预测的过程。

① 为防止数据溢出,同时加快运算速度,首先采用下式对副热带高压面积指数作归一化处理。

$$\overline{SI}(t)=\frac{SI(t)-SI_{\min}}{SI_{\max}-SI_{\min}},t=1,2,\cdots,n \tag{12.1}$$

式中 $SI(t)$ 为副高形态指数值,$\overline{SI}(t)$ 为归一化后的副高形态指数值,$SI_{\max}$、$SI_{\min}$ 分别为副高面积指数序列的最大、最小值。

② 用 sym5 小波基对 $\overline{SI}(t)$ 进行 4 层分解,可将其分解为 5 个频段的相对简单的信号(如图 12.2 中 a4、d4、d3、d2、d1 所示)。将每个频段的信号分为两部分,第一部分 1107 天用于模型的建立,第二部分 246 天用于模型的检验。

③ 然后分别对 a4、d4、d3、d2、d1 这 5 个频段的信号建立多输入、单输出的 LSSVM 模型。选用超前 1、2、3、4 天的时间系数作为模型的预报因子,第 1 天、3 天、5 天的各频段信号为预

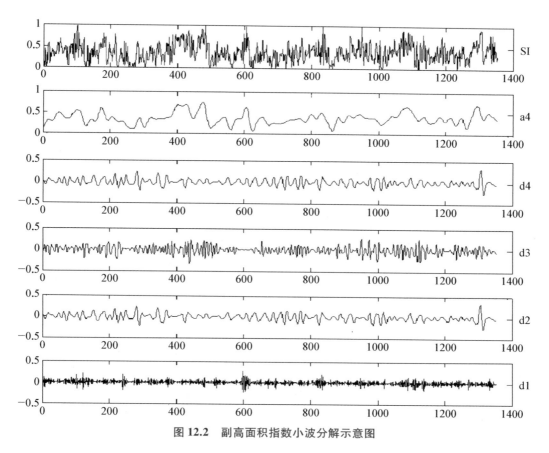

图 12.2　副高面积指数小波分解示意图

报对象。设 P,T 分别为 LSSVM 模型的预报因子输入和预报对象输出序列。即

$$P = [X(t),X(t-1),X(t-2),X(t-3)] \tag{12.2}$$

$$X = a4,d4,d3,d2,d1 \tag{12.3}$$

$$T = [X(m)], m = t+1, t+3, t+5 \tag{12.4}$$

则每一时次的训练数据对为 $[X(t-1),X(t-2),X(t-3),X(t-4),X(m)]$,LSSVM 预测模型可以描述为:

$$T = \phi(P) \tag{12.5}$$

式中 ϕ 为非线性映射。在建立每个频段的 LSSVM 模型时,每个模型均选用 RBF 核函数确定,模型参数采用遗传算法全局寻优客观确定。其具体步骤此处不再赘述,有关详细过程可参阅第五章。

④ 模型训练好以后,分别将每个频段的第二部分资料——独立检验样本代入到对应的每个模型,可得各频段的预测信号,对各频段的预测信号进行小波重构,并对重构后的信号反归一化,即可得预测的副高面积指数。

12.4　应用实验及结果分析

12.4.1　实验资料

　　美国国家预报中心(NCEP)和美国国家大气研究中心(NCAR)提供的1995—2005(11年)夏季月份(每年5月1日—8月31日)共计1353天的500 hPa位势高度场序列逐日再分析资料。预报优化对象和模型训练目标为500 hPa位势场计算所得的逐日副高形态指数(面积指数、脊线指数、西脊点指数)。

　　为便于模型的建立和预报结果的比较,将数据资料分为两部分:第一部分用于模型建立和拟合测试,所取数据为1995—2003年夏季(5月1日—8月31日)共1107天;在建立模型的过程中,采用k-折交叉检验方法,本节取$k=10$。第二部分资料不参与建模,主要用于模型独立预报检验和预报效果评估,资料范围为2004—2005年(5月1日—8月31日)共246天。

12.4.2　副高面积指数的预报结果

　　图12.3至图12.7分别给出了第1天各频段的预测结果,表12.1给出了1天各频段模型参数的寻优结果及独立预测检验的相关系数。从图中和表12.1可以看出各频域分量的预报结果在总体趋势和局部细节上均能够很好地逼近实际信号,独立检验相关系数均达到0.9以上。图12.8给出了小波最小二乘支持向量机1天集成的预测结果。从图中可以看出,预测结果在总体趋势和局部细节上均能够很好地逼近实际信号(相关系数达到0.9818,平均绝对误差仅为5.6514),对副高的几次异常的变化也能够很好地把握。

　　图12.10至图12.14分别给出了第3天各频段的预测结果,表12.2给出了3天各频段模型参数的寻优结果及独立预测检验的相关系数。从图中和表12.2可以看出除最高频段的信号预测结果和实际结果有较大的出入外(相关系数仅为0.5187),其他频段的信号在总体趋势和局部细节上也基本上能够逼近实际信号,独立检验的相关系数也基本达到了0.85以上。图12.15给出了小波最小二乘支持向量机3天集成的预测结果。从图中可以看出,预测结果在总体趋势上能够很好地逼近实际信号,相关系数为0.9014。对副高面积指数的转折、升降过程也能够比较准确地刻画,平均绝对误差为13.9617。

　　图12.17至图12.21分别给出了第5天各频段的预测结果,表12.3给出了5天各频段模型参数的寻优结果及独立预测检验的相关系数。从图中和表12.3可以看出除最高频段和次高频段的信号预测结果和实际结果有较大出入外(相关系数仅为0.5150和0.3489),其他频段的信号在总体趋势和局部细节上也基本上能够逼近实际信号,独立检验的相关系数也基本达到了0.80以上。图12.22给出了小波最小二乘支持向量机5天集成的预测结果。从图中可以看出,预测结果在总体趋势上能够比较好地逼近实际信号,相关系数为0.7856。对副高面积指数的转折、升降过程也能够基本准确地刻画,平均绝对误差为

19.7301。

为了比较小波最小二乘支持向量机的预报优势,此处我们也给出了同样条件下最小二乘支持向量机模型的预报结果。图 12.9、图 12.16、图 12.23 分别给出了 1 天、3 天、5 天最小二乘支持向量机副高面积指数的预报结果。

表 12.4 则给出了最小二乘支持向量机和小波最小二乘支持向量机 1 天、3 天、5 天的独立预报结果的相关系数和平均绝对误差。最小二乘支持向量机 1 天预报结果的相关系数仅为 0.7779,还不及小波最小二乘支持向量机 5 天预报的相关系数高,平均绝对误差也比 5 天的平均绝对误差高。仅从这一点我们就可以充分看出小波最小二乘支持向量机模型的预报优势。另外我们也注意到支持向量机模型的预报结果有一定时间的延迟,而小波最小二乘支持向量机模型则很好地解决了这个问题。

表 12.1 1 天各频段信号的检验及预测结果

	gam	*sig*	R(拟合)	R(检验)
第一频段	999.46	13.65	0.9999	0.9998
第二频段	991.69	27.12	0.9980	0.9976
第三频段	980.51	11.05	0.9895	0.9819
第四频段	680.75	4.86	0.9782	0.9416
第五频段	407.30	14.63	0.9459	0.9218

表 12.2 3 天各频段信号的检验及预测结果

	gam	*sig*	R(拟合)	R(检验)
第一频段	952.96	19.44	0.9978	0.9958
第二频段	997.48	21.81	0.9637	0.9400
第三频段	986.21	24.36	0.8431	0.8528
第四频段	967.22	2.94	0.8954	0.8429
第五频段	52.92	997.01	0.5988	0.5187

表 12.3 5 天各频段信号的检验及预测结果

	gam	*sig*	R(拟合)	R(检验)
第一频段	956.04	15.20	0.9893	0.9784
第二频段	289.89	9.69	0.8756	0.8324
第三频段	969.95	46.68	0.8099	0.8457
第四频段	946.94	28.49	0.5150	0.4302
第五频段	16.87	772.72	0.3489	0.1886

表 12.4 最小二乘支持向量机和小波最小二乘支持向量机的预报结果

	1 day		3 day		5 day	
	LSSVM	WT-LSSVM	LSSVM	WT-LSSVM	LSSVM	WT-LSSVM
R	0.7779	0.9818	0.2316	0.9014	0.1948	0.7856
MAE	20.563	5.6514	32.056	13.9617	35.682	19.7301

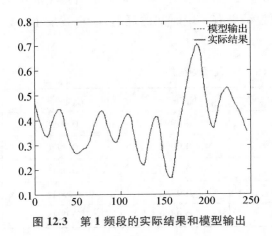

图 12.3 第 1 频段的实际结果和模型输出

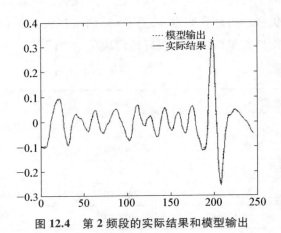

图 12.4 第 2 频段的实际结果和模型输出

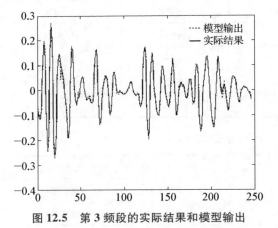

图 12.5 第 3 频段的实际结果和模型输出

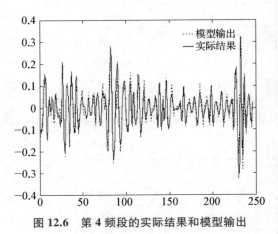

图 12.6 第 4 频段的实际结果和模型输出

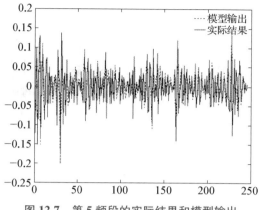

图 12.7　第 5 频段的实际结果和模型输出

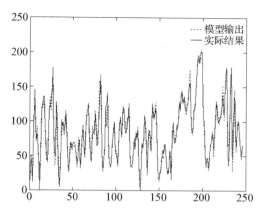

图 12.8　小波最小二乘支持向量机
1 天集成的预测结果

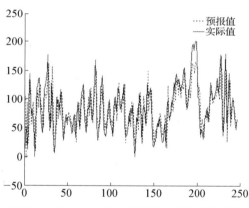

图 12.9　最小二乘支持向量机 1 天的预测结果

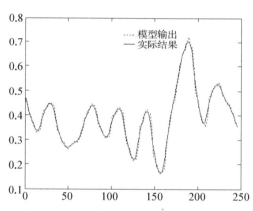

图 12.10　第 1 频段的实际结果和模型输出

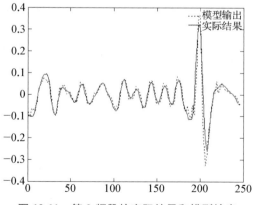

图 12.11　第 2 频段的实际结果和模型输出

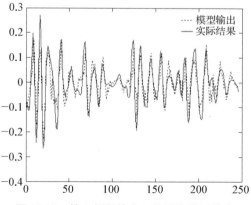

图 12.12　第 3 频段的实际结果和模型输出

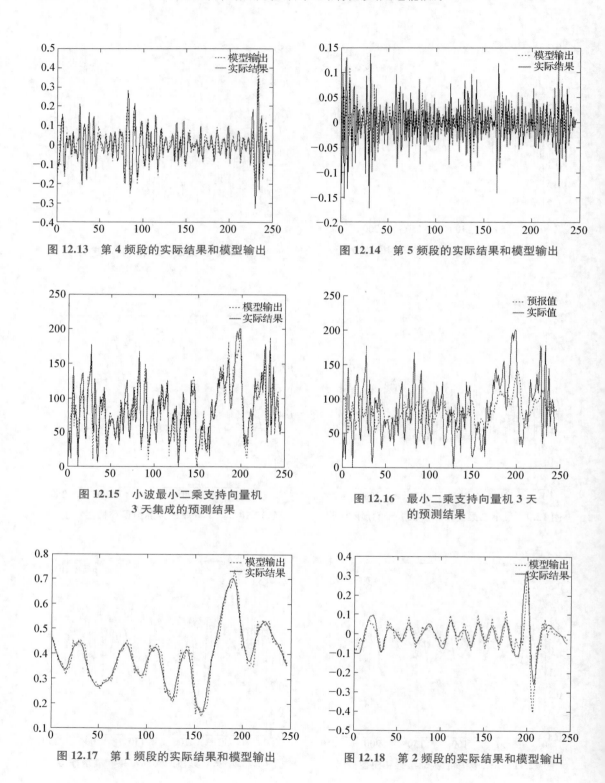

图 12.13　第 4 频段的实际结果和模型输出

图 12.14　第 5 频段的实际结果和模型输出

图 12.15　小波最小二乘支持向量机
3 天集成的预测结果

图 12.16　最小二乘支持向量机 3 天
的预测结果

图 12.17　第 1 频段的实际结果和模型输出

图 12.18　第 2 频段的实际结果和模型输出

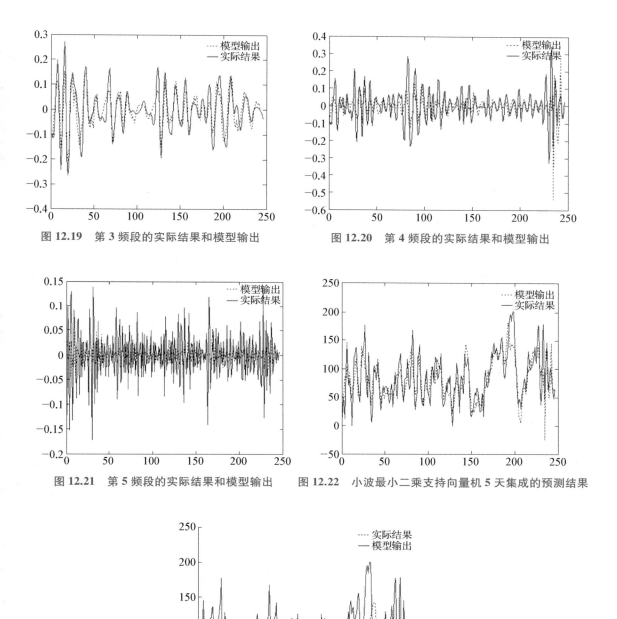

图 12.19　第 3 频段的实际结果和模型输出

图 12.20　第 4 频段的实际结果和模型输出

图 12.21　第 5 频段的实际结果和模型输出

图 12.22　小波最小二乘支持向量机 5 天集成的预测结果

图 12.23　最小二乘支持向量机 5 天的预测结果

12.4.3　副高脊线指数的预报结果

图 12.24 至图 12.28 分别给出了第 1 天各频段的预测结果,表 12.5 给出了 1 天各频段模型参数的寻优结果及独立预测检验的相关系数。从图中和表 12.5 可以看出,各频域分量的预报结果在总体趋势和局部细节上均能够很好地逼近实际信号,独立检验相关系数基本达到 0.9 以上。图 12.29 给出了小波最小二乘支持向量机 1 天集成的预测结果。从图中可以看出,预测结果在总体趋势和局部细节上均能够很好地逼近实际信号。相关系数几乎接近 1,达到 0.9993,平均绝对误差仅为 0.5056。

图 12.31 至图 12.35 分别给出了第 3 天各频段的预测结果,表 12.6 给出了 3 天各频段模型参数的寻优结果及独立预测检验的相关系数。从图中和表 12.6 可以看出,除最高频段的信号预测结果和实际结果有较大出入外(相关系数仅为 0.2043),其他频段的信号在总体趋势和局部细节上也基本上能够逼近实际信号,独立检验的相关系数也基本达到了 0.80 以上。图 12.36 给出了小波最小二乘支持向量机 3 天集成的预测结果。从图中可以看出,预测结果在总体趋势上能够很好地逼近实际信号,相关系数为 0.9463。对副高脊线指数除细节上稍微有些差异之外,主要的转折、升降过程均能够比较准确地刻画,平均绝对误差为 1.3971。

图 12.38 至图 12.42 分别给出了第 5 天各频段的预测结果,表 12.7 给出了 5 天各频段模型参数的寻优结果及独立预测检验的相关系数。从图中和表 12.7 可以看出,除最高频段和次高频段的信号预测结果和实际结果有较大的出入外(相关系数仅为 0.4366 和 0.0671),其他频段的信号在总体趋势和局部细节上也基本上能够逼近实际信号,独立检验的相关系数也基本达到了 0.75 以上。图 12.43 给出了小波最小二乘支持向量机 5 天集成的预测结果。从图中可以看出,预测结果在总体趋势上能够比较好地逼近实际信号,相关系数为 0.9110。对副高脊线指数的转折、升降过程也能够基本准确地刻画,平均绝对误差为 1.8329。

为了比较小波最小二乘支持向量机的预报优势,此处我们也给出了同样条件下最小二乘支持向量机模型的预报结果。图 12.30、图 12.37、图 12.44 分别给出了 1 天、3 天、5 天副高脊线指数的预报结果。表 12.8 则给出了最小二乘支持向量机和小波最小二乘支持向量机 1 天、3 天、5 天的独立预报结果的相关系数和平均绝对误差。对比最小二乘支持向量机和小波最小二乘支持向量机的预报结果,小波最小二乘支持向量机预报的相关系数均达到 0.9 以上,而最小二乘支持向量机最好的结果其相关系数为 0.8961,而且 5 天预测的相关系数仅为 0.6049。这进一步说明了小波最小二乘支持向量机模型的预报优势。另外我们也注意到尽管 1 天最小二乘支持向量机模型的预报结果为 0.8961,但仔细分析图 12.30 可以看出,预报结果相对于实际结果有一定的时间延迟,而小波最小二乘支持向量机模型则很好地解决了这个问题。

表 12.5 1 天各频段信号的检验及预测结果

	gam	*sig*	*R*(拟合)	*R*(检验)
第一频段	992.17	29.328	0.9999	0.9999
第二频段	984.66	26.875	0.9982	0.9978
第三频段	994.89	24.855	0.9873	0.9833
第四频段	271.77	4.6158	0.9743	0.9587
第五频段	172.81	17.565	0.9348	0.8967

表 12.6 3 天各频段信号的检验及预测结果

	gam	*sig*	*R*(拟合)	*R*(检验)
第一频段	997.85	48.83	0.9983	0.9992
第二频段	997.31	47.04	0.9626	0.9564
第三频段	997.80	16.20	0.8663	0.8088
第四频段	698.89	31.32	0.8430	0.8115
第五频段	25.077	905.02	0.4400	0.2043

表 12.7 5 天各频段信号的检验及预测结果

	gam	*sig*	*R*(拟合)	*R*(检验)
第一频段	992.03	48.826	0.9915	0.9961
第二频段	814.07	47.043	0.8535	0.8436
第三频段	342.43	16.21	0.8487	0.7482
第四频段	116.32	31.32	0.4625	0.4366
第五频段	22.77	95.02	0.2505	0.0671

表 12.8 最小二乘支持向量机和小波最小二乘支持向量机的预报结果

	1 day		3 day		5 day	
	LSSVM	WT-LSSVM	LSSVM	WT-LSSVM	LSSVM	WT-LSSVM
R	0.8961	0.9993	0.7018	0.9463	0.6049	0.9110
MAE	1.7669	0.5056	3.1915	1.3971	3.6031	1.8392

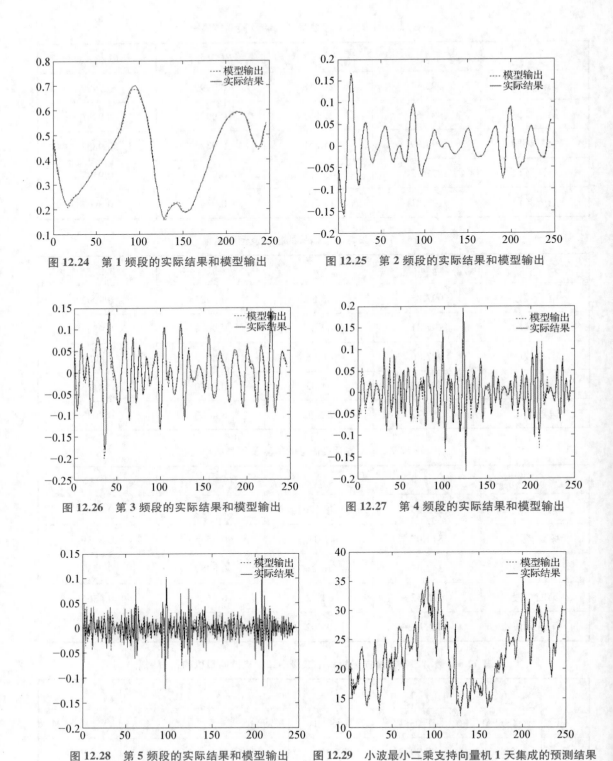

图 12.24　第 1 频段的实际结果和模型输出　　　　图 12.25　第 2 频段的实际结果和模型输出

图 12.26　第 3 频段的实际结果和模型输出　　　　图 12.27　第 4 频段的实际结果和模型输出

图 12.28　第 5 频段的实际结果和模型输出　　　　图 12.29　小波最小二乘支持向量机 1 天集成的预测结果

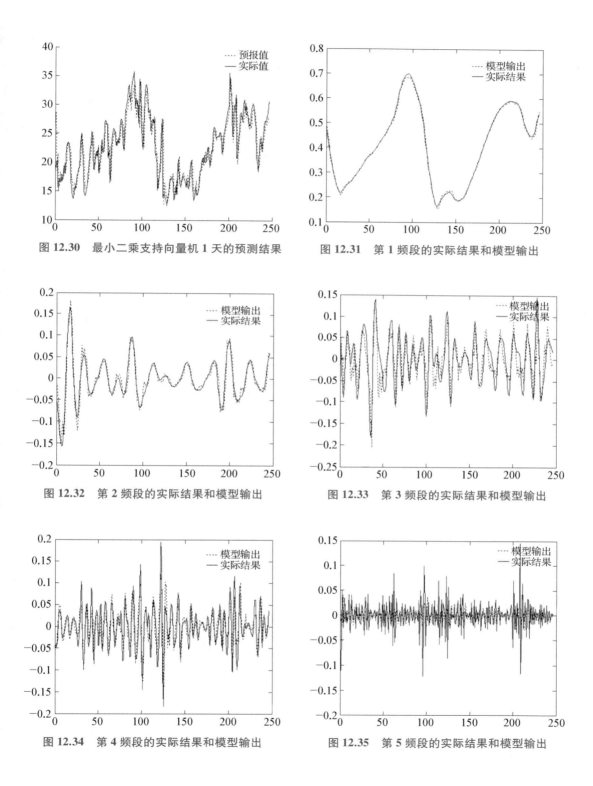

图 12.30 最小二乘支持向量机 1 天的预测结果

图 12.31 第 1 频段的实际结果和模型输出

图 12.32 第 2 频段的实际结果和模型输出

图 12.33 第 3 频段的实际结果和模型输出

图 12.34 第 4 频段的实际结果和模型输出

图 12.35 第 5 频段的实际结果和模型输出

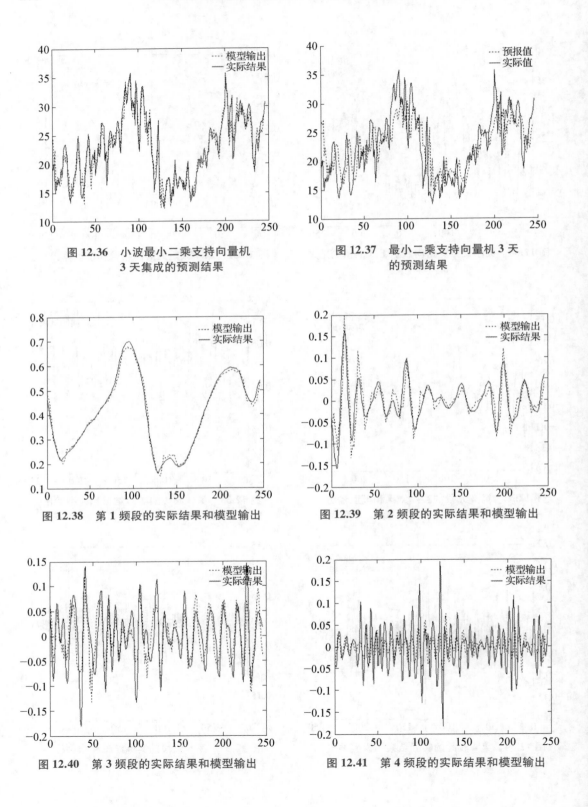

图 12.36　小波最小二乘支持向量机　　　图 12.37　最小二乘支持向量机 3 天
3 天集成的预测结果　　　　　　　　的预测结果

图 12.38　第 1 频段的实际结果和模型输出　　　图 12.39　第 2 频段的实际结果和模型输出

图 12.40　第 3 频段的实际结果和模型输出　　　图 12.41　第 4 频段的实际结果和模型输出

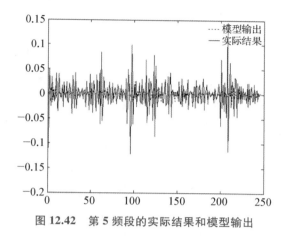

图 12.42　第 5 频段的实际结果和模型输出

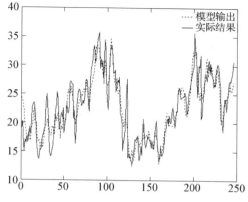

图 12.43　小波最小二乘支持向量机
5 天集成的预测结果

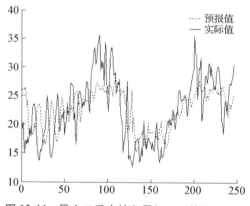

图 12.44　最小二乘支持向量机 5 天的预测结果

12.4.4　副高西脊点指数的预报结果

图 12.45 至图 12.49 分别给出了第 1 天各频段的预测结果,表 12.9 给出了 1 天各频段模型参数的寻优结果及独立预测检验的相关系数。从图中和表12.9可以看出,各频域分量的预报结果在总体趋势和局部细节上均能够很好地逼近实际信号,独立检验相关系数均达到 0.9 以上。图 12.50 给出了小波最小二乘支持向量机 1 天集成的预测结果。从图中可以看出,预测结果在总体趋势和局部细节上均能够很好地逼近实际信号(相关系数达到 0.9787,平均绝对误差仅为 2.1911)。

图 12.52 至图 12.56 分别给出了第 3 天各频段的预测结果,表 12.10 给出了 3 天各频段模型参数的寻优结果及独立预测检验的相关系数。从图中和表12.10可以看出,除最高频段的信号预测结果和实际结果有较大出入外(相关系数仅为0.4329),其他频段的信号在总体趋势和局部细节上也基本上能够逼近实际信号,独立检验的相关系数也达到了 0.80 以上。图 12.57 给出了小波最小二乘支持向量机 3 天集成的预测结果。从图中可以看出,预测结果在

总体趋势上能够很好地逼近实际信号,相关系数为 0.8780。对副高西脊点指数的转折、升降过程也能够比较准确地刻画,平均绝对误差为 5.288。

图 12.59 至图 12.63 分别给出了第 5 天各频段的预测结果,表 12.11 给出了 5 天各频段模型参数的寻优结果及独立预测检验的相关系数。从图中和表 12.11 可以看出,除最高频段和次高频段的信号预测结果和实际结果有较大出入外(相关系数仅为 0.1172 和 0.2493),其他频段的信号在总体趋势和局部细节上也基本上能够逼近实际信号,独立检验的相关系数也基本达到了 0.80 以上。图 12.64 给出了小波最小二乘支持向量机 5 天集成的预测结果。从图中可以看出,预测结果在总体趋势上能够比较好地逼近实际信号,相关系数为 0.7402。对副高西脊点指数的预报虽然在数值上有些差异,但对主要的转折、升降过程也能够比较准确地刻画,平均绝对误差为 7.4192。

为了比较小波最小二乘支持向量机的预报优势,此处我们也给出了同样条件下最小二乘支持向量机模型的预报结果。图 12.51、图 12.58、图 12.65 分别给出了 1 天、3 天、5 天副高西脊点指数的预报结果。表 12.12 则给出了最小二乘支持向量机和小波最小二乘支持向量机 1 天、3 天、5 天的独立预报结果的相关系数和平均绝对误差。从表中可以看出最小二乘支持向量机 1 天预报结果的相关系数仅为 0.7250,而小波最小二乘支持向量机 5 天预报的相关系数为 0.7402。最小二乘支持向量机 3 天、5 天的预报结果与实际结果差距很大,对预报没有太大的参考意义。而小波最小二乘支持向量机 3 天、5 天的预报结果能够为预报员把握未来副高的东西进退提供很好的帮助。这更进一步说明了小波最小二乘支持向量机模型的预报优势。另外我们也注意到最小二乘支持向量机模型的预报结果有一定时间的延迟,而小波最小二乘支持向量机模型则很好地解决了这个问题。

表 12.9　1 天各频段信号的检验及预测结果

	gam	sig	R(拟合)	R(检验)
第一频段	999.33	40.75	0.9999	0.9998
第二频段	999.91	55.21	0.9978	0.9979
第三频段	993.15	38.79	0.9863	0.9810
第四频段	535.38	2.76	0.9853	0.9645
第五频段	151.20	7.00	0.9439	0.9194

表 12.10　3 天各频段信号的检验及预测结果

	gam	sig	R(拟合)	R(检验)
第一频段	974.02	14.37	0.9974	0.9953
第二频段	153.51	8.41	0.9661	0.9591
第三频段	963.09	22.81	0.8568	0.8085
第四频段	105.96	4.02	0.8965	0.8293
第五频段	42.49	987.49	0.3855	0.4329

表 12.11 5 天各频段信号的检验及预测结果

	gam	sig	R(拟合)	R(检验)
第一频段	983.16	111.30	0.9846	0.9772
第二频段	971.75	996.63	0.8348	0.8390
第三频段	552.50	6.24	0.8647	0.7902
第四频段	9.35	1.79	0.6696	0.2493
第五频段	4.86	460.25	0.1259	0.1172

表 12.12 最小二乘支持向量机和小波最小二乘支持向量机的预报结果

	1 day		3 day		5 day	
	LSSVM	WT-LSSVM	LSSVM	WT-LSSVM	LSSVM	WT-LSSVM
R	0.7250	0.9787	0.1406	0.8780	0.3850	0.7402
MAE	7.019	2.1911	11.986	5.288	12.500	7.4192

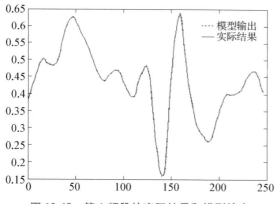

图 12.45 第 1 频段的实际结果和模型输出

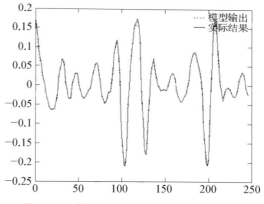

图 12.46 第 2 频段的实际结果和模型输出

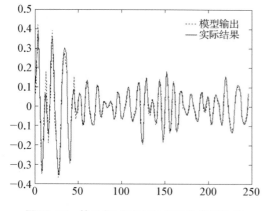

图 12.47 第 3 频段的实际结果和模型输出

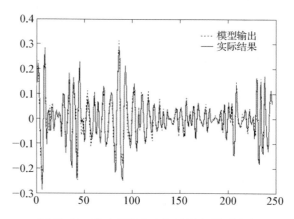

图 12.48 第 4 频段的实际结果和模型输出

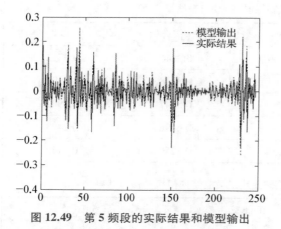

图 12.49　第 5 频段的实际结果和模型输出

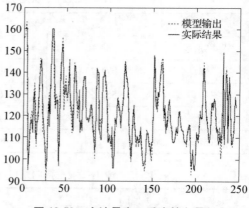

图 12.50　小波最小二乘支持向量机
1 天集成的预测结果

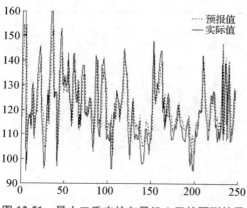

图 12.51　最小二乘支持向量机 1 天的预测结果

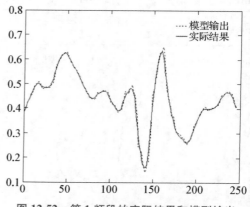

图 12.52　第 1 频段的实际结果和模型输出

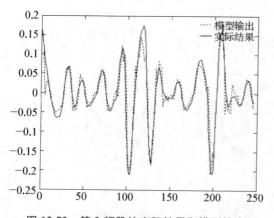

图 12.53　第 2 频段的实际结果和模型输出

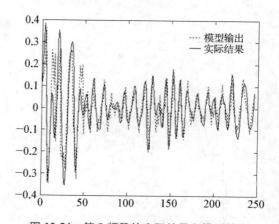

图 12.54　第 3 频段的实际结果和模型输出

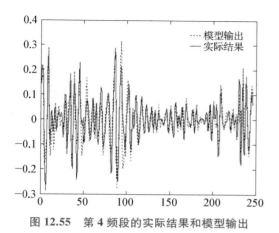

图 12.55 第 4 频段的实际结果和模型输出

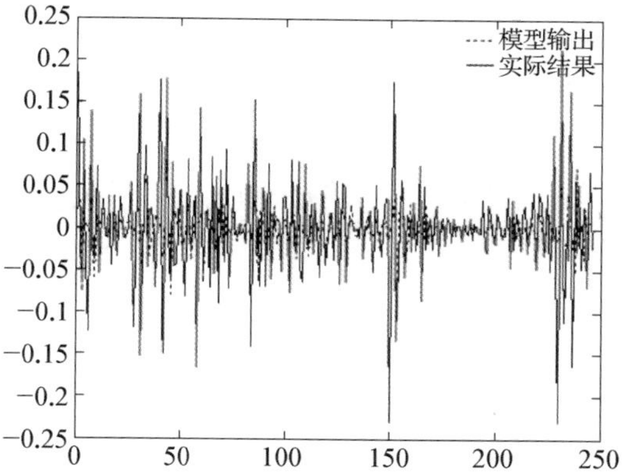

图 12.56 第 5 频段的实际结果和模型输出

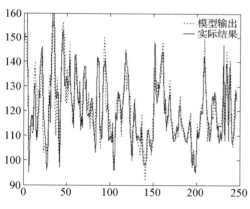

图 12.57 小波最小二乘支持向量机
3 天集成的预测结果

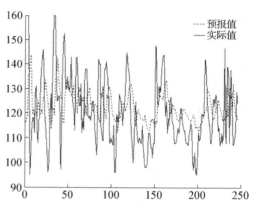

图 12.58 最小二乘支持向量机
3 天的预测结果

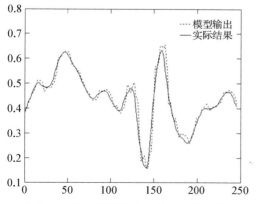

图 12.59 第 1 频段的实际结果和模型输出

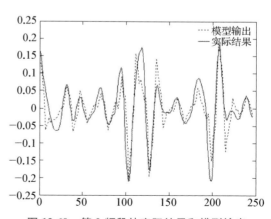

图 12.60 第 2 频段的实际结果和模型输出

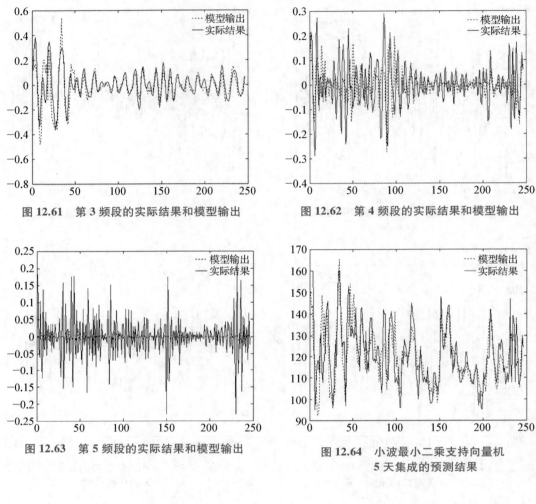

图 12.61 第 3 频段的实际结果和模型输出　　图 12.62 第 4 频段的实际结果和模型输出

图 12.63 第 5 频段的实际结果和模型输出　　图 12.64 小波最小二乘支持向量机
5 天集成的预测结果

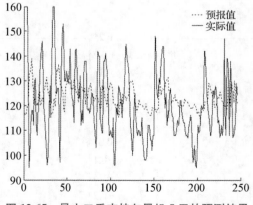

图 12.65 最小二乘支持向量机 5 天的预测结果

12.5　本章小结

　　针对副高中短期变化的影响因子众多,且错综复杂,一般很难用传统线性相关方法筛选出较好的影响因子这一问题,将副高形态指数 11 年变化看作随时间变化的序列,用副高前期变化信息作为预报因子,预测副高未来的变化,构建副高变化的最小二乘支持向量机时间序列预测模型。然而,最小二乘支持向量机预测结果与实际结果有一个时间延迟,且 3 天、5 天的预报结果不是很理想。针对这个问题,引入小波分解,利用小波多尺度分解的特点,将复杂的副高时间序列分解为频段相对简单的信号,建立各频段的最小二乘支持向量机预测模型,集成各频段模型的预测结果,得到副高未来变化的信息。最后提出了小波分解和最小二乘支持向量机相结合的副高预测思想和算法模型。实验结果表明,小波分解和最小二乘支持向量机相结合的模型能够有效克服因为筛选因子给副高预测带来的不便和不足,很好地解决最小二乘支持向量机模型副高时间序列预测中的时延问题,有效提高了副高预报准确率。最小二乘支持向量机模型参数采用遗传算法全局寻优、客观确定,大大节省了建模的时间,提高了副高预报效率,取得了比较好的推广和泛化能力,为副高等复杂天气系统的预报提供了一种思路和方法。

参考文献

[1] MALLAT S. A theory for multiresolution signal decomposition: the wavelet representation [J]. IEEE Transactions on Pattern Analysis and Machine Intelligence, 1989, 11(7): 674 - 693.

第十三章　副热带高压与东亚夏季风特征指数的动力模型反演

13.1　引　　言

构造准确的大气动力模型是天气分析预报的重要前提,然而对一些复杂的大气系统我们至今仍难以客观描述和准确构造其动力学模型。西太平洋副热带高压(西太副高)是东亚夏季风系统的重要成员,它与季风环流相互作用、互为反馈,共处于非线性系统之中,其异常活动常常导致我国长江流域出现洪涝和干旱灾害。但目前副高活动和季风变化的诊断分析多以统计方法为主,中长期的预测方法也多限于统计范畴,很难准确给出描述副高与季风因子的动力学模型。

基于离散数据序列的动力系统重构,是获取复杂对象动力学性质并对其进行预测的重要和有效的手段,天气系统发展演变过程中积累的多年观测资料可视为该天气系统动力模式的一系列特解(即在其相空间中留下的运动轨迹)。这样,若把这些观测资料看成是该动力系统的一系列离散值,去解出与数值求解相反的问题,即可重构出表现该天气系统的动力模型。黄建平[1]曾用经典的最小二乘估计方法讨论了从数据序列中重构非线性动力模型的途径和方法,并较好地重构恢复了 Lorenz 系统,但该方法没有应用于实际天气系统重构。尽管大气运动非常复杂,但许多大尺度天气系统的基本形态和演变规律最终可以简化为一组二阶非线性常微分方程组,如 Charney[2]对准地转位涡偏微分方程用高截谱方法展开,得到二阶的非线性常微方程组,用该方程组较好地讨论和解释了中高纬地区的大气环流阻塞形式;缪锦海等[3]对包含热力强迫和耗散机理的准地转位涡偏微方程进行了高截谱展开,得到二阶非线性常微动力系统,较为合理地解释了副高系统的多平衡态现象和随外强迫参数变化所发生的平衡态分岔;柳崇健等[4]用类似分析处理方法得到的二阶的非线性常微动力系统模型解释了副高形态的突变。上述研究表明,二阶非线性动力学模型可以较好地刻画和描述大尺度大气运动的许多重要特征。但是常规的动力模型重构方法(如常用的最小二乘估计)存在着参数空间单向搜索和误差收敛局部极小等缺陷;传统的时延重构相空间方法简单,易于实现,但由于仅考虑了单个要素与其时延序列的时间序列信息,因此包含的独立信息较少,在反演重构复杂的非线性系统时往往表现出较大的局限性[5]。遗传算法是模拟自然界"适者生存"遗传法则的一种自适应优化算法,其编码技术和遗传操作比较简单,优化不受限制性条件的约束,具有全局解空间搜索与并行计算两个显著的优点[6]。

本章拟采用遗传算法首先对 Lorenz 模型进行参数反演实验,其后基于夏季风观测资料,辨识和反演副高面积指数与东亚夏季风环流因子构成的非线性动力模型,并进行模型分析评估和预测实验。

13.2　动力系统重构原理

设任一非线性系统随时间演变的物理规律可表示为:

$$\frac{\mathrm{d}q_i}{\mathrm{d}t} = f_i(q_1, q_2, \cdots, q_i, \cdots, q_N), i = 1, 2, \cdots, N \tag{13.1}$$

函数 f_i 为 $q_1, q_2, \cdots, q_i, \cdots, q_N$ 的广义非线性函数,N 为状态变量个数,一般可根据动力系统吸引子的复杂性(通过计算其分维数来衡量)来确定。方程(13.1)差分形式可写成:

$$\frac{q_i^{(j+1)\Delta t} - q_i^{(j-1)\Delta t}}{2\Delta t} = f_i(q_1^{j\Delta t}, q_2^{j\Delta t}, \cdots, q_i^{j\Delta t}, \cdots, q_N^{j\Delta t}), j = 2, 3, \cdots, M - 1 \tag{13.2}$$

M 为观测资料的时间序列长度,模型参数和系统结构可以通过反演计算从观测数据中获取。$f_i(q_1^{j\Delta t}, q_2^{j\Delta t}, \cdots, q_i^{j\Delta t}, \cdots, q_N^{j\Delta t})$ 为未知非线性函数,设 $f_i(q_1^{j\Delta t}, q_2^{j\Delta t}, \cdots, q_i^{j\Delta t}, \cdots, q_N^{j\Delta t})$ 有 G_{jk} 个包含变量 q_i 的函数展开项和对应的 P_{ik} 个参数(其中 $i = 1, 2, \cdots N, j = 1, 2, \cdots M, k = 1, 2, \cdots, K$),可设 $f_i(q_1^{j\Delta t}, q_2^{j\Delta t}, \cdots, q_i^{j\Delta t}, \cdots, q_N^{j\Delta t}) = \sum_{k=1}^{K} G_{jk} P_{ik}$,式(13.2)的矩阵形式为 $\boldsymbol{D} = \boldsymbol{GP}$,其中,

$$\boldsymbol{D} = \begin{Bmatrix} d_1 \\ d_2 \\ \cdots \\ d_M \end{Bmatrix} = \begin{Bmatrix} \dfrac{q_i^{3\Delta t} - q_i^{\Delta t}}{2\Delta t} \\ \dfrac{q_i^{4\Delta t} - q_i^{2\Delta t}}{2\Delta t} \\ \cdots \\ \dfrac{q_i^{M\Delta t} - q_i^{(M-2)\Delta t}}{2\Delta t} \end{Bmatrix}, \boldsymbol{G} = \begin{Bmatrix} G_{11}, G_{12}, \cdots G_{1K} \\ G_{21}, G_{22}, \cdots G_{2,K} \\ \vdots \quad \vdots \quad \vdots \\ G_{M1}, G_{M2}, \cdots G_{M,K} \end{Bmatrix}, \boldsymbol{P} = \begin{Bmatrix} P_{i1} \\ P_{i2} \\ \cdots \\ P_{iK} \end{Bmatrix} \tag{13.3}$$

上述广义的未知方程组的系数项可通过实际观测数据予以反演确定。给定一个向量 $\boldsymbol{D}$,要求一个向量 $\boldsymbol{P}$,使上式满足。对于 q_i 而言,这是一个非线性系统,但是我们换个角度,对 P 而言(即拿 P 当作未知数),上式正好是一个线性系统,可以用经典的最小二乘估计,使残差平方和 $S = (\boldsymbol{D} - \boldsymbol{GP})^T (\boldsymbol{D} - \boldsymbol{GP})$ 最小,进而得到正则方程 $\boldsymbol{G}^T\boldsymbol{GP} = \boldsymbol{G}^T\boldsymbol{D}$。

由于 $\boldsymbol{G}^T\boldsymbol{G}$ 是奇异矩阵,所以可将其特征值与特征向量求出,剔除其中零值点,剩下 K 个 $\lambda_1, \lambda_2, \cdots, \lambda_i$ 组成对角矩阵 $\boldsymbol{\Lambda}_k$,相应的 K 个特征向量组成特征矩阵 $\boldsymbol{U}_L$。

$$\boldsymbol{V}_L = \frac{\boldsymbol{GU}_i}{\lambda_i}, \boldsymbol{H} = \boldsymbol{U}_L \boldsymbol{\Lambda}^{-1} \boldsymbol{V}_L^T,再求 \boldsymbol{P} = \boldsymbol{HD},求出参数 P。$$

基于上述方法途径，即可反演确定出非线性动力系统中的诸系数，进而得到对应观测数据序列的非线性动力学方程组。

13.3 遗传算法计算流程

遗传算法（Genetic Algorithm，GA）是一种全局优化计算方法，是模仿生物自然选择遗传机理思想的随机搜索算法。与传统搜索算法不同，遗传算法从一组随机产生的称为"种群（population）"的初始解开始搜索过程，种群中的每个个体是问题的一个解，称为"染色体（chromosome）"。染色体是一串符号，如一个二进制字符串，这些染色体在后代迭代中不断进化，称为遗传。在每一代中用"适值（fitness）"来测量染色体的好坏，生成的下一代染色体称为后代（offspring）。后代是由前一代染色体通过交叉（crossover）或者变异（mutation）运算形成的。在新一代形成过程中，根据适度的大小选择部分后代，淘汰部分后代，从而保持种群大小是常数，适值高的染色体被选中的概率较高。这样经过若干代之后，算法收敛于最好的染色体，它很可能就是问题的最优解或次优解。

用遗传算法反演动力模型参数即是基于第一节动力模型反演的基本思想，以保持残差平方和 $S = (D - GP)^T(D - GP)$ 最小作为约束条件，用遗传算法在参数空间中进行最优参数搜索。

设模型参数 P 为种群，残差平方和 $S = (D - GP)^T(D - GP)$ 为适应度函数，具体操作步骤如下：

（1）编码：设 N 个样本被分为 c 类，$M_1, M_2, M_3, \cdots, M_c$，参数矩阵 $P = (p_{ij})$ 中共有 $N \times c$ 个元素。编码方案如下：将每个 p_{ij} 用三位二进制编码组成 $N \times c$ 个基因链，最后将所有的基因链拼接在一起形成一个染色体，染色体中共有 $(3N \times c + c)$ 个基因。此时，p_{ij} 所对应的二进制串的转换关系为 $p_{ij} = \dfrac{decimal(k)_2}{2^3 - 1}$，其中，$(k)_2$ 是 p_{ij} 对应的二进制串的值。

（2）初始化群体生成：初始化群体的生成以基因编码为基础，基因是描述生物染色体的最基本单位，一个染色体也称为个体。基因用一定的代码表示，这个代码可以是数字串也可以是字符串，若干代码组成基因码链，这就是染色体。基因代码是基因操作的基本单元，当类数 c 给定时，我们可以随机生成 p_{ij} 组成参数矩阵 $P = (p_{ij})$，其中 p_{ij} 满足（1）编码方案。这样根据编码就可得到多个个体。

（3）适应值计算：每个个体的残差平方和 $S_m = (D - GP)^T(D - GP)$ 作为目标函数的值，S_m 越小，个体的适应值就越高。因此个体的适应值可取 $f_i = -S_m$，总的适应值为 $F = \sum_{i=1}^{n} f_i$。

（4）父本的选择：计算每个个体的选择概率 $p_i = f_i/F$ 及累积概率 $q_i = \sum_{i=1}^{j} p_j$，选择的方法采用旋转花轮法。旋转 m 次即可选出 m 个个体。在计算机上实现的步骤为：产生 $[0,1]$ 的随

机数 r，若 $r < q_1$，则第一个个体入选；否则，第 i 个个体入选，且 $q_{i-1} < r < q_i$。

（5）交叉操作：

① 对每个个体产生 $[0,1]$ 间的随机数 r，若 $r < p_c$（p_c 为选定的交叉概率），则该个体参加交叉操作，如此选出交叉操作后的一组后，随机配对。

② 对每一配对，产生 $[1,(3 \times n+c)]$ 间的随机数以确定交叉的位置。

（6）变异操作：

① 对基因编码中的前 c 位，采用如下变异方法：

a. 随机选择一个个体和一个随机整数 h（$1 \leqslant h \leqslant c$）；

b. 随机选取 h 个样本 $x_{i_1}, x_{i_2}, \cdots, x_{i_j}, \cdots, x_{i_h}$；

c. 随机产生 h 个不同的整数 r_j（$1 \leqslant r_j \leqslant h$）；

d. 将该个体的第 r_j 个基因换成 x_{i_j}。

② 对基因编码中第 c 位以后的基因，采用如下变异方法：

a. 对每一串中的每一位产生 $[0,1]$ 间的随机数 r，若 $r < p_m$（p_m 是变异概率），则该位变异；

b. 实现变异操作，即将原串中的 0 变为 1，1 变为 0，如果新的个体数达到 N 个，则已形成一个新群体，转向第（3）步；否则转向第（4）步继续遗传操作。

（7）终止操作：在遗传算法中，起终止条件往往是人为给定的，根据本问题的特点，取终止条件为：最优目标函数值 S_m 为 ε（取 $\varepsilon = 0.2\%$）。

基于上述具体操作环节设计，即可实现遗传算法中的非线性动力模型的参数优化反演。另外，需要强调的是，遗传算法是对一个种群进行操作，种群中一般包含若干个体，每个个体都是问题的一个解，进化过程最后一代中的最优解即是遗传算法求得的最优化参数结果。

13.4 Lorenz 混沌模型重构实验

Lorenz 非线性模型是一个经典的混沌动力系统，我们用 Longkuta 方法对 Lorenz 系统进行数值积分，并将每一步积分结果看成是一次观测记录，于是一组"观测数据"时间序列。取积分初值为 $(0,1,0)$，时间步长 0.005，取数值积分结果中第 1000 步到第 3000 步积分数据进行模型参数反演。

设拟反演的非线性模型为如下广义二阶常微分方程组：

$$\begin{cases} \dfrac{\mathrm{d}X}{\mathrm{d}t} = a_1 X + a_2 Y + a_3 Z + a_4 X^2 + a_5 Y^2 + a_6 Z^2 + a_7 XY + a_8 XZ + a_9 YZ \\[2mm] \dfrac{\mathrm{d}Y}{\mathrm{d}t} = b_1 X + b_2 Y + b_3 Z + b_4 X^2 + b_5 Y^2 + b_6 Z^2 + b_7 XY + b_8 XZ + b_9 YZ \\[2mm] \dfrac{\mathrm{d}Z}{\mathrm{d}t} = c_1 X + c_2 Y + c_3 Z + c_4 X^2 + c_5 Y^2 + c_6 Z^2 + c_7 XY + c_8 XZ + c_9 YZ \end{cases} \quad (13.4)$$

显然,方程组中既包含了实际 Lorenz 系统中的真项,也包含了一些虚假项,模型反演目的就是利用 X,Y,Z "观测"资料序列,准确辨识方程组中的各项参数值,并剔除虚假项。

遗传算法的求解过程如下:

(1) 计算残差平方和 $S=(D-GP)^T(D-GP)$,由于模型参数种群 P 包含 9 个参数,故目标函数空间为 9 维;

(2) 随机产生 a,b,c 系列的初始种群值,每个种群(参数)包含九个个体,每个个体代表一个解;

(3) 经 15 次迭代后,a_1 种群只剩下 5 个个体,4 个个体在遗传迭代过程中已被淘汰,分别计算剩下的 5 个个体的适值函数值,并选择适值函数值最小的个体作为最优解(为 -10.01),$a_2,a_3,\cdots,a_9$ 以及 b 和 c 的参数系列亦可按上述计算方案和操作步骤求得最优解参数。

为检验遗传算法的计算效率和反演参数的准确率,分别将 GA 算法与最小二乘估计所得的 Lorenz 模型参数反演结果进行比较。结果表明,两种方法反演出的参数值与模型真值均很接近,其中最小二乘估计的反演结果与模型真值的最大误差为 19%,而遗传算法反演结果的最大误差仅 3%。因此,遗传算法的反演结果较传统最小二乘估计结果更精确地接近模型真值。

为定量比较模型中各项对系统的相对贡献大小,我们计算了各项的相对方差贡献,计算公式为:

$$R_i = \frac{1}{m}\sum_{j=1}^{m}\left[T_i^2 / \left(\sum_{i=1}^{9}T_i^2\right)\right], i = 1,2,\cdots,9 \qquad (13.5)$$

其中 $m=1000$ 为资料序列的长度,$T_i = a_1X, a_2Y,\cdots,a_9YZ$ 为模型方程中的各项(b、c 系数序列的方差贡献同理计算给出)。结果表明,模型真实项的方差贡献占有较大比重,而虚假项方差贡献几乎为零,其中遗传算法的各项方差贡献较最小二乘估计结果更合理,无关项的方差贡献更趋于零。

综合上述分析,剔除模型中的虚假项,得到如下两种算法的 Lorenz 反演重构模型参数(表 13.1):

$$\begin{cases} \dfrac{dX}{dt} = a_1Y - a_2X \\[2mm] \dfrac{dY}{dt} = b_1X - b_2Y - b_8XZ \\[2mm] \dfrac{dZ}{dt} = c_3Z + c_7XY \end{cases} \qquad (13.6)$$

表 13.1　两种反演方法得到的 Lorenz 模型参数比较

	a_1	a_2	b_1	b_2	b_8	c_3	c_7
实际模型结果	−10	10	28	−1	−1	−2.66	1
最小二乘反演结果	−10.20	10.07	28.16	−1.19	−1.01	−2.66	1.00
遗传算法反演结果	−10.01	10.01	28.01	−1.03	−1.002	−2.66	1.00

对比结果表明，遗传算法的反演精度更高，重构的 Lorenz 模型与实际结果几乎完全一致。

上述复杂混沌动力系统的反演实验结果表明，遗传算法不仅计算快捷、操作方便，而且计算精度和模型参数的反演效果优于常规的最小二乘估计，因此可将其应用于从观测资料中反演重构实际的副高与季风动力系统模型。

13.5　副高与季风指数动力模型反演

13.5.1　研究资料与因子选择

所用研究资料为 NCEP/NCAR 提供的 2.5°×2.5°网格逐候再分析资料，包括 1958—1967年、1968—1977 年、1978—1987 年以及 1988—1997 年四个时间段的 10 年平均的逐候再分析资料，每个时段时间序列长度为 73 侯，其中前三个时间段的资料用于模型参数反演，最后一个时间的资料用于模型预报效果检测。参照中央气象台副高面积指数的定义，选择夏季风系统中若干重要区域的要素格点平均值作为候选因子，将它们与副高面积指数进行相关分析，在考虑相关性显著的条件下，适当考虑了影响副高活动的季风环流因子的物理意义，最后选择如下指数作为副高—季风动力系统的模型因子（各因子与副高面积指数的相关系数如表 13.2）：

（1）副高面积指数（X_1）：2.5°×2.5°网格的 500 hPa 位势高度图上，10°N 以北，110°E ~ 180°E 范围内，平均位势高度大于 586 dagpm 的网格点数之和。

（2）孟加拉湾纬向环流指数（X_2）：[80°E ~ 100°E；0 ~ 20°N] 区域范围内的 Y = U850 − U200 格点平均值。

（3）青藏高压强度指数（X_3）：[75°E ~ 95°E；25° ~ 30°N] 区域范围内 200 hPa 位势高度的格点平均值。

（4）青藏高压东西环流指数（X_4）：[140°E ~ 160°E；30°N] 区域范围内 200 hPa 纬向风格点平均值。

（5）南海季风活动指数（X_5）：[105°E ~ 118°E，10° ~ 20°N] 区域范围内的 850 hPa 纬向风。

表 13.2　各季风系统因子与副高面积指数的相关系数

相关系数（0.01 置信水平）	副高面积指数（X_1）
孟加拉湾纬向环流指数（X_2）	0.942
青藏高压强度指数（X_3）	0.776
青藏高压东西环流指数（X_4）	−0.733
南海季风活动指数（X_5）	0.680

13.5.2　模型参数反演

设拟反演的广义动力模型具有如下形式（包含了所有的二阶非线性项，共计 100 个模型参数）：

$$\frac{\mathrm{d}X_i}{\mathrm{d}t} = a_{i1}X_1 + a_{i2}X_2 + a_{i3}X_3 + a_{i4}X_4 + a_{i5}X_5 + a_{i6}X_1{}^2 + a_{i7}X_2{}^2 + a_{i8}X_3^2 + a_{i9}X_4^2 +$$

$$a_{i10}X_5^2 + a_{i11}X_1X_2 + a_{i12}X_1X_3 + a_{i13}X_1X_4 + a_{i14}X_1X_5 + a_{i15}X_2X_3 + a_{i16}X_2X_4 +$$

$$a_{i17}X_2X_5 + a_{i18}X_3X_4 + a_{i19}X_3X_5 + a_{i20}X_4X_5 \quad (i = 1,2,3,4,5) \quad (13.7)$$

基于相同的反演步骤和操作过程，用遗传算法从实际观测资料时间序列中，反演得到副高-季风非线性动力模型中的各项参数，进一步计算和比较模型中各项对系统的相对方差贡献 R_i，综合分析并剔除对模型影响较小的虚假项后，得到如下的非线性动力模型方程组（式中各项的系数见附录表）。

$$\begin{cases} \dfrac{\mathrm{d}X}{\mathrm{d}t} = a_1X + a_2Y + a_3Z + a_4M + a_5N + a_8Z^2 + a_{12}XZ + a_{15}YZ + a_{18}ZM + a_{19}ZN \\[2mm] \dfrac{\mathrm{d}Y}{\mathrm{d}t} = b_1X + b_2Y + b_3Z + b_4M + b_5N + b_8Z^2 + b_{12}XZ + b_{15}YZ + b_{18}ZM + b_{19}ZN \\[2mm] \dfrac{\mathrm{d}Z}{\mathrm{d}t} = c_1X + c_2Y + c_3Z + c_4M + c_5N + c_8Z^2 + c_{12}XZ + c_{15}YZ + c_{18}ZM + c_{19}ZN \\[2mm] \dfrac{\mathrm{d}M}{\mathrm{d}t} = d_1X + d_2Y + d_3Z + d_4M + d_5N + d_8Z^2 + d_{12}XZ + d_{15}YZ + d_{18}ZM + d_{19}ZN \\[2mm] \dfrac{\mathrm{d}N}{\mathrm{d}t} = e_1X + e_2Y + e_3Z + e_4M + e_5N + e_8Z^2 + e_{12}XZ + e_{15}YZ + e_{18}ZM + e_{19}ZN \end{cases} \quad (13.8)$$

为书写清楚，上式中取 $X = X_1, Y = X_2, Z = X_3, M = X_4, N = X_5, a_1 - a_{20}, b_1 - b_{20},$ $c_1 - c_{20}, d_1 - d_{20}, e_1 - e_{20}$ 分别对应 $a_{11} - a_{120}, a_{21} - a_{220}, a_{31} - a_{320}, a_{41} - a_{420}, a_{51} - a_{520}$。

13.5.3　模型预报实验

上述反演模型是否准确合理，需要进行实际检验。为此，我们用反演模型进行积分预报实验，通过设定真实的预报初值（从副高指数序列中选取），对模型进行数值积分。反演模型以第 20 侯的副高指数和季风因子为初值进行的数值积分预报效果如图 13.1 所示。图中可以看出,前期的积分预报结果(21 侯到 45 侯之间)与实际值均很吻合,表现出较理想的预报准确率,45 侯以后模型积分结果与实际值之间逐渐出现误差(而南海季风活动指数的预报结果一直保持较好的准确率)。

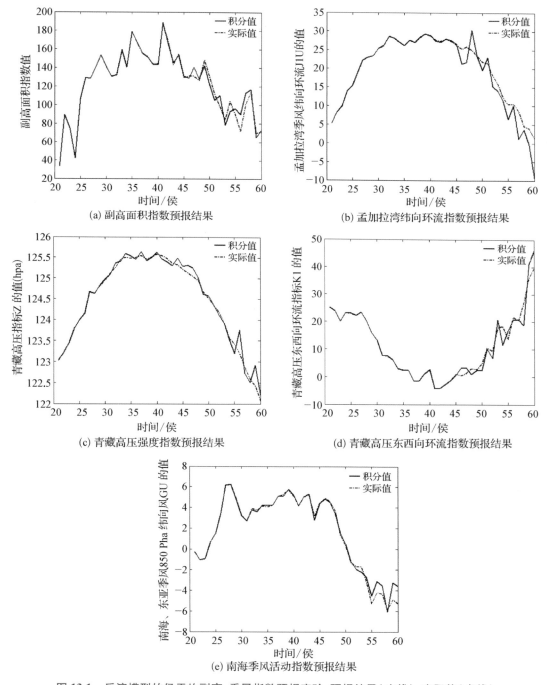

图 13.1　反演模型的侯平均副高-季风指数预报实验,预报结果(实线),实际值(虚线)

13.6　本章小结

　　针对东亚夏季风环流演变与副热带高压活动极为复杂,动力模型难以准确建立的情况,提出用遗传算法从实际观测资料中反演重构副高指数与夏季风环流因子动力模型的方法途径,反演重构了东亚夏季风环流因子与副高形态指数的动力预报模型,并进行了模型预报实验。结果表明,遗传算法全局搜索以及并行计算优势可客观准确和方便快捷地反演重构东亚夏季风环流因子与副高指数的动力模型,所建模型能对副高指数和夏季风环流的演变进行较为准确的预测,反演模型具有良好的预报时效和预报准确率,且预报制作时,只需提供模型初始场,而无须像统计回归和神经网络预报那样需要提供众多的预报因子;模型可提供多个时效的预报,而无须像统计预报或神经网络方法那样需要建立多个时效的预报模型。因此,基于反演动力模型的预报方法兼备了数值预报和统计预报的优点,如计算方便(无须逐步提供预报因子)、预报时效长(预报精度由模型和初值决定)和物理意义与动力结构清晰等数值预报优点,以及模型系数的反演完全取自实际观测数据、客观可靠等统计预报优势,进而为东亚夏季风环流与副高等复杂天气(特别是无法准确知道动力模型的天气问题)的非线性动力建模和预报提供一条有效途径。

参考文献

[1] 黄建平,衣育红.利用观测资料反演非线性动力模型[J].中国科学,1991,3:331-336.
[2] CHARNEY J G, DEVORE J G. Multiple flow equllibria in the atmosphere and blocking[J].Journal of the atmosphere sciences,1979,36:1205-1216.
[3] 缪锦海,丁敏芳.热力强迫下大气平衡态的突变与季节变化、副高北跳[J].中国科学(B辑),1985,1:87-96.
[4] 柳崇健,陶诗言.副热带高压北跳与月尖(CUSP)突变[J].中国科学(B辑),1983,5:474-480.
[5] TAKENS F. Detecting strange attractors in fluid turbulence[J]. Lecture notes in mathematics,1981,898(2):361-381.
[6] 王凌.智能优化算法及其应用[M].北京:清华大学出版社,2001.

第十四章　基于改进自忆性原理的西太平洋副热带高压指数预报

14.1　引　　言

西太平洋副热带高压(简称副高,后同)是位于低纬度的重要大型环流系统,也是直接影响我国的重要天气系统之一,我国很多区域,特别是江淮流域的洪涝和干旱灾害就是由于其异常活动所导致。如1998年8月副高的异常南落导致位于长江流域的特大洪涝灾害[1];2010年5至7月14轮暴雨袭击华南、江淮流域也是由于夏季副高的异常活动[2];2013年夏季副高的异常增强活动导致7月至8月江南、江淮、江汉及重庆等地的异常高温天气。这些灾害均是由副高的异常活动所致,因此关于副高的研究历来为气象学家所重视[3]。

西太平洋副高是高度非线性的动力系统,它们的发展演变和异常是由夏季风系统中众多因子通过非线性过程共同制约的。前人对此做了大量的研究,如张庆云等[4]指出夏季副高脊线的两次北跳与赤道对流向北移动及低层赤道西风两次北跳关系密切;徐海明等[5-6]认为孟加拉湾对流的增强发展,一方面中断西太平洋—南海周边的对流活跃,同时又促使副高西部脊西伸增强;张韧等[7]分别就季风降水、太阳辐射加热和季风槽降水对流凝结潜热等热力因素,对副高稳定性和形态变化的影响进行了诊断分析和研究。但到目前为止,对副高这样复杂的天气系统,影响要素众多,动力机理复杂,造成了副高预报的困难。目前,无论是副高的数值预报产品还是统计预报产品都存在不同程度的预报偏差,尤其是副高中长期预报和异常活动预报的误差更加明显[8]。所以季节内副高异常活动和中长期趋势预测已成为制约夏季我国长江流域天气预报和汛期趋势预测的难点问题及核心内容。

正是因为副高系统的复杂性和非线性,所以"精确"建立描述副高活动的动力预报模型就显得极其困难,近年来,用历史资料反演微分方程成为大气和海洋领域较为新兴的技术,如Jia[9-10]用历史资料反演动力-统计模型对夏季中国降水和北美气温进行了预测,取得了较好的预报效果。而洪梅等[11]基于历史资料反演重构了副高位势高度场动力模型,并开展了预报检验,取得了较好的中短期预报效果。但是建立的动力预报方程利用一个初值进行积分预报,对初值的依赖性较大,所以超过15天的中长期预报明显发散,预报效果并不理想。针对这种问题,也为了克服预报方程对初值的依赖性,本章考虑引入动力自忆性原理来进行改进。动力系统自忆性原理由Cao等[12]最早提出,此方法不但在更广意义上将动力学方程转化为一个自忆性方程,即一个差分-积分方程,而且在方程中能容纳初始时刻前多个时刻的测量值,并且记忆系数还可以利用观测数据来进行估计。这样就避免了微分方程过分依赖初值的缺点,也可以把统计学中过去从观测资料中提取预报信息的优点借鉴过来。因此此方法后来被广泛用于气象、水文和环境领域的预报问题。

此方法的动力核设置和记忆函数的设置比较简单,对周期性和线性系统的预测效果较好,但对于非线性,特别是混沌系统效果不好[12]。考虑到副热带高压是一个非线性混沌系统,所以本章对记忆函数进行了改进,既考虑了混沌系统的特性,又把过去观测资料的信息吸收进来;并且将之前重构的动力系统作为其动力核进行改进。这样将动力重构思想和自忆性原理互相取长补短结合在一起,更加有效地针对混沌系统,使改进的模型在副高正常年份和异常年份脊线指数中长期预报(15天以上)中取得了较好的结果。

14.2　研究资料和预报因子的选择

14.2.1　研究资料

研究资料选取 NECP/NCAR 近三十年(1982—2011)的夏半年(5月—10月)逐日 500 hPa 位势高度场再分析资料,资料范围为[90°~180°E,0°~90°N]。

14.2.2　副高脊线指数变化

副高季节内变化在不同年份的表现会与平均状况有很大不同,正是因为一些特殊年份出现的副高异常活动导致副热带环流异常和我国极端的天气现象。副高南北活动的异常,特别是夏季副高的三次北跳,与我国雨带变化有着重要关系。基于此,首先对副高活动的典型个例进行分析和筛选。为了更好地描述副高南北位置的异常变化,本章研究对象为副高脊线指数(RI),其主要用来表征副高南北位置,采用中央气象台(1976)的定义[13]:在 2.5°× 2.5°网格的 500 hPa 位势高度图上,10°N 向北,110°E~150°E(间隔 2.5°)范围内 17 条经线,对每条经线上的位势高度最大值点所在的纬度求平均,这个值就是副高脊线指数。其值越大,所代表的副高范围越偏北。

参照中央气象台定义的副高脊线指数,计算并绘制了近三十年夏半年平均的副高脊线指数变化图(图 14.1),直线为平均值,从图中可以看出,各年副高的变化差别较大,有些年份副高脊线指数的异常变动很明显,表明了在该年份副高南北位置会有异常活动。

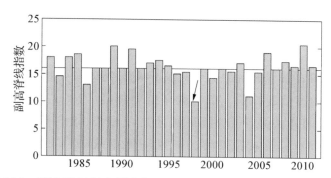

图 14.1　1982 到 2011 年夏半年(五月至十月)的副高脊线指数分布图

14.2.3　预报因子的选择

夏季风系统成员较多,与副高关系密切的因子就有 21 个[14]。除此以外,徐海明等[5]也指出,亚洲中高纬度环流系统(如阻塞高压)对副高的中期变化有重要影响,特别是梅雨期间。另外由于海气相互作用,ENSO、赤道印度洋海温和赤道东太平洋海温状况冷暖变化和变化快慢也可能对副高活动产生影响[15]。虽然影响副高活动变化的因子很多,但考虑到计算的复杂性,所建立的模型的变量一般选择 3 到 4 个因子最佳。如果建立的模型方程变量超过 4 个,就会在预报过程中造成较大的计算量,当模型变量数超过 4 的时候,预报的准确率变化不大。但如果选择较少的因子,如 2 个因子时,模型的预报效果会很差。且太少的模型因子会造成太少的重构参数,使得模型中很多重要的信息丢失。综上所述,选择 3 到 4 个因子进行建模效果是最好的。

首先将前面所提到的这些因子与副高脊线指数进行时滞相关分析(表略),筛选出其中相关性最好的 3 个因子作为预报因子进行下一步研究。分别为:

马斯克林冷高强度指数(MH):[40° ~ 60°E, 25° ~ 35°S]区域内海平面气压的格点平均值;

ENSO 指数(D):Nino 3+4 区(5°S~5°N;120°~170°W 范围的海区)的海温(SST)指数;

孟加拉湾经向风环流指数(J1V):[80° ~ 100°E,0° ~ 20°N]区域范围内 J1V = V850—V200 的格点平均值。

与副高脊线指数(RI)的相关分析结果如表 14.1 所示。

表 14.1　3 个主要影响因子与副高脊线指数的相关分析表

序号	主要影响因子	相关系数
1	马斯克林高压(MH)	0.834
2	ENSO 指数(ENSO)	0.863
3	孟加拉湾经向风环流指数(J1V)	0.818

从表中可以看出,这三个因子与副高脊线指数的相关系数均达到 0.8 以上。上表用的是从 1982 年到 2011 年 30 年平均 5 月 1 日至 10 月 31 日的数据,共 184 个样本值。由于所取样本数均大于 150,用 t 检验法可以求出通过检验的相关系数临界值,当显著水平 $\alpha = 0.05$ 时,自由度为 120 的显著相关系数临界值 $r = 0.179$,即只要相关系数大于 0.179,则结果均可以满足 95% 的置信度检验。南半球马斯克林高压(MH)在早期就对副高位置的南北变化产生影响,两者关系十分密切,而且是正相关,这与薛峰等[16]的研究基本一致。ENSO 指数(ENSO)以及孟加拉湾经向风环流指数(J1V)与副高南北位置关系密切,与前人做的研究也基本相符[14,16]。

14.3　副高脊线指数动力预报模型反演

从观测资料中重构非线性动力系统的基本思想在 Takens 1981 年发表的相空间重构理论中有着严格的阐述与证明。因此,系统演变的非线性动力学模型可以从有限的观测数据中重构出。为此,在上节因子选择的基础上,本节拟用副高脊线指数、马斯克林高压、ENSO 指数和孟加拉湾经向风环流指数这四个时间序列,通过动力系统反演的思想和模型参数优化等途径,反演重构出副热带高压脊线指数及其相关因子的动力预报模型。

设任一非线性系统随时间演变的物理规律为

$$\frac{\mathrm{d}q_i}{\mathrm{d}t} = f_i(q_1, q_2, \cdots, q_i, \cdots, q_N), i = 1, 2, \cdots, N \tag{14.1}$$

函数 f_i 为 $q_1, q_2, \cdots, q_i, \cdots, q_N$ 的广义非线性函数,状态变量有 N 个,可以通过动力系统复杂性(计算其分形维数来衡量)来确定。方程(14.1)的差分形式为

$$\frac{q_i^{(j+1)\Delta t} - q_i^{(j-1)\Delta t}}{2\Delta t} = f_i(q_1^{j\Delta t}, q_2^{j\Delta t}, \cdots, q_i^{j\Delta t}, \cdots, q_N^{j\Delta t}), j = 2, 3, \cdots, M-1 \tag{14.2}$$

其中 M 为观测样本时间序列的长度,$f_i(q_1^{j\Delta t}, q_2^{j\Delta t}, \cdots, q_i^{j\Delta t}, \cdots, q_N^{j\Delta t})$ 为未知非线性函数,设 $f_i(q_1^{j\Delta t}, q_2^{j\Delta t}, \cdots, q_i^{j\Delta t}, \cdots, q_N^{j\Delta t})$ 由 G_{jk} 个包含变量 q_i 的函数展开项和对应的 P_{ik} 个参数表示(其中 $i = 1, 2, \cdots, N; j = 1, 2, \cdots, M; k = 1, 2, \cdots, K$),设

$$f_i(q_1^{j\Delta t}, q_2^{j\Delta t}, \cdots, q_i^{j\Delta t}, \cdots, q_n^{j\Delta t}) = \sum_{k=1}^{K} G_{jk} P_{ik} \tag{14.3}$$

(14.3)式的矩阵形式为 $\boldsymbol{D} = \boldsymbol{GP}$,其中

$$\boldsymbol{D} = \begin{Bmatrix} d_1 \\ d_2 \\ \cdots \\ d_M \end{Bmatrix} = \begin{Bmatrix} \dfrac{q_i^{3\Delta t} - q_i^{\Delta t}}{2\Delta t} \\ \dfrac{q_i^{4\Delta t} - q_i^{2\Delta t}}{2\Delta t} \\ \cdots \\ \dfrac{q_i^{M\Delta t} - q_i^{(M-2)\Delta t}}{2\Delta t} \end{Bmatrix}, \boldsymbol{G} = \begin{Bmatrix} G_{11} & G_{12} & \cdots & G_{1K} \\ G_{21} & G_{22} & \cdots & G_{2,K} \\ \vdots & \vdots & \cdots & \vdots \\ G_{M1} & G_{M2} & \cdots & G_{M,K} \end{Bmatrix}, \boldsymbol{P} = \begin{Bmatrix} P_{i1} \\ P_{i2} \\ \cdots \\ P_{iK} \end{Bmatrix}$$

上述方程的系数项可通过实际观测数据反演来确定。即给定向量 $\boldsymbol{D}$，求向量 $\boldsymbol{P}$，使得上式满足。对参数 q 而言，这是一个非线性系统，但对参数 P 而言（即将参数 P 当成未知数），上式则为一个线性系统，这里用最小二乘进行估计，使得残差平方和 $S = (\boldsymbol{D} - \boldsymbol{GP})^T(\boldsymbol{D} - \boldsymbol{GP})$ 达到最小，进一步得到正则方程 $\boldsymbol{G}^T\boldsymbol{GP} = \boldsymbol{G}^T\boldsymbol{D}$。由于 $\boldsymbol{G}^T\boldsymbol{G}$ 是奇异矩阵，所以可以求出其特征向量与特征值，剔除其中那些为 0 的项，剩下的 K 个 $\lambda_1, \lambda_2, \cdots, \lambda_i$ 组成对角矩阵 $\boldsymbol{\Lambda}_k$，对应的 K 个特征向量组成特征矩阵 $\boldsymbol{U}_L$。

$\boldsymbol{V}_L = \dfrac{\boldsymbol{GU}_L}{\lambda_i}, H = \boldsymbol{U}_L\boldsymbol{\Lambda}^{-1}\boldsymbol{V}_L^T$，求 $P = \boldsymbol{HD}$，则可求出参数 P。

拟以 T_1, T_2, T_3, T_4 表征 14.2 节选定的副高脊线指数、马斯克林高压、ENSO 指数和孟加拉湾经向风环流指数这四个时间序列，假设（14.3）式二阶非线性常微分方程组为拟重构反演的动力学模型，副高脊线指数、马斯克林高压、ENSO 指数和孟加拉湾经向风环流指数这四个因子选择的是 1982 年到 2011 年 30 年平均 5 月 1 日到 10 月 31 日的数据，四个时间序列的总长都是 184 天。将这四个时间序列作为模型输出的"期望数据"，从而进行模型参数的反演与优化。

$$\begin{cases} \dfrac{\mathrm{d}x_1}{\mathrm{d}t} = a_1x_1 + a_2x_2 + a_3x_3 + a_4x_4 + a_5x_1^2 + a_6x_2^2 + a_7x_3^2 + a_8x_4^2 + a_9x_1x_2 + \\ \qquad a_{10}x_1x_3 + a_{11}x_1x_4 + a_{12}x_2x_3 + a_{13}x_2x_4 + a_{14}x_3x_4 \\[2mm] \dfrac{\mathrm{d}x_2}{\mathrm{d}t} = b_1x_1 + b_2x_2 + b_3x_3 + b_4x_4 + b_5x_1^2 + b_6x_2^2 + b_7x_3^2 + b_8x_4^2 + b_9x_1x_2 + \\ \qquad b_{10}x_1x_3 + b_{11}x_1x_4 + b_{12}x_2x_3 + b_{13}x_2x_4 + b_{14}x_3x_4 \\[2mm] \dfrac{\mathrm{d}x_3}{\mathrm{d}t} = c_1x_1 + c_2x_2 + c_3x_3 + c_4x_4 + c_5x_1^2 + c_6x_2^2 + c_7x_3^2 + c_8x_4^2 + c_9x_1x_2 + \\ \qquad c_{10}x_1x_3 + c_{11}x_1x_4 + c_{12}x_2x_3 + c_{13}x_2x_4 + c_{14}x_3x_4 \\[2mm] \dfrac{\mathrm{d}x_4}{\mathrm{d}t} = d_1x_1 + d_2x_2 + d_3x_3 + d_4x_4 + d_5x_1^2 + d_6x_2^2 + d_7x_3^2 + d_8x_4^2 + d_9x_1x_2 + \\ \qquad d_{10}x_1x_3 + d_{11}x_1x_4 + d_{12}x_2x_3 + d_{13}x_2x_4 + d_{14}x_3x_4 \end{cases} \tag{14.4}$$

基于前面描述动力重构的途径与方法，可以确定出非线性动力系统（14.4）中各个系数，

计算出参数 P 之后,可以定量比较方程各项对系统演变的相对贡献大小。计算方程中各项的相对方差贡献,公式如下:

$$R_i = \frac{1}{m} \sum_{j=1}^{m} \left[T_i^2 \Big/ \Big(\sum_{i=1}^{\alpha} T_i^2 \Big) \right] \tag{14.5}$$

式中 $m = 184$ 为资料序列的长度,$T_i = a_1 x_1, a_2 x_2, \cdots, a_{14} x_3 x_4$ 为方程中的各项,本节设定 0.005 为衡量标准,由于 $R_i < 0.005$ 的 T_i 项方差贡献太小,可以删除不计。如方程中 $0.1044 x_4$ 由于计算出来的 R_4 为 0.0012,小于标准而被删除,而 $-4.1187 \times 10^{-2} x_1 x_2$ 虽然系数较小,但是其计算出的方差贡献 R_5 为 0.0153,大于标准可以保留。最终将方程(14.5)删除的各项方差贡献相加,发现其总和在 1% 以下,由此可知剔除项的方差贡献对方程影响较小。

最终得到该样本描述副高脊线指数非线性动力预报模型的方程组:

$$
\begin{cases}
\dfrac{\mathrm{d}x_1}{\mathrm{d}t} = F_1 = 4.9811 x_1 - 0.9875 x_2 + 7.4563 x_3 + 3.1851 x_2^2 - 2.3390 x_4^2 - \\
\qquad\quad 4.1187 \times 10^{-2} x_1 x_2 + 0.6158 x_2 x_3 - 1.3548 \times 10^{-2} x_2 x_4 \\[6pt]
\dfrac{\mathrm{d}x_2}{\mathrm{d}t} = F_2 = -12.3330 x_1 - 1.0891 \times 10^2 x_3 + 19.7801 x_4 + 3.1140 x_1^2 + \\
\qquad\quad 2.3156 \times 10^{-3} x_1 x_2 + 0.1331 x_2 x_3 - 0.9085 x_2 x_4 \\[6pt]
\dfrac{\mathrm{d}x_3}{\mathrm{d}t} = F_3 = -4.8879 x_1 - 0.7694 x_2 + 73.6703 x_3 + 1.7984 \times 10^{-4} x_2^2 + \\
\qquad\quad 1.8901 \times 10^{-3} x_1 x_2 - 7.1504 \times 10^3 x_2 x_3 \\[6pt]
\dfrac{\mathrm{d}x_4}{\mathrm{d}t} = F_4 = -2.8706 x_1 + 1.2675 x_2 + 22.7780 x_4 + 3.1908 x_1^2 + 0.4309 x_4^2 - \\
\qquad\quad 0.0181 x_1 x_3 - 0.0971 x_3 x_4
\end{cases}
\tag{14.6}
$$

动力-统计预报一般要求预报因子之间具有一定的独立性,否则容易产生计算冗余,表 14.1 显示了三个预报因子(马斯克林高压、ENSO 指数和孟加拉湾经向风环流指数)与预报量(副高脊线指数)之间较好的相关性。但并不代表预报因子之间有较好的相关性,由于三个因子之间的相关系数均小于 0.48,即说明预报因子之间有一定的独立性。这样表明在计算过程不容易产生冗余,也不会破坏模型的稳定性。

对上面反演动力模型进行积分拟合检验,通过从指数时间序列中选取真实预报初始值(选择 1998 年 8 月 1 日作为预报初值)对模型进行数值积分,从而进行预报实验,四个指数时间序列的积分预报值与真实值之间相关系数在 15 天以内分别可以达到 0.7659,0.7746,0.7091,0.8023。但是 15—25 天内,相关系数变为 0.4432,0.3987,0.4890,0.5211。表明上述反演的动力预报模型在短期能对副高脊线指数的变化得到比较可靠、准确的描述,但中长期预报效果并不好,这主要是由于预报方程对初值的依赖性较大,所以考虑引入动力自忆性原理来进行改进。

14.4　引入自忆性原理对反演模型改进

根据 Cao[12] 的研究,自忆性原理具体可见附录。

为了便于后面计算的简化,对附录里面的自忆性方程式(附 9)进行离散化,曹鸿兴在其 1993 年分析自忆性原理[12] 大气运用中进行离散化就用了这种中值替代的简化方法。这是为了离散化计算方便,而不得已采取的一种近似简化。虽然这种简化带来一些误差,但是后来大量学者根据实际检验后发现这种误差的影响并不大[17-19],如 Gu[19] 利用自忆性原理改进 T42 模型对 500 hPa 位势高度场进行预报时也用了中值定理进行离散化,其最后的预报结果很好。同样 Feng 等[18] 建立自忆性模型对降水进行预报时,也用了中值定理进行离散化,其最后预报效果也很好。所以这里为了后面的计算方便,仍沿用这种近似离散化。

对(附 9)式,积分可以用求和来代替,微分变为差分,中值 x_i^m 可以用两个简单的时次值代替,即

$$x_i^m \approx \frac{1}{2}(x_{i+1} + x_i) \equiv y_i \tag{14.7}$$

附录中的自忆性方程(附 9)变为

$$x_t = \sum_{i=-p-1}^{-1} \alpha_i y_i + \sum_{i=-p}^{0} \theta_i F(x,i) \tag{14.8}$$

F 是自忆性方程的动力核;而方程中的 $\alpha_i = \dfrac{(\beta_{i+1} - \beta_i)}{\beta_t}$;$\theta_i = \dfrac{\beta_i}{\beta_t}$。

结合前面所反演的副高脊线指数动力模型,即以方程组(14.8)作为动力核 F,引入自忆性原理的改进模型为

$$
\begin{cases}
x_{1t} = \sum_{i=-p}^{0} a_{1i} y_{1i} + \sum_{i=-p}^{0} \theta_{1i} F_1(x_{1i}, x_{2i}, x_{3i}, x_{4i}) \\[2mm]
x_{2t} = \sum_{i=-p}^{0} a_{2i} y_{2i} + \sum_{i=-p}^{0} \theta_{2i} F_2(x_{1i}, x_{2i}, x_{3i}, x_{4i}) \\[2mm]
x_{3t} = \sum_{i=-p}^{0} a_{3i} y_{3i} + \sum_{i=-p}^{0} \theta_{3i} F_3(x_{1i}, x_{2i}, x_{3i}, x_{4i}) \\[2mm]
x_{4t} = \sum_{i=-p}^{0} a_{4i} y_{4i} + \sum_{i=-p}^{0} \theta_{4i} F_4(x_{1i}, x_{2i}, x_{3i}, x_{4i})
\end{cases} \tag{14.9}
$$

由于要预报的结果是副高的脊线指数,即 x_1,所以我们最终要预报的是(14.9)方程组中的第一个式子,也就是

$$x_{1t} = \sum_{i=-p}^{0} a_{1i} y_{1i} + \sum_{i=-p}^{0} \theta_{1i} F_1(x_{1i}, x_{2i}, x_{3i}, x_{4i}) \tag{14.10}$$

用(14.10)式预报时,模式必须用到以前的 p 个值,因而(14.10)式起了记忆前面 $p+1$ 个时次 x 效应的作用,这是引入自忆性原理的数学理由。而引入自忆性原理的物理理由是,大气运动方程组里面含有热力学方程,由于大气是一个复杂的开放系统,不断地接收太阳能与发射红外辐射,因而大气运动实际上是一种不可逆的过程。不可逆过程研究对于物理学的杰出贡献是把记忆的概念引入物理中,即大气未来的发展不仅与上一时刻的状态有关,而且也与其过去的状态相关,这代表大气并不会遗忘过去。

只要求出 α, θ 的值,改进模型就可以进行预报了,而 α, θ 值与自忆性函数 β 有关,下面来定义这个自忆性函数。

14.5　针对混沌系统改进的自忆性函数

曹鸿兴[1]提到记忆函数的指派问题,据实验检验发现,其考虑记忆程度随起报时刻 t_N 远近而逐渐下降,令记忆函数为

$$\beta(i) = \begin{cases} 0, & t_i < t_{N-P} \\ e^{-k(t_N - t_i)}, & t_{N-P} \le t_i < t_N \\ 1, & t_i \ge t_N \end{cases} \tag{14.11}$$

它指出了记忆函数的形式决定预报的效果。但是其定义的记忆函数仅考虑了记忆程度随起报时刻 t_N 远近而逐渐下降的特性,忽视了记忆函数本身应该有的非线性特征,所以本节将记忆函数改写为

$$\beta(i) = \begin{cases} 0, & t_i < t_{N-P} \\ e^{-k(t_N - t_i)} t_i^{(1-r)}, & t_{N-P} \le t_i < t_N \\ 1, & t_i \ge t_N \end{cases} \tag{14.12}$$

这样此记忆函数中 $e^{-k(t_N - t_i)}$ 就体现了记忆程度随起报时刻 t_N 远近而逐渐下降的特性;而 $t_i^{(1-r)}$ 则体现了记忆函数的非线性特征。r 和 k 为待确定参数,记忆函数指派的好坏取决于参数如 r 和 k 的确定,但曹鸿兴对记忆函数参数 k 的确定只认为与对过去观测值的重视程度有关。

14.5.1　参数 r 的确定

李雅普诺夫指数用于大气和海洋的预报性的研究由来已久[20]。在混沌动力系统理论中,最大李雅普诺夫指数可以刻画混沌系统预报误差的整体(长期)平均增长速率,一般被用来描述非线性混沌系统的发散情况,所以经常被学者用于研究大气和海洋中混

沌系统的可预报性和可预报期限[21,22]。由于传统的自忆性函数针对线性周期系统以及混沌系统的预报效果较差,考虑到最大李雅普诺夫指数又是系统混沌性中一个比较好的表现。出于这两点考虑,本节引入最大李雅普诺夫指数来定义 r 参数(可以从我们第14.2 节中重构的动力学方程中计算出来)。

（1）李雅普诺夫指数(Lyapunov exponent)谱的计算方法

在已知动力学微分方程的情况下,经过理论推导或对微分方程离散化,以及采用某种数值迭代算法,就可以得到已知动力学系统的精确李雅普诺夫指数谱。本节采用 Eckmann 等在 1985 年提出的算法,其基本理论是先将系统常微分方程的近似解求出,接着对系统 Jacobi 矩阵进行 QR 分解,同时对多个小时间段进行必要的正交化重整过程,反复迭代计算后从而得到系统的李雅普诺夫指数(Lyapunov exponent)谱。这种算法的具体详细过程可以查看相关参考文献[23-24]。

（2）动力系统的李雅普诺夫指数谱和 r 的确定

根据这种计算方法,我们可以求出前面重构的动力系统(14.6)的李雅普诺夫指数谱,如图 14.2 所示。

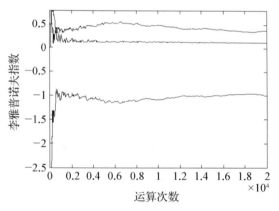

图 14.2　动力系统的李雅普诺夫指数计算图

从图中可以看出,收敛速度较快,波动幅度不大,比较稳定。最终求出的李雅普诺夫指数分别是[0.3744,0.1054,−0.9987],既含有负数,也有正数,证明了该动力系统是一个混沌系统,最终 r 取最大李雅普诺夫指数 $r=0.3744$。

14.5.2　参数 k 的确定

k 根据历史资料通过遗传算法求出。除了要考虑混沌系统自身的特性以外,还要考虑过去观测资料对自忆性函数的影响,所以对参数 k 进行优化。

将（14.10）式写成

$$x(t) = f(t, x, \beta) \tag{14.13}$$

初值为

$$x(t_i) = x_i, i = N, N-1, \cdots, N-p \tag{14.14}$$

本节的目标是使 p 个时次的观测值拟合误差最小,即二次品质指标达最小,则

$$J(u) = \sum_{i=p+1}^{N} (\hat{x}(t_i) - \tilde{x}(t_i))^2 \to \min \tag{14.15}$$

式中 $\hat{x}$ 为预报模型的估计值,$\tilde{x}$ 为观测值。进一步加上约束条件,即自记忆函数应取

$$|\beta(t_i)| \leqslant 1 \tag{14.16}$$

这样求解记忆函数中的参数 k 就变成在约束条件(14.16)下求(14.15)的最优化问题。把 $J(u) = \sum_{i=p+1}^{N} (\hat{x}(t_i) - \tilde{x}(t_i))^2$ 作为遗传算法的约束函数,$|\beta(t_i)| \leqslant 1$ 作为约束条件,遗传算法具体过程参见文献[25,26],可以求出此时的 k。

通过上面计算过程,可以看出 k 值与预报时刻 t 的前 p 次数据有关。预报的值又可以保存下来作为下次预报的前期数据,所以数据的变化导致参数 k 值也发生变化。第一次计算的 $k_1 = 0.349$,是通过 36 次遗传迭代算出的最优值,后面每一步的预报 k 也会变化,这里就不一一列举了。事实上,这样不断调整记忆参数 k 使其更加精确。

记忆函数 β 确定好了之后,再将其代入(14.10)式,就可以利用此式进行预报了。

14.6 模型预报实验

14.6.1 1998 年副高脊线指数预报实验

从前面的图 14.1 中可以看出,1998 年的副高脊线指数在均值之下,是副高异常活动较为明显的年份(图中箭头所示),并且该年是近三十年来的最大谷值。正是由于副高脊线指数的这种异常(异常南落),造成了我国气候在 1998 年较为异常。图 14.3 是 1998 年 5 月份到 8 月份,沿 110°E、120°E 和 130°E 三个剖面的 586 dagpm 特征线纬度-时间分布(实线表示),用来代表副高的南撤与北跳活动。3 个经度剖面图都清楚地再现了 7 月中旬副热带高压突然大幅度从长江流域南撤的过程(图中箭头所示),正是由于该年从 5 月开始到 9 月副高脊线指数异常偏小,达到近 30 年来的最小值,所以副高活动表现为异常南落,特别是副高的三次异常南撤活动(图 14.3)导致了我国江南地区和长江中下游天气的异常变化,在我国长江流域出现了百年未遇的罕见暴雨洪涝灾害,给国家和人民造成了巨大经济损失。因此,本节选取 1998 年夏季副高异常变化过程作为典型例子来检验副高脊线指数预报模型的预报效果。

对实际预测效果进行检验,选择时段为 1998 年 8 月 2 日—1998 年 9 月 5 日的副高脊线指数的时间序列来检验模型的预报效果,这里面包含了副高较易出现异常活动的 8 月份。

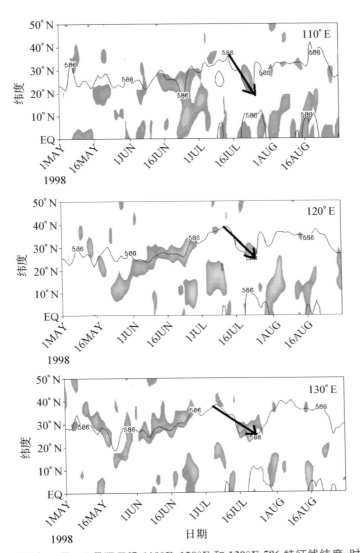

图 14.3 1998 年 5 月—8 月逐日沿 110°E、120°E 和 130°E 586 特征线纬度-时间剖面图

（图注：阴影区表示 OLR 距平 $\leq -200 \text{ W} \cdot \text{m}^{-2}$ 的纬度—时间分布，表示热带强对流活动区以及对流降水区的位置）

（1）p 的确定

Cao[12] 提出过引入自忆性原理进行预报，选择的回溯阶数 p 与系统自身记忆能力相关。如果系统遗忘慢，则参数 a 和 r 都比较小，应该选择高阶数。我们的副高脊线指数异常变化一般是旬尺度[8]，对大尺度大气运动而言是一种较慢过程，遗忘因子 a 和 r 较小，一般取 p 在 $[5,15]$ 的范围内。

表 14.2　模型预报值与真实值之间的相关系数和相对误差随回溯阶 p 的变化表

p	1	5	6	7	8	9	10	11	12
相关系数	0.38	0.72	0.78	0.81	0.94	0.92	0.87	0.86	0.84
相对误差	27.53%	14.33%	13.76%	13.06%	3.72%	4.63%	5.01%	6.77%	7.01%
p	13	14	15	20	30	40	50	60	70
相关系数	0.83	0.71	0.67	0.44	0.36	0.32	0.28	0.21	0.17
相对误差	10.98%	13.24%	15.50%	24.13%	28.91%	30.22%	39.11%	42.18%	50.24%

p 确定以后,就可以用引入自忆性原理的改进模型(14.10)进行数值预报实验了,进行积分 15 天、25 天、35 天的短、中、长期预报。回溯阶 $p = 8$,积分时候运用了 $p + 1 = 9$ 次前期的观测资料,后面每次积分 1 天的结果都会当成前期资料来保存,以便继续积分。

（2）预报实验

和前面动力重构模型(公式(14.6))是靠数值积分来预报不同,这里的预报结果主要是通过公式(14.10)求和获得,称之为逐步预报。其过程如下:

逐步预报首先要确定回溯阶数 p,这就意味着当预报 1998 年 8 月 2 日的副高脊线指数时,我们必须求出 $p+1$ 次前的 y_i 值和 p 次前的 $F(x_{1i}, x_{2i}, x_{3i})$ 值。将这些结果代入(14.10)式中,就可以获得 1998 年 8 月 2 日的副高脊线指数预报值。然后,将这个 8 月 2 日的预报值作为下次预报的初值保存下来,又可以继续求出 8 月 3 日的预报值,以此类推。最终得到 1998 年 8 月 2 日至 1998 年 9 月 5 日共 35 天的副高脊线指数数值积分预测结果,如图 14.4 所示。

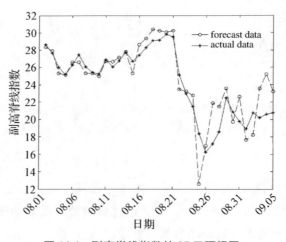

图 14.4　副高脊线指数的 35 天预报图

从图 14.4 中可以看出,改进模型的副高脊线指数的预报效果很好。在前 15 天,不仅趋势预报的准确,相关系数达到 0.9511,而且预报值与真实值之间的相对误差也很小,只有 2.86%。两次副高异常增大的峰值和一次副高减小的谷值也预报的很准确。在 15—25

天时,趋势预报准确,相关系数达到 0.9183,虽然预报值出现了一定离散的趋势,但误差不大,为 6.55%,预报准确率仍然较高,8 月 16 日到 8 月 21 日左右的一次副高脊线指数异常增大的峰值(副高北跳)也预报得较为准确。在 25—35 天的时候,趋势预报还算准确,相关系数为 0.8090,但预报发散较为厉害,波动较大,特别是接近 31 天时,误差已经开始明显增大。如 9 月 4 日预报值大了实际值将近 5 个纬度,造成误报了一个小峰值。这与数值积分后期易发散的特性有关,特别是 31 天以后,误差增大到 17.28%。综合而言,在 28 天之内中短期预报效果,趋势预报很好,都在 0.8 以上,预报值与真实值的误差也都控制在 10% 以内。但是 31 天以后,其发散程度增加,误差也增大,基本达到了 20—30%。

14.6.2　多年实验结果检验

(1) 更多对于副高异常年份的预报实验

为进一步检验本章模型的预报能力,需要进行更多实验。我们选择 4 个副高异常南落(脊线指数较小)年份(1992、1999、1986 和 2002)和 5 个副高异常北跳(脊线指数较大)年份(2010、1991、1989、1985 和 1982),用前面 1998 年的模型来进行预报检验。预报结果根据不同的时段(1—15 天是短期,16—25 天是中期,26—35 天是长期)与真实天气情况进行对比,结果如表 14.3 所示。

表 14.3　副高异常年份的相关系数和相对误差表

	短期(1—15 天)		中期(16—25 天)		长期(26—35 天)	
	相关系数	相对误差	相关系数	相对误差	相关系数	相对误差
副高脊线指数较大年份 1(2010.05.21 作为初始值进行预报)	0.861	5.88%	0.735	8.89%	0.627	16.08%
副高脊线指数较大年份 2(1991.07.12 作为初始值进行预报)	0.841	5.76%	0.770	9.16%	0.678	17.41%
副高脊线指数较大年份 3(1989.06.14 作为初始值进行预报)	0.845	6.13%	0.705	8.68%	0.633	16.80%
副高脊线指数较大年份 4(1985.08.01 作为初始值进行预报)	0.856	6.19%	0.714	9.01%	0.614	15.95%
副高脊线指数较大年份 5(1982.07.26 作为初始值进行预报)	0.858	6.22%	0.723	8.61%	0.645	16.69%
副高脊线指数较小年份 1(1992.06.20 作为初始值进行预报)	0.793	7.55%	0.729	9.71%	0.612	15.89%

	短期(1—15 天)		中期（16—25 天）		长期（26—35 天）	
	相关系数	相对误差	相关系数	相对误差	相关系数	相对误差
副高脊线指数较小年份 2（1999.08.14 作为初始值进行预报）	0.828	7.87%	0.639	7.99%	0.575	17.44%
副高脊线指数较小年份 3（1986.05.01 作为初始值进行预报）	0.741	7.68%	0.752	8.33%	0.660	17.88%
副高脊线指数较小年份 4（2002.07.10 作为初始值进行预报）	0.838	5.70%	0.781	8.61%	0.655	15.81%
平均	0.829	6.55%	0.726	8.78%	0.633	16.66%

通过上表可以看出,副高脊线指数的短期和中期预报效果比较好,长期的预报效果（大于 25 天）虽然增加到 16.66%,但也基本在可接受范围。从表中可以看出,1986 年的预报效果相较其他年份来说比较差,从相关文献[27]可知 1986 年的副高双脊线较其他年份比较频繁,且其双脊线事件持续时间也较长,最长一次达 16 天之久,所以 1986 年的脊线变化情况比较复杂,造成了预报准确率较其他年份稍微差一些。

（2）更多对于副高正常年份的预报实验

通过上节可以看出副高异常年份预报效果较好。但是为了进一步验证本节的模型,我们对副高正常年份也进行了实验。选择 8 个副高正常年份,分别是 1983,1988,1994,1995,2000,2003,2004 和 2009。仍用前面的 1998 年模型进行预报实验。预报结果根据不同的时段（1—15 天是短期,16—25 天是中期,26—35 天是长期）与真实天气情况进行对比,结果如表 14.4 所示。

表 14.4 副高正常年份的相关系数和相对误差表

	短期(1—15 天)		中期（16—25 天）		长期（26—35 天）	
	相关系数	相对误差	相关系数	相对误差	相关系数	相对误差
副高脊线指数正常年份 1（1983.07.14 作为初始值进行预报）	0.944	3.76%	0.844	7.62%	0.738	12.22%
副高脊线指数正常年份 2（1988.07.22 作为初始值进行预报）	0.912	3.79%	0.764	7.58%	0.692	14.28%
副高脊线指数正常年份 3（1994.06.22 作为初始值进行预报）	0.901	4.16%	0.721	6.82%	0.636	16.32%

续　表

	短期(1—15 天)		中期(16—25 天)		长期(26—35 天)	
	相关系数	相对误差	相关系数	相对误差	相关系数	相对误差
副高脊线指数正常年份 4(1995.08. 12 作为初始值进行预报)	0.887	4.11%	0.811	7.01%	0.678	13.70%
副高脊线指数正常年份 5(2000.08. 21 作为初始值进行预报)	0.818	5.23%	0.729	8.66%	0.722	12.77%
副高脊线指数正常年份 6(2003.08. 08 作为初始值进行预报)	0.803	6.17%	0.683	8.06%	0.622	16.69%
副高脊线指数正常年份 7(2004.06. 19 作为初始值进行预报)	0.883	5.13%	0.714	6.96%	0.671	13.79%
副高脊线指数正常年份 8(2009.08. 27 作为初始值进行预报)	0.913	4.82%	0.852	7.04%	0.710	14.17%
平均	0.844	5.79%	0.744	7.37%	0.668	14.85%

通过上表,可以看出中短期的预报效果比较好,误差不超过 8%。尽管长期预报效果比中短期效果要差,平均误差为 14.8%,但仍然在可以接受的范围。从上表可以看出 2003 年的预报效果较其他年份差,从图 14.1 可以看出,2003 年较其他年份脊线指数较高,异常状况更多,而且从相关文献[14]中可知,2003 年的副热带高压异常的偏强和偏西以及长时间在 24°N 南北的两个纬距范围内摆动,导致淮河流域 30 多天的连续强降水,所以 2003 年的副高脊线指数较难预报,其预报效果较其他年份来说较差。

（3）两类实验结果比较

根据上面两节,可以看出异常年份和正常年份的相关系数和误差是不一样的。比较可知,正常年份的预报效果要明显好于异常年份。这与前人的预报方法一样,副高异常年份由于脊线变化过程较为复杂,所以预报会有一定难度。但是异常年份的短期预报误差不超过 7%,长期误差也不超过 20%,所以预报结果仍然是可以接受的。总体来说,两种实验结果都还是比较好的,充分显示了本节的模型有比较好的普适性。

14.6.3　副高面积指数和西脊点指数的延伸实验

副热带高压的整体预报不仅与副高脊线指数有关,还和副高面积指数和西脊点指数有关。一旦这三个指数都能预报准确,副高的整体预报就可以实现。副高面积指数和西脊点指数的定义可以采用中央气象台(1976)[13]的定义。面积指数的值越大,代表副热带强度越大,范围越广;西脊点指数越小,代表副热带高压位置越西。

依据历史数据,用相同的方法对异常年份的面积指数和西脊点指数进行预报。虽然方法相同,但是由于数据不同,选择的因子和预报模型并不和脊线指数相同,由于篇幅原因,这里就不详细叙述建模过程了。此处选择副高强度异常增强(面积指数较大)的四个年份(1998、2006、2003 和 1983)和西太副高强度异常减弱(面积指数较小)的五个年份(1984、2000、1994、1999 和 1985)进行副热带高压面积指数预报的实验。选择副热带高压脊线异常偏西(西脊点指数偏小)的四个年份(2010,2003,1989 和 1988)和副热带高压脊线异常偏东(西脊点指数偏大)的五个年份(1984,1985,2008,1994 和 1995)进行副热带高压西脊点指数预报的实验。三个指数的预报效果进行对比的结果如表 14.5 所示。

表 14.5 副高三个指数异常年份的相关系数和相对误差表

	短期(1—15 天)		中期 (16—25 天)		长期(26—35 天)	
	相关系数	相对误差	相关系数	相对误差	相关系数	相对误差
副高脊线指数预报结果	0.829	6.55%	0.726	8.78%	0.633	16.66%
副高面积指数预报结果	0.852	5.11%	0.775	8.29%	0.673	15.46%
副高西脊点指数预报结果	0.738	8.44%	0.651	14.56%	0.566	29.71%

从表中可以看出,副高面积指数预报结果和副高脊线指数预报结果比较接近,在 25 天之内效果都较好。而西脊点指数的预报效果明显比脊线指数和面积指数要差,在 25 天之内误差接近 15%。这可能是因为副高西脊点指数在建模过程中,选择的三个因子与其相关性平均在 0.7 左右,没有另外两个指数建模时因子选择的显著性强。所以,西脊点指数的预报效果要比其他两个因子的预报效果稍微差一些。但是总体而言,25 天以内,三个指数的预报效果都比较好,证明了我们的方法可以用于副热带高压的整体预报。

14.7 本章小结

针对副热带高压活动机理复杂,中长期预报的困难,提出了用动力系统反演思想和改进自忆性原理相结合的方法,从实际观测资料中反演建立了副高脊线指数动力预报模型,对于副高南北位置和异常活动的中长期预测具有一定的科学意义和实用价值;创新性地引入了最大李雅普诺夫指数改进了自忆性函数,使其对混沌系统更具有针对性,并且通过 9 次副高异常年份和 8 次副高正常年份的两种不同类型实验,充分证明了改进的模型对于副高的脊线指数具有较好的中长期预报效果。结果表明,对于中短期(1—25 天)预报,模型预报效果很好,不仅预报出了副高脊线指数的变化趋势,误差也控制在了 8%以内;对于长期(26—35 天)预报,预报准确率随着积分时间增加逐渐降低,特别是最大积分步长 31 天之后,误差明显增大,但整体副高脊线指数变化趋势预报较为准确,平均误差也控制在 20%以内,仍然在可以接受的范围。进一步将模型推广到对副热带高压的面积指数和西脊点指数的预报,也取得了较好的预报效果,证明此方法适用于副热带高压的整体预报。鉴于副热带高压发生发展机理的复杂性和影响制约因子的多样性[14],本章研究方法和所建模型是一种较新的探索和尝试。

副高预报一直都比较困难。副高的预报问题,主要还是以下两类方法:数值预报与统计预报。对于数值预报,以欧洲中心中期数值预报模式为例[28],计算比较复杂并且效率不高,边界场的要求较高,造成计算结果的稳定性不好。对于统计预报,虽然可以比较充分地利用历史资料,但是却无法解释副高的物理机理[29]。而且统计预报的可靠性随着预报时间增加降低得很明显,一般一周之后预报的可信度就已经很低[30]。而本章的改进模型不管是对副高异常年份还是正常年份的脊线指数预报,都取得了 31 天以内较好的预报效果,较传统的预报方法在预报时效上有了较大的拓展和延伸。

改进模型取得较好的中长期预报效果的原因为:(1) 将动力系统反演思想和改进自忆性原理相结合,动力系统反演方法克服了改进自忆性原理的动力核简单问题,而改进自忆性原理则克服了动力系统反演方法的积分初值单一的问题,两种方法取长补短,有机结合,使改进模型较单一方法建立的副高脊线指数预报模型更加先进。(2) 创新性地引入了最大李雅普诺夫指数改进了传统的自忆性函数,使其更好地针对副高这种非线性混沌系统。(3) 不管是动力系统反演思想还是改进自忆性原理,其参数的获得都充分利用了历史观测资料,包含了较为充分的副高作用过程信息和影响因素,使建立的模型更具有优越性,也使预报时效得到较大的拓展和延伸。

虽然改进模型预报效果较好,但仍有一些问题需要进一步完善:

① 模型中因子具体的物理意义还没有解释清楚,特别是其动力特性还要进一步分析。

② 预报准确率与记忆函数有很大关系,是否还可以找到更优的记忆函数提高长期预报准确率。

这两个问题都是我们下一步工作的重心。

14.8 附录 系统自忆性的数学原理

根据曹鸿兴的研究(Cao,1993),一般来说,系统动态方程组可以写为如下形式:

$$\frac{\partial x_i}{\partial t} = F_i(x, \lambda, t), i = 1, 2, \cdots, J \tag{附1}$$

J 为整数,x_i 为第 i 个变量,λ 为参数。公式(附1)反映了 x 的局地变化与源函数 F 的关系。时间集合 $T = [t_{-p}, \cdots, t_0, \cdots, t_q]$,其中 t_0 为初始时次;空间集合 $R = [r_a, \cdots, r_i, \cdots, r_\beta]$,其中 r_i 为被考察的空间点。内积空间 $L^2 : T \times R$ 由内积来定义

$$(f, g) = \int_a^b f(\xi) g(\xi) \mathrm{d}\xi, f, g \in L^2 \tag{附2}$$

相应的定义范数：

$$\|f\| = \Big[\int_a^b (f(\xi))^2 \mathrm{d}\xi \Big]^{\frac{1}{2}}$$

L^2 完备化就得到 Hilbert 空间 H。可将多时次模式解释为 H 中的广义解。在(附1)式中抹去 i 后，运用(附2)式定义的内积运算到(附1)式，引入一个记忆性函数 $\beta(r,t)$，可以获得

$$\int_{t_0}^t \beta(\tau) \frac{\partial x}{\partial \tau} \mathrm{d}\tau = \int_{t_0}^t \beta(\tau) F(\tau) \mathrm{d}\tau \qquad (\text{附}3)$$

因为推导中固定在空间点 r_0 上，所以 $\beta(r,t)$ 中省写 r。设所讨论的变量和函数皆连续、可微、可积，对(附3)式左边用分部积分可得

$$\int_{t_0}^t \beta(\tau) \frac{\partial x}{\partial \tau} \mathrm{d}\tau = \beta(t)x(t) - \beta(t_0)x(t_0) - \int_{t_0}^t x(\tau)\beta'(\tau) \mathrm{d}\tau \qquad (\text{附}4)$$

式中 $\beta'(\tau) = \partial\beta(\tau)/\partial\tau$。对(附4)式右边第三项运用微积分中的中值定理得

$$-\int_{t_0}^t x(\tau)\beta'(\tau) \mathrm{d}\tau = -x^m(t_0)[\beta(t) - \beta(t_0)] \qquad (\text{附}5)$$

式中，中值 $x^m(t_0) \equiv x(t_m), t_0 < t_m < t$。将(附4)式和(附5)式代入(附1)式，经归并移行得

$$x(t) = \frac{\beta(t_0)}{\beta(t)}x(t_0) + \frac{\beta(t) - \beta(t_0)}{\beta(t)}x^m(t_0) + \frac{1}{\beta(t)}\int_{t_0}^t \beta(\tau)F(\tau)\mathrm{d}\tau \qquad (\text{附}6)$$

(附6)式的右边第一和第二项，只涉及本空间点(即 r_0 点)的初始时次 t_0 和中间时刻 t_m 的预报量 x 的值，故称它们为自忆项；而称第三项为他效项，即其他空间点对 r_0 点在时间间隔 $[t_0,t]$ 中的总效应。

多个时次 t_i，$i = -p, -p+1, \cdots, t_0, t$，对(附3)式进行积分得

$$\int_{t_{-p}}^{t_{-p+1}} \beta(\tau) \frac{\partial x}{\partial \tau} \mathrm{d}\tau + \int_{t_{-p+1}}^{t_{-p+2}} \beta(\tau) \frac{\partial x}{\partial \tau} \mathrm{d}\tau + \cdots + \int_{t_0}^t \beta(\tau) \frac{\partial x}{\partial \tau} \mathrm{d}\tau = \int_{t_{-p}}^t \beta(\tau) F(\tau) \mathrm{d}\tau$$

消去相同的项 $\beta(t_i)x(t_i)$，$i = -p+1, -p+2, \cdots, 0$，得

$$\beta(t)x(t) - \beta(t_{-p})x(t_{-p}) - \sum_{i=-p}^0 [\beta(t_{i+1}) - \beta(t_i)]x^m(t_i) - \int_{t_{-p}}^t \beta(\tau)F(\tau)\mathrm{d}\tau = 0$$

$$(\text{附}7)$$

为了简便，设置 $\beta_t \equiv \beta(t), \beta_0 \equiv \beta(t_0), x_t \equiv x(t), x_0 \equiv x(t_0)$，类似的符号可类推。(附7)式可以写成

$$\beta_t x_t - \beta_{-p} x_{-p} - \sum_{i=-p}^0 x_i^m(\beta_{i+1} - \beta_i) - \int_{t_{-p}}^t \beta(\tau)F(x,\tau)\mathrm{d}\tau = 0 \qquad (\text{附}8)$$

设 $x_{-p} \equiv x_{-p-1}^m, \beta_{-p-1} = 0$, 可以将(附8)式写成

$$x_t = \frac{1}{\beta_t} \sum_{i=-p-1}^{0} x_i^m (\beta_{i+1} - \beta_i) + \frac{1}{\beta_t} \int_{t_{-p}}^{t} \beta(\tau) F(x, \tau) \mathrm{d}\tau = S_1 + S_2 \qquad (附9)$$

我们称 S_1 为自忆项, S_2 为他效项,称(附9)式为自忆性方程,它是后面进行预报和计算的基础。

参考文献

[1] LU R, DING H, RYU C S, et al. Midlatitude westward propagating disturbances preceding intraseasonal oscillations of convection over the subtropical western north pacific during summer[J]. Geophysical Research Letters, 2007, 34: 1 − 5.

[2] 黄露,何金海,卢楚翰.关于西太平洋副热带高压研究的回顾与展望[J].干旱气象,2012,30(2): 255 − 260.

[3] 任荣彩,吴国雄.1998 年夏季副热带高压的短期结构特征及形成机制[J].气象学报,2003,61(2): 180 − 195.

[4] 张庆云,陶诗言.夏季西太平洋副热带高压北跳及异常的研究[J].气象学报,1999,57(5):539 − 548.

[5] 徐海明,何金海,周兵.江淮入梅前后大气环流的演变特征和西太平洋副高北跳西伸的可能机制[J].应用气象学报,2001,12(2):150 − 158.

[6] 许晓林,徐海明,司东.华南 6 月持续性致洪暴雨与孟加拉湾对流异常活跃的关系[J].南京气象学院学报,2007,30(4):463 − 471.

[7] ZHANG R, YU Z H. Numerical and dynamical analyses of heat source forcing and restricting subtropical high activity[J]. Advances in Atomospheric sciences, 2000,17: 61 − 71.

[8] 吴国雄,丑纪范,刘屹岷,等.副热带高压研究进展及展望[J].大气科学,2003,27(4):503 − 517.

[9] JIA X J, ZHU P J. Improving the seasonal forecast of summer precipitation in China using a dynamical-statistical approach[J]. Atmospheric and Oceanic Science Letters, 2010, 3(2): 100 − 105.

[10] JIA X J, LIN H, DEROME J. Improving seasonal forecast skill of north american surface air temperature in fall using a processing method[J], Monthly Weather Review, 2010, 138(5): 1843 − 1857.

[11] 洪梅,张韧,吴国雄,等.用遗传算法重构副热带高压特征指数的非线性动力模型[J].大气科学, 2007,31(2):346 − 352.

[12] CAO H X. Self-memorization equation in atmospheric motion[J]. Science in China Series B-Chemistry, LIFE Sciences & Earth Sciences, 1993, 36(7): 845 − 855.

[13] 中央气象台长期预报组.长期天气预报技术经验总结.北京:中央气象台,1976.

[14] 余丹丹,张韧,洪梅,等.亚洲夏季风系统成员与西太平洋副高的相关特征分析[J].热带气象学报, 2007,1:78 − 84.

[15] 张韧,彭鹏,洪梅,等.近赤道海温对西太平洋副高强度的影响机理—模糊映射诊断[J].大气科学学报, 2013,36(3):267 − 276.

[16] 薛峰,王会军,何金海.马斯克林高压和澳大利亚高压的年际变化及其对东亚夏季风降水的影响[J].科

学通报,2003,3:287-291.

[17] CHEN X D, XIA J, XU Q. Differential Hydrological Grey Model (DHGM) with Self-Memory Function and its Application to Flood Forecasting[J]. Science in China Series E: Technological Sciences, 2009, 52: 1039-1049.

[18] FENG G. L, CAO H X. 2001. Prediction of Precipitation During Summer Monsoon with Self-Memorial Model [J]. Advances in Atmospheric sciences, 2001, 18: 701-709.

[19] GU X. A spectral model based on atmospheric self-memorization principle[J]. Chinese Science Bulletin, 1998, 43: 1692-1702.

[20] FRAEDRICH K. Estimating weather and climate predictability on attractors[J]. Journal of the atmospheric sciences, 1987, 44(4): 722-728.

[21] KAZANTSEV E. Local lyapunov exponents of the quasi-geostrophic ocean dynamics[J]. Applied mathematics and computation, 1999, 104: 217-257.

[22] YODEN S, NOMURA M. Finite-Time Lyapunov Stability Analysis and its Application to Atmospheric Predictability[J]. Journal of the Atmospheric Sciences, 1993, 50(11): 1531-1543.

[23] UDWADIA F E, BREMEN H F. Computation of Lyapunov Characteristic Exponents for Continuous Dynamical Systems[J]. Zeitschrift für angewandte Mathematik und Physik ZAMP, 2002, 53: 123-146.

[24] VON BREMEN H F, UDWADIA F E, PROSKUROWSKI W. An Efficient QR based method for the computation of lyapunov exponents[J]. Physica D: Nonlinear Phenomena, 1997, 101: 1-16.

[25] 王凌.智能优化算法及其应用[M].北京:清华大学出版社,2001.

[26] 王小平,曹立明.遗传算法理论应用与软件实现[M].西安:西安交通大学出版社,2003.

[27] 占瑞芬,李建平,河金海.北半球副热带高压双脊线的统计特征[J].科学通报,2005,50(18):2022-2026.

[28] 李泽椿,陈德辉.国家气象中心集合数值预报业务系统的发展及应用[J].应用气象学报,2002,13(1):1-15.

[29] KURIHARA K. A climatological study on the relationship between the Japanese summer weather and the subtropical high in the western northern Pacific[J]. Environment science, 1909, 43: 45-104.

[30] 邹立维,周天军,吴波,等.GAMIL CliPAS试验对夏季西太平洋副热带高压的预测[J].大气科学,2009,33(5):959-970.